"十三五"国家重点图书出版规划项目

中国常见植物识别丛书
北方树木

林秦文　编著

中国林业出版社
China Forestry Publishing House

审图号：GS京（2023）1307号

图书在版编目（CIP）数据

北方树木 ／ 林秦文编著. —— 北京 ：中国林业出版社，2023.8
（中国常见植物识别丛书）
ISBN 978-7-5219-1966-0

Ⅰ．①北… Ⅱ．①林… Ⅲ．①树木－识别－中国 Ⅳ．①S79

中国版本图书馆CIP数据核字（2022）第217097号

总　策　划：刘开运
责任编辑：张　健　郑雨馨
版式设计：黄树清

出版发行：中国林业出版社
　　　　　（100009，北京市西城区刘海胡同7号，电话：010-83143621）
电子邮箱：cfphzbs@163.com
网　　　址：www.forestry.gov.cn/lycb.html
印　　　刷：河北京平诚乾印刷有限公司
版　　　次：2023 年 8 月第 1 版
印　　　次：2023 年 8 月第 1 次印刷
开　　　本：710mm×1000mm 1/16
印　　　张：18
字　　　数：330千字
定　　　价：138.00元

"中国常见植物识别丛书"
出版说明

　　中国是全球植物多样性最丰富的国家之一，现记录有野生高等植物3.7万余种。掌握常见植物的分类、特征及应用知识，是生态学、林学、草学、园林学、园艺学等涉及植物专业的基础课程，是行业从业者的基本技能。随着生态建设的社会关注度日益提高，千姿百态的植物特征，引发了越来越多大众的观察兴趣，他们迫切需要了解所见植物的特征甚至其前世今生。"中国常见植物识别丛书"应运而生。

　　目前，我国涉及林草专业的植物学科高等教材，出版了不同版本的《植物学》《树木学》《园林树木学》《水土保持植物》《草坪学》《花卉学》《果树学》等一系列教材或图书，展现了植物分类研究的巨大成果，但均多采用的单一黑白线条图作辅助图示或单一的生境图，不能很好地直观呈现植物典型的生物学特征，教与学以及行业参照使用的效果欠佳。为此，早在2007年，策划人就针对高等教育、科学研究做了广泛的调研工作，多次与张志翔教授等探讨，张志翔教授还特意从国外购回《加拿大的树》（*Trees in Canada*）共同作参考。

　　2008年，以教学、科研和行业应用中高频出现的植物种为依据，出版发起人、"丛书编委会筹备会"组织了全国高等院校树木学及植物学教学教师（来自北京林业大学、东北林业大学、南京林业大学、浙江农林大学、中国农业大学、西北农林科技大学、东北农业大学、北京农学院等28家高等院校）及科研机构专家（来自中国科学院植物研究所、昆明植物研究所、华南植物园、武汉植物园，中国林业科学研究院等），在北京林业大学标本馆举办了"首届全国'植物识别'教学及'植物快识丛书'编写研讨会"，共同探讨植物分类、植物识别教学及科研中植物图文使用遇到的困境及出版助力办法，并对已拟定的《出版策划方案（草案）》进行研讨，确定了《中国常见植物种总名录》《丛书出版方案》及"丛书编委会"。

　　此后，本丛书的组稿，历经了丛书分册方向、分册植物种的安排、出现植物种相互交叉情况等问题的处理，策划人就此以王文采院士、南志标院士、马克平研究员、张志翔教授、邢福武研究员等的意见为基础，广泛征询中国科学院和各林业科学研究机构植物分类及林草产、学、研、管诸多专家的意见，丛书的选题内容逐步得以充实和完善，并最终定名为"中国常见植物识别丛书"；2018年，国家林业和草原局成立，增设了草原、湿地、荒漠的行政管理机构，本丛书增加了对应的3个分册；为追求全面而系统的经典植物图片煞费苦心，这是本丛书一再延迟出版的主要原因。

"中国常见植物识别丛书"为"十三五"国家重点图书出版规划项目。本丛书的最大特点表现在以现行专业对应的教材为基础，以常见植物的主要生态功能（在森林、草原、湿地、荒漠中的功能）、园林及经济林应用为依据，对常见植物的形态、习性、分布、生态功能、应用、经济及文化价值等进行言简意赅的文字描述，每种植物均配以生境、叶、花、果、枝、干等多幅（平均5幅）典型图片，简洁明了，图文并茂地展现植物的生物学特征。这样系统地以多幅图片呈现每种植物的生物学特征，并配以习性图标，是本丛书的亮点之一。

本丛书共13分册，每分册描述主要植物约600种，交叉单计，全套丛书共描述中国常见植物5800种，总字数630万字，彩色图片共3.5万余幅。

"中国常见植物识别丛书"，以专业院校植物基础课程教学为基本服务对象，以林业和草原为重点服务领域，是便于生态监测、森林执法及海关等机构的工作者、社会爱好者使用的工具书。

注：2008年6月14日首届全国"植物识别"教学及"植物快识丛书"编写研讨会，由刘开运（前排右6）、张志翔（前排右5）组织，在北京林业大学标本馆召开。

出版发起人：刘开运　张志翔

2022年10月31日

编写说明

本书主要基于张志翔等编写的普通高等教育"十一五"国家级规划教材《树木学（北方本）》（第2版）所收录的树种进行编写。《树木学（北方本）》（第2版）作为重要教材，已被全国北方高等农林院校林学、森林资源保护与游憩等专业普遍使用，为中国树木学教学工作发挥了重要作用。教材文字内容很丰富，但配图方面仅部分树种有黑白线条图，不能满足人们快速直观地识别和认知树种的需求。为填补教材这方面的不足，我们编写了本书。

1.树种范围：本书原则上以收录《树木学（北方本）》（第2版）所记载的树种为主，去掉了红树、秋茄树、荔枝、龙眼、大桉、栀子、蒲葵、油棕、椰子、紫椿等典型热带亚热带树种，并酌情增加了苍山冷杉、川滇冷杉、长苞冷杉、长白松等树种，最终共计80科257属484种10亚种17变种8杂种及2品种。

2.排列方式：以物种为基本条目进行编排，不记载科属的条目，并基本按照上述教材顺序进行排列，以方便和教材相互参照，但同属的物种则按照拉丁名字母顺序进行排列。

3.条目格式：包括标题、正文和特征要点三个部分。

标题：包括植物中文名、植物学名、科中文名、科学名、属中文名，个别物种还包括中文别名和学名异名。

正文：包括习性、株形、树皮、枝条、芽、叶、花、果等重要特征以及花果期、分布、生境、用途等简要信息。

特征要点：重点展示物种的关键识别要点。

4.中文名：本书中文名原则上以《中国植物志》为准，因此有些种类可能与原教材不同，这时一般将教材所用名称列为中文别名。

5.学名：本书学名一般以POWO（https://powo.science.kew.org/）为准，一些种类则以 *Flora of China*【中国植物志（英文版）】为准，个别种类还参考了最新的分类学处理结果，与教材所用学名不同，这时一般将教材学名列为异名。

6.分类系统：本书采用基于分子证据的新分类系统（APG），对科属概念与教材所用名称不同的种类，则将原来所属的科属一并列出，以供读者了解相关分类概念的变化。

7.图片：本书的图片包括全株、树皮、叶枝、花枝、花特写、果枝、果特写及种子等，以多方位反映树种的特征。

8.分布图：本书采用的分布图是采用国家标本资源平台（NSII, http://www.nsii.org.cn/2017/home.php）上的标本大数据在地理信息系统软件中进行自动制作而得到的。如果一个树种的标本数据足够大而精确，那么得到的分布图就相对完善，但如果一个树种的标本数据缺乏或出现偏差，那么得到的分布图则会出现空白、缺失或偏差，这个时候再进行手动修改完善。软件制作的分布图和手工修改绘制的分布图之间存在一定差别。

如何使用本书

按照本书所涵盖的植物种，挑选出常见常用植物521种（含种下等级）进行图文描述。按照植物的生活型、高度、株形、树皮、枝条、叶、花、果实及种子、花果期、生境、分布、用途等，提纲挈领、言简意赅地把握植物的文字描述；每种植物均配以生境、叶、花、果、枝、干等多幅典型图片；另附约80字的特征要点，高度概括最核心的生物学特征，凸显每个物种主要的特征、鉴定要点。

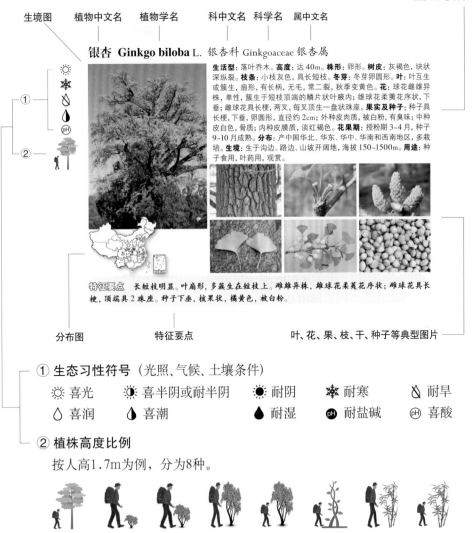

① 生态习性符号（光照、气候、土壤条件）

☼ 喜光   ☀ 喜半阴或耐半阴   ☀ 耐阴   ❄ 耐寒   ◊ 耐旱

◊ 喜润   ◖ 喜潮   ◆ 耐湿   pH 耐盐碱   pH 喜酸

② 植株高度比例

按人高1.7m为例，分为8种。

目　录

9

裸子植物门

苏铁 **Cycas revoluta** Thunb. 苏铁科 Cycadaceae 苏铁属

生活型: 常绿乔木。**高度**: 约2m。**株形**: 宽卵形。**树皮**: 粗糙, 黑色。**叶**: 羽状叶聚生茎顶, 长达2m, 条形, 厚革质, 坚硬, 反卷, 先端刺尖。**花**: 雌雄异株; 雄球花圆柱形, 黄色, 密生长茸毛, 小孢子叶窄楔形; 大孢子叶密生黄色茸毛, 边缘羽状分裂, 条状钻形, 胚珠2~6枚生于大孢子叶柄的两侧, 有茸毛。**果实及种子**: 种子红褐色或橘红色, 倒卵圆形或卵圆形, 稍扁, 长2~4cm, 密生灰黄色短茸毛。**花果期**: 授粉期6~7月, 种子10月成熟。**分布**: 产中国福建、广东、广西、江西、云南、贵州、重庆、江苏、浙江。日本、菲律宾、印度尼西亚也有分布。**生境**: 生于石灰岩山坡或庭园中。**用途**: 观赏。

特征要点 茎常不分枝, 叶痕宿存; 大型羽状叶集生茎顶。叶裂片边缘反卷。雌雄异株。雄球花卵状圆柱形, 雌球花近球形。种子核果状, 熟时橘红色, 被茸毛。

银杏 **Ginkgo biloba** L. 银杏科 Ginkgoaceae 银杏属

生活型: 落叶乔木。**高度**: 达40m。**株形**: 卵形。**树皮**: 灰褐色, 块状深纵裂。**枝条**: 小枝灰色, 具长短枝。**冬芽**: 冬芽卵圆形。**叶**: 叶互生或簇生, 扇形, 有长柄, 无毛, 常二裂, 秋季变黄色。**花**: 球花雌雄异株, 单性, 簇生于短枝顶端的鳞片状叶腋内; 雄球花柔荑花序状, 下垂; 雌球花具长梗, 两叉, 每叉顶生一盘状珠座。**果实及种子**: 种子具长梗, 下垂, 卵圆形, 直径约2cm; 外种皮肉质, 被白粉, 有臭味; 中种皮白色, 骨质; 内种皮膜质, 淡红褐色。**花果期**: 授粉期3~4月, 种子9~10月成熟。**分布**: 产中国华北、华东、华中、华南和西南地区, 多栽培。**生境**: 生于沟边、路边、山坡开阔地, 海拔150~1500m。**用途**: 种子食用, 叶药用, 观赏。

特征要点 长短枝明显。叶扇形, 多簇生在短枝上。雌雄异株, 雄球花柔荑花序状; 雌球花具长梗, 顶端具2珠座。种子下垂, 核果状, 橘黄色, 被白粉。

柱冠南洋杉 **Araucaria columnaris** (G. Forst.) Hook.

南洋杉科 Araucariaceae 南洋杉属

生活型: 常绿乔木。**高度**: 达 60~70m。**株形**: 尖塔形。**树皮**: 粗糙, 横裂, 灰色。**枝条**: 小枝纤细, 近羽状排列。**叶**: 叶二型: 营养枝叶排列疏松, 开展, 钻状, 微弯; 花果枝叶排列紧密而叠盖, 卵形。**花**: 雄球花单生侧生小枝枝顶, 圆柱形, 蓝绿色, 下垂; 雌球花单生侧生粗枝枝顶, 卵形, 绿色, 直立。**果实及种子**: 球果卵形或椭圆形, 长 6~10cm, 径 4.5~7.5cm; 苞鳞楔状倒卵形, 两侧具薄翅, 先端宽厚, 具锐脊, 中央有急尖的长尾状尖头, 尖头显著的向后反曲; 舌状种鳞先端薄, 不肥厚; 种子椭圆形, 两侧具结合而生的具膜质翅。**花果期**: 花期 4~7 月, 球果 2~3 年成熟。**分布**: 原产大洋洲东南沿海地区; 云南、广东、广西、福建、台湾等地常见栽培。**生境**: 生于庭园中。**用途**: 观赏。

特征要点 小枝纤细, 近羽状排列。叶二型: 营养枝叶钻状微弯; 花果枝叶卵形。雄球花顶生下垂, 圆柱形; 球果顶生, 卵形, 绿色, 直。

苍山冷杉 **Abies delavayi** Franch. 松科 Pinaceae 冷杉属

生活型: 常绿乔木。**高度**: 达 25m。**株形**: 尖塔形。**树皮**: 粗糙, 纵裂, 灰褐色。**枝条**: 小枝无毛, 红褐色。**冬芽**: 冬芽圆球形, 有树脂。**叶**: 叶密生, 条形, 边反卷, 先端有凹缺, 背面具两条白色气孔带。**花**: 雌雄同株; 雄球花长椭圆形, 后成穗状圆柱形, 下垂; 雌球花直立, 短圆柱形, 具多数螺旋状着生的珠鳞和苞鳞。**果实及种子**: 球果直立, 圆柱形, 长 6~11cm, 熟时蓝黑色, 被白粉, 种鳞扇状四方形, 苞鳞露出, 先端具凸尖长尖头, 反曲; 种子较种翅为长, 种翅淡褐色。**花果期**: 授粉期 5 月, 球果 10 月成熟。**分布**: 产中国云南、西藏, 江西栽培。**生境**: 生于雪线冷杉林中、亚高山, 海拔 3300~4500m。**用途**: 木材, 观赏。

特征要点 球果直立, 圆柱形, 长 6~11cm, 熟时蓝黑色, 被白粉, 种鳞扇状四方形, 苞鳞露出, 先端具凸尖长尖头, 反曲。

巴山冷杉 **Abies fargesii** Franch. 松科 Pinaceae 冷杉属

生活型：常绿乔木。**高度：**达40m。**株形：**尖塔形。**树皮：**粗糙，块状开裂，暗灰色。**枝条：**小枝无毛，红褐色。**冬芽：**冬芽卵圆形或近圆形，有树脂。**叶：**叶排成二列，条形，先端钝有凹缺，背面有两条白色气孔带。**花：**雌雄同株；雄球花长椭圆形，下垂；雌球花直立，短圆柱形。**果实及种子：**球果直立，柱状矩圆形，长5~8cm，成熟时淡紫色或褐色，种鳞肾形，苞鳞倒卵状楔形，上部圆，先端具急尖短尖头，尖头微露出；种子倒三角状卵圆形，种翅楔形。**花果期：**授粉期4~5月，球果9~10成熟。**分布：**产中国河南、湖北、四川、陕西、甘肃。**生境：**生于高山、山坡、阴坡、阴山谷、针叶林中，海拔1500~3700m。**用途：**木材，观赏。

特征要点 小枝色深，1年生枝褐色，无毛；叶先端有凹缺。球果的苞鳞上端露出或仅先端的尖头露出，熟时紫黑色。

日本冷杉 **Abies firma** Siebold & Zucc. 松科 Pinaceae 冷杉属

生活型：常绿乔木。**高度：**达50m。**株形：**尖塔形。**树皮：**粗糙，鳞片状开裂，暗灰色。**枝条：**小枝淡灰黄色。**冬芽：**冬芽卵圆形。**叶：**叶近辐射伸展，条形，先端钝而微凹，背面有2条灰白色气孔带。**花：**雌雄同株；雄球花长椭圆形，后成穗状圆柱形，下垂；雌球花直立，短圆柱形，具多数螺旋状着生的珠鳞和苞鳞。**果实及种子：**球果直立，圆柱形，长12~15cm，成熟前绿色，熟时黄褐色或灰褐色，种鳞扇状四方形，苞鳞外露，通常较种鳞为长，先端具骤凸尖头；种翅楔状长方形，较种子为长。**花果期：**授粉期4~5月，球果10月成熟。**分布：**原产日本。中国辽宁、山东、江苏、浙江、江西、北京等地栽培。**生境：**生于庭园中。**用途：**木材，观赏。

特征要点 1年生枝色浅，呈淡黄灰色，毛少。球果成熟前黄绿色；苞鳞先端具三角状尖头。

川滇冷杉 **Abies forrestii** Coltm. -Rog. 松科 Pinaceae 冷杉属

生活型: 常绿乔木。**高度**: 达 20m。**株形**: 尖塔形。**树皮**: 裂成块片状，暗灰色。**枝条**: 小枝红褐色。**冬芽**: 冬芽圆球形或倒卵圆形，有树脂。**叶**: 叶排成二列，条形，先端有凹缺，边缘反卷，背面具两条白色气孔带。**花**: 雌雄同株；雄球花长椭圆形，下垂；雌球花直立，短圆柱形。**果实及种子**: 球果直立，卵状圆柱形，长 7~12cm，熟时深褐紫色或黑褐色，种鳞扇状四边形，苞鳞外露，上部宽圆，先端具急尖尖头；种翅宽大楔形，淡褐色，翅先端有三角状突起。**花果期**: 授粉期 5 月，球果 10~11 月成熟。**分布**: 产中国云南、四川、西藏。**生境**: 生于山坡针叶林中，海拔 2500~3400m。**用途**: 木材，观赏。

特征要点 小枝无毛，球果直立，卵状圆柱形，长 7~12cm，熟时深褐紫色或黑褐色，种鳞扇状四边形，基部窄成短柄，苞鳞外露，先端具长 4~7mm 的急尖尖头，直伸或向后反曲。

长苞冷杉 **Abies forrestii** var. **georgei** (Orr) Farjon 【Abies georgei Orr】
松科 Pinaceae 冷杉属

生活型: 常绿乔木。**高度**: 达 30m。**株形**: 尖塔形。**树皮**: 块片脱落，暗灰色。**枝条**: 小枝密被褐色毛。**冬芽**: 冬芽有树脂。**叶**: 叶排成二列，条形，边缘反卷，先端有凹缺，背面有两条白色气孔带。**花**: 雌雄同株；雄球花长椭圆形，下垂；雌球花直立，短圆柱形。**果实及种子**: 球果直立，卵状圆柱形，熟时蓝黑色，种鳞扇状四边形，苞鳞窄长，明显露出，外露部分三角状，直伸，边缘有细缺齿，先端有长尖头；种子长椭圆形，种翅褐色，宽短。**花果期**: 授粉期 5 月，球果 10 月成熟。**分布**: 产中国西藏、云南、四川。**生境**: 生于高山、混交林下、林中、阴坡，海拔 3400~4200m。**用途**: 木材，观赏。

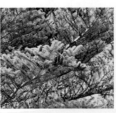

特征要点 小枝有密毛，球果直立，卵状圆柱形，长 7~11cm，熟时蓝黑色，苞鳞窄长，明显露出，长 2.3~3cm，外露部分三角状，先端有长约 6mm 的长尖头。

杉松（辽东冷杉） Abies holophylla Maxim. 松科 Pinaceae 冷杉属

生活型：常绿乔木。**高度**：达 30m。**株形**：尖塔形。**树皮**：浅纵裂，条片状，灰褐色。**枝条**：小枝淡黄灰色，无毛。**冬芽**：冬芽卵圆形，有树脂。**叶**：叶排成二列，条形，先端急尖，背面有 2 条白色气孔带。**花**：雌雄同株；雄球花长椭圆形，后成穗状圆柱形，下垂；雌球花直立，短圆柱形。**果实及种子**：球果直立，圆柱形，熟时淡黄褐色，种鳞近扇状四边形，基部窄成短柄状，苞鳞短，不露出，先端具刺状尖头；种子倒三角状，种翅宽大。**花果期**：授粉期 4~5 月，球果 10 月成熟。**分布**：产中国东北牡丹江流域山区、长白山区及辽河东部山区。朝鲜、俄罗斯也有分布。**生境**：生于山坡、湿地、针阔混交林中，海拔 500~1200m。**用途**：木材，观赏。

特征要点 1 年生枝呈淡黄灰色，无毛。球果苞鳞长不及种鳞的一半；中部种鳞近扇状四边形或倒三角状扇形。

臭冷杉 Abies nephrolepis (Trautv. ex Maxim.) Maxim. 松科 Pinaceae 冷杉属

生活型：常绿乔木。**高度**：达 30m。**株形**：尖塔形。**树皮**：平滑至开裂，灰色。**枝条**：小枝淡黄褐色，密被短柔毛。**冬芽**：圆球形，有树脂。**叶**：叶排成二列，条形，背面有 2 条白色气孔带，先端尖或有凹缺。**花**：雌雄同株；雄球花长椭圆形，下垂；雌球花直立，短圆柱形。**果实及种子**：球果直立，卵状圆柱形，熟时紫褐色或紫黑色；种鳞肾形，基部窄成短柄状；苞鳞倒卵形，先端具急尖头；种子倒卵状三角形，微扁，具翅。**花果期**：授粉期 4~5 月，球果 9~10 月成熟。**分布**：产中国东北、河北、山西。朝鲜、俄罗斯也有分布。**生境**：生于山坡针阔混交林中，海拔 300~2100m。**用途**：木材，观赏。

特征要点 小枝对生，具圆形叶痕。叶条形，扁平，营养枝叶顶端凹缺或 2 裂。球果直立，种鳞扁平，成熟时自中轴脱落，肾形。

鱼鳞云杉（鱼鳞松） **Picea jezoensis** (Siebold & Zucc.) Carrière 【Picea jezoensis var. microsperma (Lindl.) W. C. Cheng & L. K. Fu】松科 Pinaceae 云杉属

生活型：常绿乔木。**高度**：达 30m。**株形**：尖塔形。**树皮**：灰褐色，鱼鳞状深裂。**枝条**：小枝褐色，叶枕木钉状。**冬芽**：圆锥形，芽鳞不反卷。**叶**：叶近辐射伸展，条形，扁平，先端微钝，正面有 2 条粉白色气孔带，背面无气孔线。**花**：雌雄同株；雄球花椭圆形或圆柱形，单生叶腋，深红色；雌球花单生枝顶，红紫色。**果实及种子**：球果下垂，矩圆状圆柱形，成熟前绿色，长 4~6cm；种鳞薄，排列疏松，卵状椭圆形，有不规则细齿；种子上端有翅，长约 9mm。**花果期**：授粉期 5~6月，球果 9~10 月成熟。**分布**：产中国东北大、小兴安岭及松花江流域。俄罗斯、日本也有分布。**生境**：生于针叶树阔叶树混交林中，海拔 300~800m。**用途**：木材，观赏。

特征要点 小枝不下垂；1 年生枝褐色，无毛；冬芽圆锥形。叶横切面扁平，背面无气孔线。球果窄长；种鳞卵状椭圆形。

红皮云杉 **Picea koraiensis** Nakai 松科 Pinaceae 云杉属

生活型：常绿乔木。**高度**：达 30m。**株形**：尖塔形。**树皮**：红褐色，不规则薄条片脱落。**枝条**：小枝黄褐色，无白粉。**冬芽**：圆锥形，芽鳞反卷。**叶**：叶近辐射排列，四棱状条形，先端急尖，横切面四棱形，四面有气孔线。**花**：雌雄同株；雄球花椭圆形或圆柱形，单生叶腋，深红色；雌球花单生枝顶，红紫色。**果实及种子**：球果下垂，卵状圆柱形，熟前绿色，熟时褐色，长 5~8cm；种鳞倒卵形；苞鳞条状；种子灰黑褐色，种翅淡褐色。**花果期**：授粉期 5~6月，球果 9~10 月成熟。**分布**：产中国大小兴安岭、吉林、辽宁、内蒙古。朝鲜也有分布。**生境**：生于河边、山谷、溪边、落叶松林、针叶林中，海拔 400~1800m。**用途**：木材，观赏。

特征要点 小枝黄褐色，具显著隆起的叶枕，基部宿存芽鳞反卷。顶芽圆锥形。叶四棱状条形，螺旋状互生。球果下垂，种鳞宿存。

云杉 **Picea asperata** Mast. 松科 Pinaceae 云杉属

生活型: 常绿乔木。**高度**: 达 45m。**株形**: 尖塔形。**树皮**: 灰褐色，不规则鳞片状脱落。**枝条**: 小枝褐色，被白粉。**冬芽**: 冬芽圆锥形，芽鳞稍反卷。**叶**: 叶近辐射伸展，四棱状条形，粉绿色，微弯曲，先端急尖，横切面四棱形，四面有气孔线。**花**: 雌雄同株；雄球花椭圆形或圆柱形，单生叶腋，深红色，雄蕊多数；雌球花单生枝顶，紫红色。**果实及种子**: 球果下垂，圆柱状矩圆形，成熟前绿色，熟时淡褐色，长 5~16cm；种鳞倒卵形；苞鳞三角状匙形；种子倒卵圆形，种翅淡褐色，倒卵状矩圆形。**花果期**: 授粉期 4~5 月，球果 9~10 月成熟。**分布**: 产中国陕西、甘肃、四川、西藏。**生境**: 生于半阴坡、山谷河滩、阴坡，海拔 2400~3600m。**用途**: 木材，观赏。

特征要点 与白杆极为接近，主要区别在于叶先端尖，小枝有毛。

白杆 **Picea meyeri** Rehder & E. H. Wilson 松科 Pinaceae 云杉属

生活型: 常绿乔木。**高度**: 达 30m。**株形**: 尖塔形。**树皮**: 灰褐色，不规则薄块片脱落。**枝条**: 小枝被密毛，褐色。**冬芽**: 圆锥形，芽鳞反卷。**叶**: 叶辐射伸展，四棱状条形，粉绿色，微弯曲，先端钝，横切面四棱形，四面有白色气孔线。**花**: 雌雄同株；雄球花椭圆形或圆柱形，单生叶腋，深红色，雄蕊多数；雌球花单生枝顶，红紫色。**果实及种子**: 球果下垂，矩圆状圆柱形，成熟前绿色，熟时褐黄色，长 6~9cm；种鳞倒卵形，先端圆，鳞背露出部分有条纹；种子倒卵圆形，种翅淡褐色，倒宽披针形。**花果期**: 授粉期 4 月，球果 9~10 月成熟。**分布**: 产中国山西、河北、内蒙古。北京、辽宁、河南等地栽培。**生境**: 生于山坡云杉林中、阴坡，海拔 1600~2700m。**用途**: 木材，观赏。

特征要点 1 年生枝有毛，褐黄色，具白粉；冬芽圆锥形，小枝基部宿存芽鳞反曲。叶粗壮，横切面菱形，先端微钝或钝。球果未成熟前绿色。

青杆 **Picea wilsonii** Mast. 松科 Pinaceae 云杉属

生活型: 常绿乔木。**高度**: 达 50m。**株形**: 尖塔形。**树皮**: 暗灰色, 不规则鳞状块片脱落。**枝条**: 小枝淡黄绿色, 无毛。**冬芽**: 冬芽卵圆形, 芽鳞不反卷。**叶**: 叶排列较密, 四棱状条形, 较短, 先端尖, 横切面四棱形或扁菱形, 四面各有气孔线 4~6 条。**花**: 雌雄同株; 雄球花椭圆形或圆柱形, 单生叶腋, 深红色, 雄蕊多数; 雌球花单生枝顶, 紫红色。**果实及种子**: 球果下垂, 卵状圆柱形, 熟前绿色, 熟时黄褐色, 长 5~8cm; 种鳞倒卵形; 苞鳞匙状矩圆形; 种子倒卵圆形。**花果期**: 授粉期 4~5 月, 球果 9~10 月成熟。**分布**: 产中国内蒙古、河北、山西、陕西、湖北、甘肃、青海、四川。**生境**: 生于山坡林中、阴坡、阴湿山谷, 海拔 600~3600m。**用途**: 木材, 观赏。

特征要点 1年生枝偶疏生短毛, 色浅, 淡黄色; 冬芽卵圆形, 小枝基部宿存芽鳞不反曲。叶纤细, 横切面四方形或扁菱形。球果长 5~8cm。

麦吊云杉 **Picea brachytyla** (Franch.) Pritz. 松科 Pinaceae 云杉属

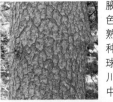

生活型: 常绿乔木。**高度**: 达 30m。**株形**: 尖塔形。**树皮**: 灰褐色, 不规则厚鳞状块片分裂。**枝条**: 小枝淡黄色。**冬芽**: 冬芽卵圆形, 芽鳞不反卷。**叶**: 叶近二列, 条形, 扁平, 微弯或直, 先端尖, 正面具两条白粉气孔带, 背面无气孔线。**花**: 雌雄同株; 雄球花椭圆形或圆柱形, 单生叶腋, 深红色, 雄蕊多数; 雌球花单生枝顶, 紫红色。**果实及种子**: 球果下垂, 矩圆状圆柱形, 成熟前绿色, 熟时褐色, 长 6~12cm; 种鳞倒卵形; 种子连翅长约 1.2cm。**花果期**: 授粉期 4~5 月, 球果 9~10 月成熟。**分布**: 产中国湖北、陕西、四川、甘肃、云南、西藏。**生境**: 生于山坡、针叶林中, 海拔 1500~3500m。**用途**: 木材, 观赏。

特征要点 小枝下垂; 冬芽卵圆形。叶长 1~2cm, 横切面扁平, 背面无气孔线。球果成熟前绿色, 种鳞倒卵形。

青海云杉 **Picea crassifolia** Kom. 松科 Pinaceae 云杉属

生活型: 常绿乔木。**高度**: 达 23m。**株形**: 尖塔形。**树皮**: 灰褐色, 不规则鳞状厚块片分裂。**枝条**: 小枝绿黄色, 被白粉。**冬芽**: 圆锥形, 芽鳞反卷。**叶**: 叶近辐射伸展, 较粗, 四棱状条形, 粉绿色, 先端钝, 横切面四棱形, 四面有气孔线。**花**: 雌雄同株; 雄球花椭圆形或圆柱形, 单生叶腋, 深红色; 雌球花单生枝顶, 红紫色。**果实及种子**: 球果下垂, 圆柱形, 成熟前绿色, 边缘紫红色, 长 7~11cm; 种鳞倒卵形; 苞鳞短小, 三角状匙形; 种子斜倒卵圆形, 种翅倒卵状。**花果期**: 花期 4~5 月, 球果 9~10 月成熟。**分布**: 产中国青海、甘肃、宁夏、内蒙古。**生境**: 生于河谷、山坡云杉林中、阴坡林中、阴山谷, 海拔 1600~3800m。**用途**: 木材, 观赏。

特征要点 2 年生枝淡粉红色, 被显著白粉; 冬芽圆锥形, 小枝基部宿存芽鳞反曲。叶横切面菱形, 先端微钝或钝。球果成熟前种鳞上部边缘红色。

黄杉 **Pseudotsuga sinensis** Dode 松科 Pinaceae 黄杉属

生活型: 常绿乔木。**高度**: 达 50m。**株形**: 尖塔形。**树皮**: 淡灰色, 裂成不规则厚块片。**枝条**: 小枝淡黄色, 被短毛。**叶**: 叶互生, 排成二列, 条形, 先端钝圆有凹缺, 基部宽楔形, 背面有两条白色气孔带。**花**: 雌雄同株; 雄球花圆柱形, 单生叶腋, 雄蕊多数; 雌球花单生侧枝顶端, 下垂, 卵圆形。**果实及种子**: 球果卵圆形, 长 4.5~8cm; 种鳞近扇形, 密生褐色短毛; 苞鳞显著露出, 先端三裂, 中裂窄三角形, 长约 3mm; 种子三角状卵圆形, 微扁。**花果期**: 授粉期 4 月, 球果 10~11 月成熟。**分布**: 产中国云南、四川、贵州、湖北、湖南、浙江。**生境**: 生于山顶、山脊马尾松林中、山坡密林中、针阔混交林中, 海拔 400~2800m。**用途**: 木材, 观赏。

特征要点 小枝淡黄色, 被短毛; 叶排成二列。球果卵圆形, 下垂; 种鳞近扇形; 苞鳞显著露出, 先端三裂, 露出部分向后反伸, 中裂窄三角形。

铁杉 Tsuga chinensis (Franch.) Pritz. 松科 Pinaceae 铁杉属

生活型: 绿乔木。**高度**: 达 50m。**株形**: 卵形。**树皮**: 暗深灰色，纵裂。**枝条**: 小枝细，淡黄色至灰色。**冬芽**: 冬芽卵圆形或圆球形。**叶**: 叶排成二列，条形，全缘，先端钝圆有凹缺，背面气孔带灰绿色，幼时有白粉。**花**: 雌雄同株；雄球花单生叶腋，椭圆形，雄蕊多数；雌球花单生于去年的侧枝顶端。**果实及种子**: 球果卵圆形，长 1.5~2.5cm；中部种鳞五边状卵形，上部圆，基部两侧耳状；苞鳞倒三角状楔形；种子下表面有油点，连同种翅长 7~9mm。**花果期**: 授粉期 4 月，球果 10 月成熟。**分布**: 产中国云南、湖南、江西、浙江、福建、甘肃、陕西、河南、湖北、四川、贵州。**生境**: 生于林缘、路边及山地密林中，海拔 600~3500m。**用途**: 木材，观赏。

特征要点 叶条形，顶端凹缺，表面中脉凹下，基部扭曲排成假二列。球花单生。球果小，卵形，下垂。

银杉 Cathaya argyrophylla Chun & Kuang 松科 Pinaceae 银杉属

生活型: 常绿乔木。**高度**: 达 20m。**株形**: 尖塔形。**树皮**: 暗灰色，不规则薄片状脱落。**枝条**: 小枝黄褐色，密被灰黄色短柔毛。**冬芽**: 冬芽卵圆形，淡黄褐色。**叶**: 叶互生或簇生，条形，先端圆，边缘微反卷，背面具两条粉白色气孔带。**花**: 雌雄同株；雄球花穗状圆柱形，长 5~6cm，雄蕊黄色；雌球花卵圆形，长 8~10mm，珠鳞近圆形，黄绿色，苞鳞黄褐色，先端具尾状长尖。**果实及种子**: 球果卵圆形，长 3~5cm，熟时暗褐色；种鳞 13~16 枚，近圆形，被短柔毛；种子略扁，斜倒卵圆形，种翅膜质。**花果期**: 授粉期 5~6 月，球果 10 月成熟。**分布**: 产中国贵州、湖南、湖北、广西、四川。**生境**: 生于山顶悬岩、山坡阔叶林中，海拔 1400~1800m。**用途**: 观赏。

特征要点 小枝密被灰黄色短柔毛；冬芽卵圆形。叶簇生，条形，扁平。球果生于叶腋，初直立后下垂，苞鳞短，不露出；种子略扁，种翅膜质，黄褐色。

红杉（西南落叶松） **Larix potaninii** Batalin 松科 Pinaceae 落叶松属

生活型：落叶乔木。**高度**：达 50m。**株形**：圆锥形。**树皮**：灰褐色，纵裂粗糙。**枝条**：小枝下垂，具长短枝。**冬芽**：冬芽卵圆形。**叶**：叶簇生，倒披针状窄条形，先端渐尖，绿色，秋季变黄色，后脱落。**花**：雌雄同株；雄球花和雌球花均单生于短枝顶端，春季与叶同时开放；雄球花具多数雄蕊；雌球花直立，紫红色。**果实及种子**：球果圆柱形，幼时红色，后呈紫褐色，长 3~5cm；种鳞 35~65 枚，近方形或方圆形；苞鳞矩状披针形，先端渐尖；种子斜倒卵圆形，淡褐色，种翅倒卵形。**花果期**：授粉期 4~5 月，球果 10 月成熟。**分布**：产中国甘肃、青海、四川、西藏、云南。**生境**：生于半阳坡、高山阳坡、冷杉林下、林中、山脊，海拔 2500~4000m。**用途**：木材，观赏。

特征要点 小枝下垂，具长短枝。叶簇生，倒披针状窄条形。球果圆柱形，幼时红色，后呈紫褐色；苞鳞矩圆状披针形，先端渐尖，露出部分直或微反曲。

华北落叶松 **Larix gmelinii** var. **principis-rupprechtii** (Mayr) Pilg.
松科 Pinaceae 落叶松属

生活型：常叶乔木。**高度**：达 35m。**株形**：尖塔形。**树皮**：深褐色，鳞片状脱落。**枝条**：小枝纤细，具长短枝。**冬芽**：冬芽近圆球形。**叶**：叶簇生，倒披针状条形，先端尖，绿色，秋季变黄色，后脱落。**花**：雌雄同株；雄球花和雌球花均单生于短枝顶端春季与叶同时开放；雄球花具多数雄蕊；雌球花直立。**果实及种子**：球果卵圆形，幼时紫红色，熟时黄褐色，长 1.2~3cm；种鳞 14~30 枚，五角状卵形；苞鳞较短，先端具尖头；种子斜卵圆形，具种翅。**花果期**：授粉期 5~6 月，球果 9 月成熟。**分布**：产中国大、小兴安岭，内蒙古、河北、山西。俄罗斯也有分布。**生境**：生于河边、山谷、山坡低地、山坡林中，海拔 300~1200m。**用途**：木材，观赏。

特征要点 小枝纤细，具长短枝。叶簇生，倒披针状条形。球果卵圆形，幼时紫红色，熟时黄褐色；种鳞五角状卵形；苞鳞较短，先端具尖头。

12

日本落叶松 **Larix kaempferi** (Lamb.) Carrière 松科 Pinaceae 落叶松属

生活型：落叶乔木。**高度**：达30m。**株形**：尖塔形。**树皮**：暗褐色，鳞片状脱落。**枝条**：小枝淡黄色，被白粉，具长短枝。**冬芽**：冬芽紫褐色，顶芽近球形。**叶**：叶簇生，倒披针状条形，先端尖，绿色，秋季变黄色，后脱落。**花**：雌雄同株；球花顶生；雄球花淡黄褐色，卵圆形；雌球花直立，紫红色，苞鳞反曲。**果实及种子**：球果卵圆形，熟时黄褐色，长2~3.5cm；种鳞46~65枚，显著地向外反曲；苞鳞紫红色，中肋延长成尾状长尖；种子倒卵圆形，种翅上部三角状。**花果期**：授粉期4~5月，球果10月成熟。**分布**：原产日本。中国黑龙江、吉林、辽宁、河北、山东、河南、江西、北京、天津、西安等地栽培。**生境**：生于庭园中或山坡上。**用途**：木材，观赏。

特征要点　小枝淡黄色，被白粉，具长短枝。叶簇生，倒披针状条形。球果卵圆形，熟时黄褐色；种鳞显著地向外反曲；苞鳞紫红色，中肋延长成尾状长尖。

金钱松 **Pseudolarix amabilis** (Nelson) Rehder 松科 Pinaceae 金钱松属

生活型：落叶乔木。**高度**：达40m。**株形**：狭卵形。**树皮**：粗糙，灰褐色，不规则鳞片状分裂。**叶**：条形叶互生或簇生。**花序**：雌雄同株。**果实类型**：球果。**花果期**：授粉期4月，球果10月成熟。**原产及栽培地**：原产中国安徽、江苏、浙江、江西、湖南、湖北、四川等地。福建、广东、广西、贵州、辽宁、上海、台湾、云南、浙江有引种栽培。**习性**：喜光，幼时稍耐阴；喜温凉湿润气候，较耐寒；喜深厚肥沃、排水良好的中性或酸性砂质壤土；生长速度中等偏快。**繁殖**：播种。**用途**：体形高大，树干端直，秋叶金黄色，可孤植或丛植。

特征要点　小枝淡红黄色，无毛，具矩状短枝。叶密簇生，柔软，镰状。球果卵圆形，熟时淡红褐色；种鳞卵状披针形，密生短柔毛；苞鳞小，卵状披针形。

雪松 **Cedrus deodara** (Roxb.) G. Don 松科 Pinaceae 雪松属

生活型: 常绿乔木。**高度**: 达 50m。**株形**: 尖塔形。**树皮**: 深灰色, 不规则鳞状块片分裂。**枝条**: 小枝淡灰黄色, 密生短茸毛。**叶**: 叶互生或簇生, 针形, 坚硬, 具气孔线。**花**: 雌雄同株; 雄球花直立, 长圆形, 黄绿色; 雌球花直立, 卵圆形, 紫红色。**果实及种子**: 球果卵圆形, 直立, 具白粉, 熟时红褐色; 中部种鳞扇状倒三角形; 苞鳞短小, 熟时与种子一同从宿存的中轴上脱落; 种子近三角状, 种翅宽大。**花果期**: 授粉期 10~11 月, 球果翌年 9~10 月成熟。**分布**: 原产阿富汗、印度等喜马拉雅山区。中国北京、辽宁、山东、江苏、浙江、湖北、云南、四川、西藏等地栽培。**生境**: 生于山坡或庭园中, 海拔 1300~3300m。**用途**: 观赏。

特征要点 树冠尖塔形。叶簇生, 针形, 坚硬。球果直立, 卵圆形, 有白粉, 成熟前淡绿色, 熟时苞鳞与种鳞一同从宿存的中轴上脱落。

白皮松 **Pinus bungeana** Zucc. ex Endl. 松科 Pinaceae 松属

生活型: 常绿乔木。**高度**: 达 30m。**株形**: 狭卵形。**树皮**: 光滑, 灰绿色, 大块状剥落。**枝条**: 小枝灰绿色, 无毛。**冬芽**: 冬芽红褐色, 无树脂。**叶**: 针叶 3 针一束, 长 5~10cm, 粗硬, 叶鞘脱落。**花**: 雌雄同株; 雄球花卵圆形, 长约 1cm, 斜展或下垂; 雌球花生新枝近顶端。**果实及种子**: 球果卵圆形, 长 5~7cm, 成熟前淡绿色, 熟时淡黄褐色; 种鳞矩圆状宽楔形, 鳞盾近菱形, 有横脊, 鳞脐明显, 三角状, 顶端有刺; 种子灰褐色, 近倒卵圆形, 长约 1cm, 种翅短。**花果期**: 授粉期 4~5 月, 球果翌年 10~11 月成熟。**分布**: 产中国山东、河北、山西、河南、陕西、甘肃、四川、辽宁。**生境**: 生于山坡、悬崖、石壁, 海拔 500~1800m。**用途**: 木材, 观赏。

特征要点 树皮光滑, 灰绿色。针叶 3 针一束, 粗硬。球果卵圆形, 长 5~7cm; 种鳞矩圆状宽楔形, 鳞脐明显, 三角状, 顶端有刺。

红松 **Pinus koraiensis** Siebold & Zucc. 松科 Pinaceae 松属

生活型: 常绿乔木。**高度**: 达 50m。**株形**: 圆锥形。**树皮**: 灰褐色, 纵裂成鳞片块状剥落。**枝条**: 小枝密被褐色柔毛。**冬芽**: 冬芽淡红褐色, 微被树脂。**叶**: 针叶 5 针一束, 长 6~12cm, 粗硬, 直, 深绿色; 叶鞘早落。**花**: 雌雄同株; 雄球花椭圆状圆柱形, 红黄色; 雌球花绿褐色, 生新枝近顶端。**果实及种子**: 球果圆锥状卵圆形, 长 9~14cm, 成熟后种子不脱落; 种鳞菱形, 鳞盾黄褐色, 三角形; 种子大, 无翅, 褐色, 长 1.2~1.6cm。**花果期**: 授粉期 6 月, 球果翌年 9~10 月成熟。**分布**: 产中国东北长白山区、吉林山区及小兴安岭。俄罗斯、朝鲜、日本也有分布。**生境**: 生于林中、向阳地, 海拔 150~1800m。**用途**: 种仁食用, 木材, 观赏。

特征要点 树皮灰褐色, 纵裂成鳞片块状剥落。针叶 5 针一束, 粗硬。球果圆锥状卵圆形, 长 9~14cm, 熟时种子不脱落; 种子大, 长 1.2~1.6cm。

华山松 **Pinus armandii** Franch. 松科 Pinaceae 松属

生活型: 常绿乔木。**高度**: 达 25m。**株形**: 狭卵形。**树皮**: 灰色, 近平滑。**枝条**: 小枝灰绿色, 无毛。**冬芽**: 冬芽褐色。**叶**: 针叶 5 针一束, 长 8~15cm, 较粗硬; 叶鞘早落。**花**: 雌雄同株; 雄球花多数聚生于新枝下部; 雌球花生于新枝近顶端。**果实及种子**: 球果圆锥状长卵形, 长 10~22cm, 熟时种鳞张开, 种子脱落; 种鳞鳞盾无毛, 鳞脐顶生, 形小; 种子褐色, 无翅, 长 1~1.8cm。**花果期**: 授粉期 4~5 月, 球果翌年 9~10 月成熟。**分布**: 产中国山西、河南、陕西、甘肃、四川、湖北、贵州、云南、西藏。缅甸、日本也有分布。**生境**: 生于半阳坡、栎林中、山谷林下、山坡阔叶林中, 海拔 1000~3300m。**用途**: 种仁食用, 木材, 观赏。

特征要点 树皮灰色, 近平滑。针叶 5 针一束, 较粗硬。球果圆锥状长卵形, 长 10~22cm, 熟时种子脱落; 种子长 1~1.8cm。

马尾松 **Pinus massoniana** Lamb. 松科 Pinaceae 松属

生活型：常绿乔木。**高度**：达45m。**株形**：宽卵形。**树皮**：红褐色，不规则鳞状块片分裂。**枝条**：小枝淡黄褐色，无白粉，无毛。**冬芽**：冬芽圆柱形，褐色。**叶**：针叶2针一束，长12~20cm，细柔；叶鞘宿存。**花**：雌雄同株；雄球花淡红褐色，弯垂；雌球花生新枝近顶端，淡紫红色。**果实及种子**：球果卵圆形，长4~7cm，下垂；种鳞近矩圆状倒卵形，鳞盾菱形，鳞脐微凹，无刺；种子长卵圆形，长4~6mm，具翅。**花果期**：授粉期4~5月，球果翌年10~12月成熟。**分布**：产中国江苏、安徽、河南、陕西、福建、广东、台湾、四川、贵州、云南、湖南、湖北、浙江、江西、广西。非洲南部也有分布。**生境**：生于海岸丘陵、山脊、山坡林中，海拔600~1500m。**用途**：木材，观赏。

特征要点 树皮红褐色，不规则鳞状块片分裂。针叶2针一束，长12~20cm，细柔。球果卵圆形，长4~7cm；种鳞近矩圆状倒卵形，鳞脐微凹，无刺。

欧洲赤松 **Pinus sylvestris** L. 松科 Pinaceae 松属

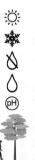

生活型：常绿乔木。**高度**：达40m。**株形**：宽卵形。**树皮**：红褐色，裂成薄片脱落。**枝条**：小枝暗灰褐色。**冬芽**：冬芽卵圆形，赤褐色，有树脂。**叶**：针叶2针一束，长3~7cm，蓝绿色，粗硬，常扭曲；叶鞘宿存。**花**：雌雄同株；雄球花多数聚生于新枝下部，无梗，斜展或下垂，雄蕊多数；雌球花有短梗，向下弯垂，单生或2~4个生于新枝近顶端。**果实及种子**：球果圆锥状卵圆形，长3~6cm，熟时暗黄褐色；种鳞鳞盾扁平或三角状隆起，鳞脐小，常有尖刺。**花果期**：授粉期5~6月，球果翌年9~10月成熟。**分布**：原产欧洲。中国东北地区栽培。**生境**：生于庭园中。**用途**：木材，观赏。

特征要点 树皮红褐色，裂成薄片脱落。针叶2针一束，长3~7cm，蓝绿色，粗硬。球果圆锥状卵圆形，长3~6cm；种鳞鳞盾扁平或三角状隆起，鳞脐小，常有尖刺。

樟子松 Pinus sylvestris var. mongolica Litv. 松科 Pinaceae 松属

生活型: 常绿乔木。**高度**: 达 25m。**株形**: 尖塔形。**树皮**: 红褐色，裂成薄片脱落。**枝条**: 小枝淡黄褐色。**冬芽**: 淡褐黄色，长卵圆形，有树脂。**叶**: 针叶 2 针一束，硬直，常扭曲，长 4~9cm；叶鞘宿存。**花**: 雌雄同株；雄球花多数聚生于新枝下部，无梗，斜展或下垂，雄蕊多数；雌球花有短梗，向下弯垂，单生或 2~4 个生于新枝近顶端。**花果期**: 授粉期 5~6 月，球果翌年 9~10 月成熟。**分布**: 产中国黑龙江及内蒙古，河北等地有栽培。蒙古也有分布。**生境**: 生于山地或沙丘地区，海拔 400~900m 或更高。**用途**: 木材，水土保持，观赏。

特征要点 树皮较厚，深纵裂，灰褐色或黑褐色，上部树皮黄色至褐黄色，裂成薄块片脱落；针叶长短变异大，最长可达 12cm，径 1.5~2mm，冬芽淡褐黄色。

长白松（美人松）Pinus sylvestris var. sylvestriformis (Taken.) W. C. Cheng & C. D. Chu 松科 Pinaceae 松属

生活型: 常绿乔木。**高度**: 20~30m。**株形**: 尖塔形。**树皮**: 平滑，棕褐色带黄，龟裂，下中部以上裂成鳞状薄片剥落。**枝条**: 小枝淡褐色或淡黄褐色，无白粉。**冬芽**: 卵形，芽鳞红褐色，有树脂。**叶**: 针叶 2 针一束，长 5~8cm，较粗硬。**花**: 雌雄同株；雄球花多数聚生新枝下部，无梗，斜展或下垂，雄蕊多数；雌球花有短梗，向下弯垂，单生或 2~4 个生于新枝近顶端。**果实及种子**: 球果卵状圆锥形，长 4~5cm，种鳞背部深紫褐色，鳞盾斜方形，灰色，强隆起，隆起部分向下弯，横脊明显，鳞脐呈瘤状突起，具短刺；种子长卵形，长约 4mm。**花果期**: 授粉期 5~6 月，球果翌年 9~10 月成熟。**分布**: 产中国吉林长白山。**生境**: 生于北坡林中，海拔 800~1600m。**用途**: 木材，园林，观赏。

特征要点 树皮棕褐色带黄。针叶较短，较粗硬。种鳞的鳞盾斜方形或不规则多角形，隆起。

油松 **Pinus tabuliformis** Carrière 松科 Pinaceae 松属

生活型: 常绿乔木。**高度:** 达 25m。**株形:** 平顶形。**树皮:** 灰褐色,不规则厚鳞状块片深裂。**枝条:** 小枝较粗,褐黄色,无毛。**冬芽:** 冬芽矩圆形,微具树脂。**叶:** 针叶 2 针一束,长 10~15cm,深绿色,粗硬,叶鞘宿存。**花:** 雌雄同株;雄球花圆柱形,黄色,聚生新枝下部;雌球花生于新枝近顶端。**果实及种子:** 球果圆卵形,长 4~9cm,向下弯垂,可宿存多年;中部种鳞近矩圆状倒卵形,鳞盾隆起,扁菱形,鳞脐凸起有尖刺;种子卵圆形,淡褐色,具翅。**花果期:** 授粉期 4~5 月,球果翌年 10 月成熟。**分布:** 产中国吉林、辽宁、河北、河南、山东、山西、内蒙古、陕西、甘肃、宁夏、青海、四川。**生境:** 生于山坡林中,海拔 100~2600m。**用途:** 木材,观赏。

特征要点　树皮灰褐色,不规则厚鳞状块片深裂。针叶 2 针一束,长 10~15cm,粗硬。球果卵形,长 4~9cm,常宿存多年;种鳞近矩圆状倒卵形,鳞脐凸起有尖刺。

赤松 **Pinus densiflora** Siebold & Zucc. 松科 Pinaceae 松属

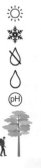

生活型: 常绿乔木。**高度:** 达 30m。**株形:** 狭卵形。**树皮:** 橘红色,不规则鳞片状块片脱落。**枝条:** 小枝淡黄色,微被白粉。**冬芽:** 暗红褐色,微具树脂。**叶:** 针叶 2 针一束,长 5~12cm;叶鞘宿存。**花:** 雌雄同株;雄球花淡红黄色,圆筒形,斜展或下垂;雌球花淡红紫色,生新枝近顶端。**果实及种子:** 球果卵圆形,长 3~5.5cm,熟时暗黄褐色;种鳞薄,鳞盾扁菱形,平,鳞脐平或微凸起有短刺;种子卵圆形。**花果期:** 授粉期 4 月,球果翌年 9~10 月成熟。**分布:** 产中国黑龙江、吉林、辽宁、山东、江苏。日本、朝鲜、俄罗斯也有分布。**生境:** 生于山脊、山坡、石坡,海拔 150~1800m。**用途:** 木材,观赏。

特征要点　树皮橘红色,不规则鳞片状块片脱落。针叶 2 针一束,长 5~12cm。球果卵圆形,长 3~5.5cm,种鳞张开,鳞脐平或微凸起有短刺。

湿地松 **Pinus elliottii** Engelm. 松科 Pinaceae 松属

生活型: 常绿乔木。**高度**: 达 30m。**株形**: 宽卵形。**树皮**: 灰褐色, 纵裂成鳞片块状剥落。**枝条**: 小枝粗壮, 橙褐色, 粗糙。**冬芽**: 冬芽圆柱形, 无树脂。**叶**: 针叶 2~3 针一束并存, 长 18~25cm, 刚硬, 深绿色; 叶鞘宿存。**花**: 雌雄同株; 雄球花多数聚生于新枝下部; 雌球花生新枝近顶端。**果实及种子**: 球果圆锥形或窄卵圆形, 长 6.5~13cm, 成熟后至第二年夏季脱落; 种鳞鳞盾近斜方形, 肥厚, 鳞脐瘤状, 先端急尖; 种子卵圆形, 微具三棱, 黑色。**花果期**: 授粉期 3 月, 球果翌年 9 月成熟。**分布**: 原产美国东南部。中国湖北、江西、浙江、江苏、安徽、福建、广东、广西、桂林、台湾、云南栽培。**生境**: 生于山坡或路边。**用途**: 木材, 观赏。

特征要点 树皮灰褐色, 纵裂成鳞片块状剥落。针叶 2~3 针一束并存, 长 18~25cm, 刚硬。球果圆锥形, 长 6.5~13cm; 种鳞鳞盾肥厚, 鳞脐瘤状, 先端急尖。

火炬松 **Pinus taeda** L. 松科 Pinaceae 松属

生活型: 常绿乔木。**高度**: 达 30m。**株形**: 尖塔形。**树皮**: 暗褐色, 鳞片状开裂。**枝条**: 小枝黄褐色。**冬芽**: 冬芽褐色, 无树脂。**叶**: 针叶 3 针一束, 稀 2 针一束, 长 12~25cm, 硬直, 蓝绿色; 叶鞘宿存。**花**: 雌雄同株; 雄球花多数聚生于新枝下部, 无梗, 斜展或下垂, 雄蕊多数; 雌球花单生或 2~4 个生于新枝近顶端, 直立或下垂。**果实及种子**: 球果卵状圆锥形, 长 6~15cm, 熟时暗红褐色; 种鳞的鳞盾横脊显著隆起, 鳞脐隆起延长成尖刺; 种子卵圆形, 长约 6mm, 栗褐色, 种翅长约 2cm。**花果期**: 授粉期 4 月, 球果翌年 10 月成熟。**分布**: 原产北美东南部。中国江西、江苏、福建、湖北、广东、广西等地栽培。**生境**: 生于山坡或路边。**用途**: 木材, 观赏。

特征要点 树皮暗褐色, 鳞片状开裂。针叶 3 针一束, 长 12~25cm, 硬直。球果卵状圆锥形, 长 6~15cm; 鳞盾横脊显著隆起, 鳞脐隆起延长成尖刺。

云南松 **Pinus yunnanensis** Franch. 松科 Pinaceae 松属

生活型: 常绿乔木。**高度:** 达 30m。**株形:** 狭卵形。**树皮:** 褐灰色,不规则厚鳞状块片深裂。**枝条:** 小枝粗壮,淡红褐色,无毛。**冬芽:** 冬芽粗大,红褐色,无树脂。**叶:** 针叶通常 3 针一束,稀 2 针一束,长 10~30cm;叶鞘宿存。**花:** 雌雄同株;雄球花圆柱状,聚生新枝下部;雌球花生新枝近顶端。**果实及种子:** 球果圆锥状卵圆形,长 5~11cm;中部种鳞矩圆状椭圆形,鳞盾肥厚隆起,有横脊,鳞脐微凹,有短刺;种子褐色,近卵圆形,微扁。**花果期:** 授粉期 4~5月,球果翌年 10月成熟。**分布:** 产中国云南、西藏、贵州、广西、四川。菲律宾、缅甸也有分布。**生境:** 生于河谷、红壤坡地、瘠薄干阳坡、丘陵,海拔 400~3500m。**用途:** 木材,观赏。

特征要点 树皮褐灰色,不规则厚鳞状块片深裂。针叶通常 3 针一束,长 10~30cm。球果圆锥状卵圆形,长 5~11cm;鳞盾通常肥厚隆起,鳞脐微凹,有短刺。

杉木 **Cunninghamia lanceolata** (Lamb.) Hook.
柏科 / 杉科 Cupressaceae / Taxodiaceae 杉木属

生活型: 常绿乔木。**高度:** 达 30m。**株形:** 尖塔形。**树皮:** 红褐色,长条片纵裂,内皮淡红色。**枝条:** 小枝绿色,光滑无毛。**冬芽:** 冬芽近圆形,芽鳞叶状。**叶:** 叶常二列,披针形,革质,坚硬,正面有光泽,背面具两条白粉气孔带。**花:** 雌雄同株;雄球花圆锥状,有短梗,簇生枝顶;雌球花绿色,苞鳞横椭圆形。**果实及种子:** 球果卵圆形,直径 3~4cm;熟时苞鳞革质,棕黄色,先端有刺尖头;种鳞很小,先端三裂;种子扁平,长卵形,暗褐色,有窄翅。**花果期:** 授粉期 4月,球果 10月成熟。**分布:** 产中国河南、安徽、江苏、广东、广西、福建、四川、云南、台湾、浙江、贵州、湖北、湖南、陕西。越南也有分布。**生境:** 生于山谷河边、山坡湿地、山坡林中,海拔 300~2900m。**用途:** 木材,观赏。

特征要点 树冠圆锥形;树皮长条片状脱落。叶条状披针形,常成二列状排列,缘有细锯齿。球果卵圆形,苞鳞棕黄色,革质,扁平,革质先端成刺尖。

台湾杉（秃杉） **Taiwania cryptomerioides** Hayata

柏科 / 杉科 Cupressaceae/Taxodiaceae 台湾杉属

生活型: 常绿乔木。**高度**: 达 30m。**株形**: 卵形。**树皮**: 紫黑色, 平滑, 具环纹。**枝条**: 小枝纤细, 绿色。**叶**: 叶互生, 鳞状钻形, 长 3.5~6mm, 下方平直或微弯, 背腹面均有气孔线。**花**: 雌雄同株; 雄球花簇生枝顶, 雄蕊多数; 雌球花单生枝顶, 直立, 每一珠鳞具 2 胚珠, 无苞鳞。**果实及种子**: 球果椭圆形或短圆柱形, 直立, 长 1~2cm; 珠鳞通常 30 左右, 三角状宽倒卵形, 革质, 扁平, 先端宽圆具短尖, 尖头下方具腺点; 种子矩圆状卵形, 扁平, 两侧具窄翅。**花果期**: 授粉期 4~5 月, 球果 10~11 月成熟。**分布**: 产中国四川、云南、贵州、重庆、台湾。**生境**: 生于柏林中, 海拔 1800~2600m。**用途**: 木材, 观赏。

特征要点 树皮紫黑色, 平滑, 具环纹。叶互生, 鳞状钻形。球果椭圆形或短圆柱形, 直立, 长 1~2cm。

柳杉 **Cryptomeria japonica** var. **sinensis** Miq.

柏科 / 杉科 Cupressaceae/Taxodiaceae 柳杉属

生活型: 常绿乔木。**高度**: 达 40m。**株形**: 尖塔形。**树皮**: 红棕色, 纤维状, 裂成长条片脱落。**枝条**: 小枝细长, 下垂, 绿色。**叶**: 叶互生, 钻形, 先端内曲, 四边有气孔线, 长 1~1.5cm。**花**: 雌雄同株; 雄球花长椭圆形, 单生叶腋, 并近枝顶集生; 雌球花单生枝顶, 近球形。**果实及种子**: 球果圆球形或扁球形, 直径 1~2cm; 种鳞约 20 枚, 盾形, 木质, 每种鳞有 2 粒种子; 种子褐色, 近椭圆形, 扁平, 边缘有窄翅。**花果期**: 授粉期 4 月, 球果 10 月成熟。**分布**: 产中国浙江、福建、江西、江苏、河南、湖北、安徽、湖南、四川、贵州、云南、广西、广东。**生境**: 生于山谷边、山谷溪边潮湿林中、山坡林中, 海拔 400~2500m。**用途**: 木材, 观赏。

特征要点 树皮纤维状。小枝细长, 下垂, 绿色。叶钻形, 先端常内弯, 四边有气孔线。雄球花长椭圆形, 单生叶腋。球果单生枝顶, 圆球形或扁球形, 直径 1~2cm; 种鳞盾形, 约 20 片, 木质。

水松 **Glyptostrobus pensilis** (Staunt. ex D. Don) K. Koch

柏科 / 杉科 Cupressaceae/Taxodiaceae 水松属

生活型：常绿乔木。**高度**：8~10m。**株形**：卵形。**树皮**：褐色，长条片状纵裂，吸收根发达。**枝条**：小枝纤细，绿色。**叶**：叶多型：鳞形叶生主枝上，不脱落；条形叶生侧枝，扁平、薄，二列；条状钻形叶两侧扁，辐射伸展或三列；条形叶及条状钻形连同侧生短枝一同脱落。**花**：雌雄同株，球花单生于有鳞形叶的小枝枝顶；雄球花椭圆形；雌球花近球形。**果实及种子**：球果倒卵圆形；种鳞木质，扁平，鳞背近边缘处具尖齿；苞鳞与种鳞几全部合生；种子椭圆形，稍扁，褐色。**花果期**：授粉期1~2月，球果10~11月成熟。**分布**：产中国广东、福建、海南、江西、四川、广西、云南。**生境**：生于河边、湖边路旁、山坡林中，海拔450~1000m。**用途**：用材，观赏。

特征要点 树皮褐色，长条片状纵裂，呼吸根发达。小枝纤细，绿色。叶多型，具鳞形叶、条形叶及条状钻形叶。球果倒卵圆形，长2~2.5cm。

落羽杉 **Taxodium distichum** (L.) Rich.

柏科 / 杉科 Cupressaceae/Taxodiaceae 落羽杉属

生活型：落叶乔木。**高度**：达50m。**株形**：圆锥形。**树皮**：棕色，裂成长条片脱落，呼吸根发达。**枝条**：小枝绿色变棕色，具叶的侧生小枝排成二列。**叶**：叶互生，条形，扁平，排成二列，羽状，冬季与小枝共同凋落。**花**：雌雄同株；雄球花卵圆形，有短梗，在球花枝上排成总状花序状或圆锥花序状；雌球花单生于去年生枝顶，每珠鳞有2枚胚珠，苞鳞与种鳞几全部合生。**果实及种子**：球果球形或卵圆形，斜垂，熟时淡褐黄色，有白粉，直径约2.5cm；种鳞木质，盾形，顶部有纵槽；种子不规则三角形，有锐棱，褐色。**花果期**：授粉期3~4月，球果10月成熟。**分布**：原产北美。中国福建、广东、浙江、江苏、湖北、江西、河南、四川、云南、浙江、广西等地栽培。**生境**：生于山谷、水边或庭园中。**用途**：观赏。

特征要点 树皮棕色，裂成长条片脱落。叶互生，柔软条形，在无芽小枝叶上排成羽状，冬季与小枝一起脱落。球果近球形，具短梗，种鳞螺旋状互生，木质，盾形，成熟脱落。

池杉 **Taxodium distichum** var. **imbricatum** (Nutt.) Croom

柏科 / 杉科 Cupressaceae/Taxodiaceae 落羽杉属

生活型: 落叶乔木。**高度**: 达 25m。**株形**: 圆锥形。**树干**: 树皮褐色,纵裂,成长条片脱落。树干基部膨大,通常有屈膝状的呼吸根。**枝条**: 小枝绿色变褐红色,细长,弯垂。**叶**: 叶钻形,微内曲,在枝上螺旋状伸展,基部下延。**花**: 雌雄同株;雄球花卵圆形,有短梗,排成总状花序状或圆锥花序状;雌球花单生于去年生枝顶。**果实及种子**: 球果圆球形,斜垂,熟时褐黄色,直径 1.8~3cm;种鳞木质,盾形;种子不规则三角形,边缘有锐脊。**花果期**: 授粉期 3~4 月,球果 10 月成熟。**分布**: 原产北美。中国安徽、福建、江西、广东、浙江、江苏、湖北、江西等地栽培。**生境**: 耐水湿,生于沼泽地区及水湿地上。**用途**: 木材,园林,观赏。

特征要点 大枝向上伸展。叶钻形,不成二列。球果球形或卵圆形,斜垂,熟时淡褐黄色,有白粉。

水杉 **Metasequoia glyptostroboides** Hu & W. C. Cheng

柏科 / 杉科 Cupressaceae/Taxodiaceae 水杉属

生活型: 落叶乔木。**高度**: 达 35m。**株形**: 尖塔形。**树皮**: 灰褐色,长条状剥落。**枝条**: 小枝下垂,无毛,侧生小枝羽状,冬季凋落。**冬芽**: 冬芽卵圆形。**叶**: 叶对生,条形,在侧生小枝上排成二列,羽状,冬季与枝一同脱落。**花**: 雌雄同株;雄球花单生叶腋或枝顶,有短梗,雄蕊约 20 枚;雌球花有短梗,单生于去年生枝顶。**果实及种子**: 球果下垂,近四棱状球形,绿色变深褐色,长 1.8~2.5cm;种鳞木质,盾形,鳞顶扁菱形,能育种鳞有 5~9 粒种子;种子扁平,倒卵形,周围有翅。**花果期**: 授粉期 2~3 月,球果 11 月成熟。**分布**: 原产中国四川、湖北、湖南等地。中国华北至南方各地常见栽培。**生境**: 生于沟边、山谷林下、田边开阔地,海拔 750~1500m。**用途**: 观赏。

特征要点 树皮长条状剥落。叶对生,条形,二列,羽状,冬季与枝一同脱落。球果下垂,近四棱状球形;种鳞木质,盾形。

侧柏 **Platycladus orientalis** (L.) Franco 柏科 Cupressaceae 侧柏属

生活型: 常绿乔木。**高度**: 达 20m。**株形**: 尖塔形。**树皮**: 薄, 浅灰褐色, 纵裂成条片。**枝条**: 小枝细, 扁平, 排成一平面。**叶**: 叶鳞形, 长 1~3mm。**花**: 雄球花黄色, 卵圆形; 雌球花近球形, 蓝绿色, 被白粉。**果实及种子**: 球果近卵圆形, 长 1.5~2.5cm, 熟前近肉质, 蓝绿色, 被白粉, 熟后木质, 开裂, 红褐色; 种鳞具尖头; 种子卵圆形, 灰褐色。**花果期**: 授粉期 3~4 月, 球果 10 月成熟。**分布**: 产中国东北、华北、西北、华东、华中和华南地区。朝鲜也有分布。**生境**: 生于路边、山坡杂木林中、石灰岩山坡, 海拔 100~3440m。**用途**: 观赏, 造林。

特征要点 树皮薄, 浅灰褐色, 纵裂成条片。小枝细, 扁平, 排成一平面。叶鳞形。球果近卵圆形, 蓝绿色, 被白粉, 熟后木质, 开裂, 红褐色。

朝鲜崖柏 **Thuja koraiensis** Nakai 柏科 Cupressaceae 崖柏属

生活型: 常绿乔木。**高度**: 达 10m。**株形**: 宽卵形。**树皮**: 红褐色, 平滑, 有光泽。**枝条**: 小枝绿色变红褐色。**叶**: 叶鳞形, 长 1~2mm。**花**: 雄球花卵圆形, 黄色。**果实及种子**: 球果椭圆状球形, 长 9~10mm, 熟时深褐色; 种鳞 4 对, 交叉对生, 薄木质, 具突起尖头; 种子椭圆形, 扁平, 两侧有翅。**花果期**: 授粉期 5 月, 球果翌年 9 月成熟。**分布**: 产中国吉林延吉、长白山。朝鲜也有分布。**生境**: 生于山谷、山坡、阴地, 海拔 700~1400m。**用途**: 观赏。

特征要点 树皮红褐色, 平滑, 有光泽。叶鳞形。球果椭圆状球形, 长 9~10mm, 熟时深褐色; 种鳞 4 对, 交叉对生, 薄木质, 具突起尖头。

北美香柏 **Thuja occidentalis** L. 柏科 Cupressaceae 崖柏属

生活型：常绿乔木。**高度**：达 18m。**株形**：尖塔形。**树皮**：红褐色，裂成鳞状薄片脱落。**枝条**：小枝扁平。**叶**：叶鳞形，先端钝。**果实及种子**：球果卵圆形，长 8~10mm，熟时暗褐色；种鳞 5~6 对，仅中间 2~3 对发育生有种子；种子扁，两侧有窄翅。**花果期**：授粉期 4~5 月，球果 9~10 月成熟。**分布**：原产北美。中国北京、山东、江西、江苏、上海、湖北等地栽培。**生境**：生于庭园中。**用途**：观赏。

特征要点　树皮裂成鳞状薄片脱落。小枝扁平。叶鳞形，先端钝。球果卵圆形，长 8~10mm，熟时暗褐色；种子扁，两侧有窄翅。

柏木 **Cupressus pendula** Thunb. 【Cupressus funebris Endl.】
柏科 Cupressaceae 柏木属

生活型：常绿乔木。**高度**：达 35m。**株形**：尖塔形。**树皮**：淡褐灰色，窄长条片状裂。**枝条**：小枝细长下垂，排成平面。**叶**：鳞叶二型，先端锐尖，中央叶背部有条状腺点，两侧叶对折，背部有棱脊。**花**：雄球花椭圆形，长 2.5~3mm，雄蕊通常 6 对，花药淡绿色；雌球花长 3~6mm，近球形。**果实及种子**：球果圆球形，直径 8~12mm，熟时暗褐色；种鳞 4 对，顶端为不规则五角形或方形；种子宽倒卵状菱形或近圆形，边缘具窄翅。**花果期**：授粉期 3~5 月，球果翌年 5~6 月成熟。**分布**：产中国安徽、河南、浙江、福建、江西、湖南、湖北、四川、贵州、广东、广西、云南、江苏。**生境**：生于山坡林中、石灰岩山坡、宅边，海拔 300~2100m。**用途**：用材，观赏。

特征要点　树皮窄长条片状裂。小枝细长下垂。鳞叶二型。球果圆球形，直径 8~12mm，熟时暗褐色；种鳞 4 对。

25

日本扁柏 Chamaecyparis obtusa (Siebold & Zucc.) Endl.

柏科 Cupressaceae 扁柏属

生活型: 常绿乔木。**高度**: 达40m。**株形**: 尖塔形。**树皮**: 红褐色, 薄片状脱落。**枝条**: 小枝扁平, 排成一平面。**叶**: 叶鳞片状, 交互对生, 密覆小枝, 肥厚, 绿色, 先端钝, 背部具纵脊。**花**: 雄球花椭圆形, 长约3mm, 雄蕊6对, 花药黄色。**果实及种子**: 球果圆球形, 直径8~10mm, 熟时红褐色; 种鳞4对, 顶部五角形, 平或中央稍凹, 有小尖头; 种子近圆形, 两侧有窄翅。**花果期**: 授粉期4月, 球果10~11月成熟。**分布**: 原产日本。中国山东、江苏、江西、河南、浙江、广东、贵州、广西、云南、台湾栽培。**生境**: 生于庭园中, 海拔1300~2800m。**用途**: 观赏。

特征要点 树皮薄片状脱落。小枝扁平, 排成一平面。叶鳞片状, 交互对生, 肥厚。球果圆球形, 直径8~10mm, 熟时红褐色; 种鳞4对; 种子近圆形, 两侧有窄翅。

日本花柏 Chamaecyparis pisifera (Siebold & Zucc.) Endl.

柏科 Cupressaceae 扁柏属

生活型: 常绿乔木。**高度**: 达50m。**株形**: 尖塔形。**树皮**: 红褐色, 薄皮状脱落。**枝条**: 小枝条平, 排成一平面。**叶**: 叶鳞片状, 交互对生, 密覆小枝, 先端锐尖。**果实及种子**: 球果圆球形, 直径约6mm, 熟时褐色; 种鳞5~6对, 顶部中央稍凹, 有凸起的小尖头; 种子三角状卵圆形, 有棱脊, 两侧有宽翅。**花果期**: 授粉期4月, 球果10~11月成熟。**分布**: 原产日本。中国山东、江西、江苏、浙江、广西、贵州、四川、云南等地栽培。**生境**: 生于庭园中。**用途**: 观赏。

特征要点 小枝扁平, 排成一平面。叶鳞片状, 交互对生, 先端锐尖。球果圆球形, 直径约6mm, 熟时暗褐色; 种鳞5~6对; 种子三角状卵圆形, 两侧有宽翅。

圆柏 *Juniperus chinensis* L. 柏科 Cupressaceae 刺柏属

生活型: 常绿乔木。**高度:** 达 15m。**株形:** 圆柱形。**树皮:** 褐色，纵裂成长条薄片脱落。**枝条:** 小枝圆或近方形。**叶:** 叶二型；刺形叶 3 叶轮生或交互对生，白色气孔带显著；鳞形叶交互对生，排列紧密。**花:** 雌雄异株，稀同株；雄球花黄色，椭圆形，长 2.5~3.5mm，雄蕊 5~7 对，常有 3~4 花药。**果实及种子:** 球果近圆形，直径 6~8mm，有白粉，熟时褐色，不开裂，内有 1~4 粒种子。**花果期:** 授粉期 4 月，球果翌年 11 月成熟。**分布:** 产中国华北、华东、华中、华南和西南地区。朝鲜、日本也有分布。**生境:** 生于路边林缘、山顶石滩、山谷、山坡或庭园，海拔 500~3900m。**用途:** 观赏，药用。

特征要点 树冠圆柱形。叶二型；刺形叶轮生，具白粉；鳞形叶交互对生。球果近圆形，直径 6~8mm，有白粉，熟时褐色，不开裂，内有 1~4 粒种子。

欧洲刺柏 *Juniperus communis* L. 柏科 Cupressaceae 刺柏属

生活型: 常绿乔木。**高度:** 达 12m。**株形:** 圆柱形。**树皮:** 灰褐色。**枝条:** 小枝绿色，被白粉。**叶:** 叶三叶轮生，全为刺形，条状披针形，白粉带显著。**果实及种子:** 球果球形或宽卵圆形，径 5~6mm，成熟时蓝黑色；种子卵圆形，具三棱。**花果期:** 授粉期 5 月，球果翌年 10 月成熟。**分布:** 原产欧洲、北非、北美。我国河北、青岛、南京、上海、杭州等地栽培。**生境:** 生于庭园中。**用途:** 观赏。

特征要点 树冠圆柱形。小枝绿色，被白粉。三叶轮生，全为刺形，条状披针形，白粉带显著。球果球形或宽卵圆形，成熟时蓝黑色。

铺地柏 **Juniperus procumbens** (Siebold ex Endl.) Miq. 柏科 Cupressaceae 刺柏属

生活型: 常绿匍匐灌木。**高度:** 达 0.8m。**株形:** 蔓生形。**树皮:** 暗灰色。**枝条:** 小枝密生, 短而上举。**叶:** 刺形叶三叶交叉轮生, 条状披针形, 粉绿色, 白粉气孔带显著。**果实及种子:** 球果近球形, 径 8~9mm, 被白粉, 成熟时黑色, 有 2~3 粒种子; 种子长约 4mm, 有棱脊。**花果期:** 授粉期 4~5月, 球果翌年 10~11 月成熟。**分布:** 原产日本。中国北京、辽宁、福建、山东、江西、江苏、云南、浙江等地栽培。**生境:** 生于庭园中。**用途:** 观赏。

特征要点 常绿匍匐灌木。小枝短而上举。刺形叶三叶交叉轮生, 条状披针形, 粉绿色, 白粉气孔带显著。球果近球形, 被白粉, 成熟时黑色, 有 2~3 粒种子。

杜松 **Juniperus rigida** Siebold & Zucc. 柏科 Cupressaceae 刺柏属

生活型: 常绿灌木或小乔木。**高度:** 达 10m。**株形:** 圆柱形。**树皮:** 褐色, 纵裂成长条薄片脱落。**枝条:** 小枝下垂, 三棱形。**叶:** 叶三叶轮生, 条状刺形, 质厚, 坚硬, 正面凹下成深槽, 槽内有 1 条窄白粉带。**花:** 雄球花椭圆状或近球状, 长 2~3mm, 药隔三角状宽卵形, 先端尖, 背面有纵脊。**果实及种子:** 球果圆球形, 径 6~8mm, 紫褐色或蓝黑色, 常被白粉; 种子近卵圆形, 具 4 棱。**花果期:** 授粉期 5月, 球果翌年 10 月成熟。**分布:** 产中国黑龙江、吉林、辽宁、内蒙古、河北、山西、陕西、甘肃、宁夏。朝鲜、日本也有分布。**生境:** 生于干旱石坡、干沙地、山顶、山坡疏林中、石缝, 海拔 500~2200m。**用途:** 观赏。

特征要点 常绿灌木或小乔木。三叶轮生, 条状刺形, 质厚, 坚硬。球果圆球形, 紫褐色或蓝黑色, 常被白粉。

叉子圆柏（砂地柏）**Juniperus sabina** L.【Sabina vulgaris Ant.】
柏科 Cupressaceae 刺柏属

生活型: 常绿匍匐灌木。**高度**: 达 0.8m。**株形**: 蔓生形。**树皮**: 褐色。**枝条**: 小枝密生，斜上，无毛。**叶**: 叶交互对生；刺形叶常生于幼龄植株上，排列紧密；鳞形叶相互紧覆，先端钝。**果实及种子**: 球果球形至卵圆形，长 5~9mm，熟时紫黑色，有白粉，有种子 1~5 粒；种子近卵圆形，具棱脊。**花果期**: 授粉期 4~5 月，球果翌年 9~10 月成熟。**分布**: 产中国新疆、宁夏、内蒙古、青海、甘肃、陕西等地。欧洲也有分布。中国各地常有栽培。**生境**: 生于沙丘、干旱坡地、河谷、灌丛、石缝、石坡，海拔 1100~3300m。**用途**: 观赏。

特征要点 常绿匍匐灌木。小枝密生，斜上。叶大都为鳞形叶，相互紧覆，先端钝；刺形叶常生于幼龄植株上。球果熟时紫黑色，有白粉，有种子 1~5 粒。

刺柏 **Juniperus formosana** Hayata 柏科 Cupressaceae 刺柏属

生活型: 常绿乔木。**高度**: 达 12m。**株形**: 圆柱形。**树皮**: 褐色，纵裂成长条薄片脱落。**枝条**: 小枝下垂，三棱形。**叶**: 3 叶轮生，条状披针形或条状刺形，绿色，白色气孔带显著。**花**: 雄球花圆球形或椭圆形，长 4~6mm，药隔先端渐尖，背有纵脊。**果实及种子**: 球果近球形或宽卵圆形，直径 6~9mm，熟时淡红褐色；种子半月圆形，具 3~4 棱脊。**花果期**: 授粉期 4~5 月，球果翌年 10~11 月成熟。**分布**: 产中国台湾、江苏、安徽、浙江、福建、江西、湖北、湖南、陕西、甘肃、青海、西藏、四川、贵州、云南。**生境**: 生于河谷、荒地、林中、山谷、山坡，海拔 1300~2300m。**用途**: 石质山地绿化，观赏。

特征要点 乔木。小枝下垂，三棱形。3 叶轮生，条状披针形或条状刺形，正面中脉绿色，两侧各有一条白色气孔带。球果近球形或宽卵圆形，直径 6~9mm，熟时淡红褐色。

三尖杉 **Cephalotaxus fortunei** Hook.

红豆杉科 / 三尖杉科 Taxaceae/Cephalotaxaceae 三尖杉属

生活型: 常绿乔木。**高度**: 达 20m。**株形**: 圆球形。**树皮**: 褐色, 片状脱落。**枝条**: 小枝细长, 稍下垂。**叶**: 叶互生, 二列, 披针状条形, 上部渐窄, 基部楔形, 背面气孔带白色。**花**: 雌雄异株; 雄球花 8~10 聚生成头状, 具 18~24 苞片, 每一雄球花有 6~16 枚雄蕊, 花药 3, 花丝短。**果实及种子**: 雌球花的胚珠 3~8 枚发育成种子, 总梗长 1.5~2cm; 种子椭圆状卵形, 假种皮成熟时紫褐色。**花果期**: 授粉期 4 月, 种子 8~10 月成熟。**分布**: 产中国浙江、安徽、福建、江西、湖南、湖北、河南、陕西、甘肃、四川、云南、贵州、广西、广东。**生境**: 生于林缘、林中、路边、山谷、山坡、溪边, 海拔 200~3000m。**用途**: 观赏。

特征要点 叶条状披针形, 微弯, 基部扭转排成二列, 先端渐尖成长尖头。球果核果状, 假种皮熟时紫褐色, 内具 1 扁椭圆形褐色的种子。

罗汉松 **Podocarpus macrophyllus** (Thunb.) Sweet 罗汉松科 Podocarpaceae 罗汉松属

生活型: 常绿乔木。**高度**: 达 20m。**株形**: 卵形。**树皮**: 灰褐色, 浅纵裂成薄片状脱落。**枝条**: 小枝具纵棱, 光滑。**叶**: 叶螺旋状着生, 条状披针形, 微弯, 长 7~12cm。**花**: 雄球花穗状, 腋生, 常 3~5 个簇生于极短的总梗上, 长 3~5cm, 基部有数枚三角状苞片; 雌球花单生叶腋, 有梗, 基部有少数苞片。**果实及种子**: 种子卵圆形, 直径约 1cm, 先端圆, 熟时肉质假种皮紫黑色, 有白粉, 种托肉质圆柱形, 红色或紫红色, 柄长 1~1.5cm。**花果期**: 授粉期 4~5 月, 种子 8~9 月成熟。**分布**: 产中国江苏、浙江、福建、安徽、江西、湖南、陕西、四川、云南、贵州、广西、广东。日本也有分布。**生境**: 生于庭园中。**用途**: 观赏。

特征要点 小枝光滑, 绿色。叶螺旋状着生, 条状披针形。种子卵圆形, 生于肉质种托上, 熟时紫黑色, 有白粉, 种托肉质熟时红色或紫红色。

粗榧 Cephalotaxus sinensis (Rehder & E. H. Wilson) H. L. Li

红豆杉科 / 三尖杉科 Taxaceae/Cephalotaxaceae 三尖杉属

生活型: 常绿灌木或小乔木。**高度**: 达15m。**株形**: 圆球形。**树皮**: 灰褐色，薄片状脱落。**枝条**: 小枝细长，稍下垂。**叶**: 叶互生，条形，二列，几无柄，先端常渐尖，背面有2条白色气孔带。**花**: 雌雄异株；雄球花6~7聚生成头状，苞片多数，雄球花卵圆形，雄蕊4~11枚。**果实及种子**: 种子通常2~5个着生于轴上，卵圆形至近球形，长1.8~2.5cm，顶端中央有一小尖头。**花果期**: 授粉期3~4月，种子8~10月成熟。**分布**: 产中国江苏、浙江、安徽、福建、江西、河南、湖南、湖北、陕西、甘肃、四川、云南、贵州、广西、广东。**生境**: 生于潮湿林中、沙岩山坡、山谷溪边、山坡林中、石地、石坡，海拔600~2200m。**用途**: 观赏。

特征要点　小枝细长，稍下垂。叶互生，条形，二列，背面有2条白色气孔带。种子通常2~5个着生于轴上，卵圆形至近球形，长1.8~2.5cm。

东北红豆杉 Taxus cuspidata Siebold & Zucc. 红豆杉科 Taxaceae 红豆杉属

生活型: 常绿乔木。**高度**: 达20m。**株形**: 卵形。**树皮**: 红褐色，有浅裂纹。**枝条**: 小枝纤细，绿色变褐色。**冬芽**: 淡黄褐色。**叶**: 叶互生，排成二列，条形，先端凸尖，背面有两条灰绿色气孔带。**花**: 雌雄异株，球花单生叶腋；雄球花有雄蕊9~14枚，各具5~8个花药；雌球花几无梗，基部苞片多数，胚珠直立，单生。**果实及种子**: 种子坚果状，熟时杯状肉质，假种皮紫红色，有光泽，卵圆形，长约6mm，上部具3~4钝脊。**花果期**: 授粉期5~6月，种子9~10月成熟。**分布**: 产中国吉林，山东、江西等地栽培。日本、朝鲜、俄罗斯也有分布。**生境**: 生于溪边或庭园中，海拔500~1000m。**用途**: 观赏。

特征要点　小枝纤细。叶互生，条形，二列。种子坚果状，熟时杯状肉质，假种皮紫红色，有光泽，卵圆形。

喜马拉雅红豆杉（西藏红豆杉） **Taxus wallichiana** Zucc.

红豆杉科 Taxaceae 红豆杉属

生活型：常绿乔木或灌木状。**高度**：达 10m。**株形**：宽卵形。**树皮**：暗褐色，裂成条片脱落。**枝条**：小枝绿色至褐色，光滑无毛。**叶**：叶条形，较密地排列着彼此重叠的不规则二列，质地较厚，正面深绿色，有光泽，背面淡黄绿色，有两条气孔带。**花**：雌雄异株，球花单生叶腋；雄球花淡黄色，有雄蕊 8~14 枚，各具 4~8 个花药；雌球花几无梗，基部苞片多数，胚珠直立，单生。**果实及种子**：种子坚果状，熟时杯状肉质，假种皮红色，卵圆形，微扁或圆，长 5~7mm，上部微有钝棱脊。**花果期**：授粉期 5 月，种子 9~10 月成熟。**分布**：产中国西藏、云南和四川等地。阿富汗至喜马拉雅山区东段有分布。**生境**：生于山谷、山坡、林缘，海拔 2500~3000m。**用途**：观赏。

特征要点　叶条形，较密地排列成彼此重叠的不规则二列。雄球花单生叶腋，淡黄色。熟时杯状肉质假种皮红色，种子坚果状，卵圆形，微扁或圆，上部微有钝棱脊。

南方红豆杉（美丽红豆杉） **Taxus mairei** (Lemée & H. Lév.) S. Y. Hu
【Taxus wallichiana var. **mairei** (Lemée & Lévl.) L. K. Fu & Nan Li】

红豆杉科 Taxaceae 红豆杉属

生活型：常绿乔木。**高度**：达 30m。**株形**：宽卵形。**树皮**：暗褐色，裂成条片状 脱落。**枝条**：小枝绿色至褐色，光滑无毛。**冬芽**：冬芽褐色，有光泽。**叶**：叶条形，二列，正面深绿色，有光泽，背面淡黄绿色，有 2 条气孔带。**花**：雌雄异株，球花单生叶腋；雄球花淡黄色，有雄蕊 8~14 枚，各具 4~8 个花药；雌球花几无梗，基部苞片多数，胚珠直立，单生。**果实及种子**：种子坚果状，熟时杯状肉质假种皮红色，卵圆形，微扁或圆，长 5~7mm，上部常具 2 钝棱脊。**花果期**：授粉期 5 月，种子 9~10 月成熟。**分布**：分布于长江流域以南各地。**生境**：生于村边、山坡、林缘、山谷或庭园中，海拔 100~1200m。**用途**：观赏。

特征要点　叶质地较厚，边缘不反卷，中脉带不明显，种子卵圆形。

红豆杉（观音杉、紫杉）**Taxus chinensis** (Pilg.) Rehder【Taxus wallichiana var. chinensis (Pilg.) Florin】红豆杉科 Taxaceae 红豆杉属

生活型：常绿乔木。**高度**：达 30m。**株形**：宽卵形。**树皮**：暗褐色，裂成条片状脱落。**枝条**：小枝绿色至褐色，光滑无毛。**冬芽**：冬芽褐色，有光泽。**叶**：叶条形，二列，正面深绿色，有光泽，背面淡黄绿色，有 2 条气孔带。**花**：雌雄异株，球花单生叶腋；雄球花淡黄色，有雄蕊 8~14 枚，各具 4~8 个花药；雌球花几无梗，基部苞片多数，胚珠直立，单生。**果实及种子**：种子坚果状，熟时杯状肉质假种皮红色，卵圆形，微扁或圆，长 5~7mm，上部常具 2 钝棱脊。**花果期**：授粉期 5 月，种子 9~10 月成熟。**分布**：产中国福建、甘肃、陕西、四川、云南、贵州、湖北、湖南、广西、安徽。**生境**：生于村边、山坡、林缘、山谷或庭园中，海拔 100~1200m。**用途**：观赏。

特征要点 叶条形，二列，绿色。雄球花单生叶腋，淡黄色。熟时杯状肉质假种皮红色，种子坚果状，卵圆形，微扁或圆，上部常具 2 钝棱脊。

榧树（香榧）**Torreya grandis** Fort. ex Lindl. 红豆杉科 Taxaceae 榧属

生活型：常绿乔木。**高度**：达 25m。**株形**：狭卵形。**树皮**：灰褐色，不规则纵裂。**枝条**：小枝绿色变黄绿色。**叶**：叶条形，二列，长 1~2.5cm，先端凸尖，气孔带常与中脉带等宽。**花**：雌雄异株；雄球花圆柱状，单生叶腋，雄蕊多数，各有 4 个花药；雌球花无梗，两个成对生于叶腋，胚珠 1 个，直立。**果实及种子**：种子翌年秋季成熟，核果状，椭圆形，长 2~4.5cm，熟时肉质假种皮淡紫褐色，有白粉，顶端微凸，基部具宿存的苞片。**花果期**：授粉期 4 月，种子翌年 10 月成熟。**分布**：产中国湖南、江苏、浙江、福建、江西、安徽、贵州。**生境**：生于林缘、路边、山谷、山坡或溪边，海拔 750~1400m。**用途**：观赏，种仁可食用。

特征要点 小枝绿色变黄绿色。叶条形，二列，长 1~2.5cm。种子核果状，椭圆形，长 2~4.5cm，熟时肉质假种皮淡紫褐色，有白粉，基部具宿存的苞片。

木贼麻黄 **Ephedra equisetina** Bunge 麻黄科 Ephedraceae 麻黄属

生活型: 直立小灌木。**高度:** 达 1m。**株形:** 卵形。**茎皮:** 暗灰色，纵裂。**枝条:** 小枝细，常被白粉。**叶:** 叶膜质，2 裂，褐色，上部约 1/4 分离，裂片短三角形，先端钝。**花:** 雄球花单生或 3~4 个集生于节上，无梗，卵圆形，苞片 3~4 对，雄蕊 6~8；雌球花常 2 个对生于节上，窄卵圆形或窄菱形，苞片 3 对，菱形，雌花 1~2。**果实及种子:** 雌球花成熟时肉质红色，长卵圆形，长 8~10mm；种子通常 1 粒，窄长卵圆形。**花果期:** 授粉期 6~7月，种子 8~9 月成熟。**分布:** 产中国河北、山西、内蒙古、陕西、甘肃、新疆。蒙古、俄罗斯也有分布。**生境:** 生于草原、干旱山脊、沙地、石缝、石坡，海拔 500~3900m。**用途:** 药用，观赏。

特征要点 直立小灌木。小枝细，常被白粉。叶膜质，2 裂，褐色。雄球花单生或 3~4 个集生，黄色。雌球花常 2 个对生，成熟时肉质红色，长卵圆形；种子通常 1 粒。

中麻黄 **Ephedra intermedia** Schrenk ex C. A. Mey. 麻黄科 Ephedraceae 麻黄属

生活型: 灌木。**高度:** 0.2~1m。**株形:** 卵形。**茎皮:** 灰白色。**枝条:** 小枝常被白粉，呈灰绿色。**叶:** 叶膜质，3 裂及 2 裂混见，上部约 1/3 分裂，裂片钝三角形。**花:** 雄球花数个密集于节上成团状，无梗，苞片 5~7 对，雄蕊 5~8；雌球花 2~3 成簇，苞片 3~5 轮（对），常仅基部合生，雌花 2~3。**果实及种子:** 雌球花成熟时肉质红色，椭圆形至卵圆形，长 6~10mm；种子 3 粒或 2 粒，卵圆形。**花果期:** 授粉期 5~6 月，种子 7~8 月成熟。**分布:** 产中国辽宁、河北、山东、内蒙古、山西、陕西、甘肃、青海、新疆。阿富汗、伊朗、俄罗斯也有分布。**生境:** 生于沙地、草甸、干旱山坡、戈壁、灌荒漠、石缝，海拔 500~4700m。**用途:** 药用，观赏。

特征要点 茎皮灰白色。小枝灰绿色。叶膜质，3 裂及 2 裂混见。雄球花数个密集于节上成团状。雌球花 2~3 成簇，成熟时肉质红色，椭圆形至卵圆形；种子 3~2 粒。

膜果麻黄 Ephedra przewalskii Stapf 麻黄科 Ephedraceae 麻黄属

生活型: 灌木。**高度**: 0.5~2.4m。**株形**: 卵形。**茎皮**: 灰白色。**枝条**: 小枝假轮生状, 节间粗长。**叶**: 叶膜质, 通常3裂, 上部1/3~1/2分裂, 裂片三角形, 先端尖。**花**: 球花常无梗, 组成复穗花序; 雄球花淡褐色, 苞片3~4轮, 膜质, 黄色, 雄蕊7~8; 雌球花淡绿褐色, 苞片4~5轮, 干燥膜质, 雌花2。**果实及种子**: 雌球花成熟时苞片增大成干燥半透明的薄膜状, 淡棕色; 种子通常3粒, 暗褐红色, 长卵圆形。**花果期**: 授粉期5~6月, 种子8~9月成熟。**分布**: 产中国内蒙古、宁夏、甘肃、青海、新疆。蒙古也有分布。**生境**: 生于冲积扇、干旱河谷、戈壁滩、沙地、山石质戈壁滩, 海拔380~3300m。**用途**: 药用, 观赏。

特征要点 茎皮灰白色。小枝假轮生状, 节间粗长。叶膜质, 通常3裂。球花组成复穗花序, 淡褐色。雌球花淡绿褐色, 成熟时苞片增大成干燥半透明的薄膜状, 淡棕色; 种子通常3粒。

草麻黄 Ephedra sinica Stapf 麻黄科 Ephedraceae 麻黄属

生活型: 草本状灌木。**高度**: 0.2~0.4m。**株形**: 宽卵形。**茎皮**: 绿色。**枝条**: 小枝纤细, 直伸或微曲。**叶**: 叶膜质, 2裂, 上部1/3~2/3分裂, 裂片锐三角形, 先端急尖。**花**: 雄球花多成复穗状, 常具总梗, 苞片常4对, 雄蕊7~8; 雌球花单生, 卵圆形, 苞片4对, 下部合生, 雌花2。**果实及种子**: 雌球花成熟时肉质红色, 卵圆形, 长约8mm; 种子通常2粒, 黑红色, 三角状卵圆形。**花果期**: 授粉期5~6月, 种子8~9月成熟。**分布**: 产中国辽宁、吉林、内蒙古、河北、山西、河南、陕西。蒙古也有分布。**生境**: 生于草原带荒地、干旱河谷、沙地、河滩、荒漠、石缝, 海拔600~3400m。**用途**: 药用, 观赏。

   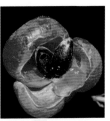

特征要点 草本状灌木。小枝纤细, 绿色。叶膜质, 2裂。雄球花多成复穗状。雌球花单生, 成熟时肉质红色, 卵圆形; 种子通常2粒, 黑红色。

被子植物门

厚朴 **Houpoea officinalis** (Rehder & E. H. Wilson) N. H. Xia & C. Y. Wu

木兰科 Magnoliaceae 厚朴属

生活型: 常绿乔木。**高度**: 达 20m。**株形**: 狭卵形。**树皮**: 厚, 褐色, 粗糙。**枝条**: 小枝粗壮, 淡黄色。**冬芽**: 顶芽大, 狭卵状圆锥形。**叶**: 叶 7~9 片聚生枝端, 大, 近革质, 长圆状倒卵形, 全缘, 具白粉; 叶柄粗短。**花**: 花单生枝顶, 直径 10~15cm, 白色或粉红色, 芳香; 花被片 9~12, 厚肉质; 雄蕊约 72 枚, 花丝红色; 雌蕊群椭圆状卵圆形, 长 2.5~3cm。**果实及种子**: 聚合果长圆状卵圆形, 长 9~15cm; 蓇葖具长 3~4mm 的喙; 种子三角状倒卵形, 红色。**花果期**: 花期 5~6 月, 果期 8~10 月。**分布**: 产中国浙江、广东、福建、陕西、甘肃、河南、湖北、湖南、四川、贵州、广西、江西。**生境**: 生于山地林间, 海拔 300~1500m。**用途**: 观赏。

特征要点 小枝粗壮, 淡黄色。叶 7~9 片聚生枝端, 大, 近革质, 长圆状倒卵形, 具白粉。花大, 单生枝顶, 白色或粉红色。聚合果长圆状卵圆形; 种子红色。

荷花木兰(广玉兰) **Magnolia grandiflora** L.

木兰科 Magnoliaceae 北美木兰属 / 木兰属

生活型: 常绿乔木。**高度**: 达 30m。**株形**: 卵形。**树皮**: 淡褐色, 薄鳞片状开裂。**枝条**: 小枝粗壮, 密被褐色短茸毛。**叶**: 叶互生, 厚革质, 椭圆形, 先端钝, 基部楔形, 叶面有光泽, 背面褐色; 叶柄长 1.5~4cm。**花**: 花单生枝顶, 直径 15~20cm, 白色, 芳香; 花被片 9~12, 厚肉质, 倒卵形; 雄蕊多数, 花丝扁平, 紫色; 雌蕊群椭圆体形, 密被长茸毛, 心皮多数, 卵形, 花柱呈卷曲状。**果实及种子**: 聚合果圆柱状长圆形或卵圆形, 长 7~10cm, 密被茸毛; 蓇葖背裂, 顶端外侧具长喙; 外种皮红色。**花果期**: 花期 5~6 月, 果期 9~10 月。**分布**: 原产北美洲; 中国长江流域以南以及兰州、北京等地栽培。**生境**: 生于路边或庭园中。**用途**: 观赏。

特征要点 小枝密被褐色短茸毛。叶互生, 厚革质, 椭圆形, 叶面有光泽, 背面褐色。花单生枝顶, 白色, 芳香。聚合果圆柱状长圆形或卵圆形, 密被茸毛; 种子红色。

玉兰 (白玉兰) **Yulania denudata** (Desr.) D. L. Fu 【Magnolia denudata Desr.】 木兰科 Magnoliaceae 玉兰属 / 木兰属

生活型: 常绿乔木。**高度**: 达 25m。**株形**: 卵形。**树皮**: 深灰色, 平滑, 皮孔显著。**枝条**: 小枝稍粗壮, 灰褐色。**冬芽**: 冬芽密被淡灰黄色长绢毛。**叶**: 叶互生, 纸质, 倒卵形至椭圆形, 全缘, 先端宽圆至稍凹, 背面被柔毛, 侧脉每边 8~10 条。**花**: 花蕾卵圆形; 花先叶开放, 顶生, 直立, 芳香, 直径 10~16cm; 花被片 9, 白色; 雄蕊多数; 雌蕊群淡绿色, 无毛, 圆柱形, 雌蕊狭卵形, 花柱锥尖。**果实及种子**: 聚合果圆柱形, 长 12~15cm; 蓇葖厚木质, 褐色, 具白色皮孔; 种子心形, 侧扁, 外种皮红色, 内种皮黑色。**花果期**: 花期 3~4 月, 果期 8~9 月。**分布**: 产中国云南、湖北、河南、福建、江西、浙江、湖南、贵州。**生境**: 生于林中, 海拔 500~1000m。**用途**: 观赏。

特征要点 枝具环状托叶痕。叶互生, 倒卵形至椭圆形, 全缘。花先叶开放, 白色, 芳香, 花被片 9, 排成 3 轮, 花托柱状。聚合果圆柱形, 蓇葖厚木质, 种子具红色肉质种皮。

紫玉兰 **Yulania liliiflora** (Desr.) D. L. Fu 【Magnolia liliiflora Desr.】
木兰科 Magnoliaceae 玉兰属 / 木兰属

生活型: 落叶灌木。**高度**: 达 3m。**株形**: 卵形。**茎皮**: 深灰色, 平滑。**枝条**: 小枝淡褐紫色。**叶**: 叶互生, 纸质, 椭圆状倒卵形, 先端急尖或渐尖, 背面被短柔毛, 侧脉每边 8~10 条。**花**: 花蕾卵圆形; 花叶同放, 瓶形, 直立, 稍有香气; 花被片 9~12, 外轮 3 片萼片状, 紫绿色, 披针形, 常早落, 内两轮肉质, 外面紫色, 内面带白色, 花瓣状, 椭圆状倒卵形; 雄蕊紫红色; 雌蕊群长约 1.5cm, 淡紫色, 无毛。**果实及种子**: 聚合果深紫褐色, 圆柱形, 长 7~10cm; 成熟蓇葖近圆球形, 顶端具短喙。**花果期**: 花期 3~4 月, 果期 8~9 月。**分布**: 产中国福建、湖北、四川、云南。**生境**: 生于山坡林缘, 海拔 300~1600m。**用途**: 观赏。

特征要点 花叶同放, 瓶形, 直立; 花被片 9~12, 外轮 3 片萼片状, 紫绿色, 披针形, 常早落, 内两轮肉质, 外面紫色, 内面带白色。聚合果深紫褐色, 圆柱形。

白兰 **Michelia × alba** DC. 木兰科 Magnoliaceae 含笑属

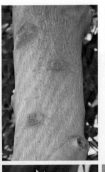

生活型: 常绿乔木。**高度**: 达 17m。**株形**: 宽卵形。**树皮**: 灰色, 平滑。**枝条**: 小枝被柔毛, 渐脱落。**叶**: 叶互生, 薄革质, 长椭圆形, 全缘, 背面疏生微柔毛。**花**: 花单生叶腋; 花白色, 极香; 花被片 10, 披针形, 长 3~4cm, 宽 3~5mm; 雄蕊多数, 药隔伸出长尖头; 雌蕊群被微柔毛, 雌蕊群柄长约 4mm; 心皮多数, 通常部分不发育。**果实及种子**: 聚合果, 蓇葖疏生, 熟时鲜红色。**花果期**: 花期 4~9 月, 常不结实。**分布**: 原产印度尼西亚。中国福建、广东、广西、云南等地栽培。**生境**: 生于庭园中。**用途**: 观赏。

特征要点 叶薄革质, 长椭圆形。花单生叶腋, 白色, 极香; 花被片 10, 披针形。聚合果, 蓇葖疏生, 熟时鲜红色。

含笑 **Michelia figo** (Lour.) Spreng. 木兰科 Magnoliaceae 含笑属

生活型: 常绿灌木。**高度**: 2~3m。**株形**: 卵形。**茎皮**: 灰褐色, 平滑。**枝条**: 小枝密被黄褐色茸毛。**叶**: 叶互生, 革质, 狭椭圆形或倒卵状椭圆形, 全缘, 背面中脉上留有褐色平伏毛; 叶柄短。**花**: 花单生叶腋; 花直立, 长 1~2cm, 淡黄色, 具甜香; 花被片 6, 肉质, 肥厚, 长椭圆形; 雄蕊多数, 药隔伸出成急尖头; 雌蕊群无毛, 超出于雄蕊群; 雌蕊群柄长约 6mm, 被淡黄色茸毛。**果实及种子**: 聚合果长 2~3.5cm; 蓇葖卵圆形或球形, 顶端有短尖的喙。**花果期**: 花期 3~5 月, 果期 7~8 月。**分布**: 产中国海南、广东。**生境**: 生于阴坡杂木林中、溪谷。**用途**: 观赏。

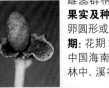

特征要点 小枝密被黄褐色茸毛。叶互生, 革质, 狭椭圆形。花单生叶腋, 长 1~2cm, 淡黄色, 具甜香; 花被片 6, 肉质, 肥厚, 长椭圆形。聚合果长 2~3.5cm。

鹅掌楸（马褂木） **Liriodendron chinense** (Hemsl.) Sarg.

木兰科 Magnoliaceae 鹅掌楸属

生活型: 落叶乔木。**高度**: 达 40m。**株形**: 卵形。**树皮**: 灰褐色，方块状剥落。**枝条**: 小枝粗壮，灰褐色。**叶**: 叶互生，纸质，马褂状，近基部每边具 1 侧裂片，先端具 2 浅裂，无毛，背面苍白色，叶柄长 4~8cm。**花**: 花单生枝顶，杯状；花被片 9，外轮 3 片绿色，萼片状，内两轮 6 片，花瓣状，绿色，具黄色纵条纹；雄蕊多数，黄色；雌蕊群无柄，心皮多数，黄绿色。**果实及种子**: 聚合果纺锤状，长 7~9cm；小坚果具翅，种子 1~2。**花果期**: 花期 5 月，果期 9~10 月。**分布**: 产中国陕西、安徽、浙江、江西、福建、湖北、湖南、广西、四川、重庆、贵州、云南、台湾。越南北部也有分布。**生境**: 生于山地林中，海拔 900~10000m。**用途**: 观赏。

特征要点 叶互生，马褂状，近基部每边具 1 侧裂片，先端具 2 浅裂。花单生枝顶，杯状；花被片 9，外轮 3 片绿色，萼片状，内两轮 6 片，花瓣状。聚合果纺锤状，小坚果具翅。

北美鹅掌楸 **Liriodendron tulipifera** L. 木兰科 Magnoliaceae 鹅掌楸属

生活型: 落叶大乔木。**高度**: 达 60m。**株形**: 卵形。**树皮**: 灰褐色，方块状剥落。**枝条**: 小枝粗壮，紫褐色，光滑。**叶**: 叶互生，纸质，马褂状，较小，宽与长相等，每边有 1~2 偶 3~4 短而渐尖的裂片；叶柄长 3~7.5cm。**花**: 花单生枝顶，郁金香状；花被片 9，外轮 3 片灰绿色，萼片状，卵状披针形，张开而易落，内两轮 6，直立，花瓣状，椭圆状倒卵形，长 4~5cm，灰绿色，近基部有橙黄色宽边；雄蕊多数，黄色；雌蕊群无柄，心皮多数。**果实及种子**: 聚合果纺锤形，长 6~8cm；小坚果具翅，先端尖。**花果期**: 花期 5 月，果期 9~10 月。**分布**: 原产北美。中国山东、江西、江苏、广东、云南等地栽培。**生境**: 生于庭园中或路边。**用途**: 观赏。

特征要点 叶互生，较小，宽与长相等，每边有 1~2 偶 3~4 短而渐尖的裂片。花单生枝顶，郁金香状，内轮花被片近基部有橙黄色宽边。聚合果纺锤形，小坚果具翅。

蜡梅 **Chimonanthus praecox** (L.) Link　蜡梅科 Calycanthaceae 蜡梅属

生活型: 落叶灌木。**高度**: 2~5m。**株形**: 宽卵形。**茎皮**: 灰白色, 皮孔显著。**枝条**: 小枝灰褐色, 无毛。**叶**: 叶对生, 薄革质, 长椭圆形, 全缘。**花**: 花先叶开放, 芳香, 直径 2~4cm, 黄色; 花被片多数, 圆形、倒卵形至匙形; 雄蕊 5~6, 长 4mm, 具退化雄蕊; 心皮多数, 离生, 花柱长达子房 3 倍。**果实及种子**: 果托坛状, 长 2~5cm, 口部收缩, 被毛。**花果期**: 花期 11 至翌年 3 月, 果期翌年 4~11 月。**分布**: 产中国山东、江苏、安徽、浙江、福建、江西、湖南、湖北、河南、陕西、四川、重庆、贵州、云南等。日本、朝鲜、欧洲、美洲也有分布。**生境**: 生于山地林中, 海拔 300~700m。**用途**: 观赏。

特征要点　落叶灌木; 枝条上密生皮孔。单叶对生, 薄革质, 长椭圆形, 全缘, 具芳香。花两性, 单生腋生, 花被片蜡质, 黄色, 有香气。聚合瘦果, 生于坛状果托内。

樟 **Cinnamomum camphora** (L.) J. Presl　樟科 Lauraceae 樟属

生活型: 常绿大乔木。具樟脑气味。**高度**: 达 30m。**株形**: 广卵形。**树皮**: 黄褐色, 不规则纵裂。**枝条**: 小枝淡褐色, 无毛。**冬芽**: 顶芽广卵形或球形。**叶**: 叶互生, 卵状椭圆形, 先端急尖, 边缘全缘, 无毛, 具离基三出脉; 叶柄纤细。**花**: 圆锥花序腋生, 长 3.5~7cm; 花绿白或带黄色; 花被筒倒锥形; 花被裂片 6, 椭圆形; 能育雄蕊 9, 三轮; 退化雄蕊 3; 子房球形, 无毛。**果实及种子**: 浆果卵球形, 直径 6~8mm, 紫黑色; 果托杯状。**花果期**: 花期 4~5 月, 果期 8~11 月。**分布**: 产中国南方及西南各地。越南、朝鲜、日本也有分布。**生境**: 生于山坡、沟谷中、庭园或路边, 海拔 100~1500m。**用途**: 观赏。

特征要点　木材具樟脑气味。叶互生, 全缘, 具离基三出脉。圆锥花序腋生; 花小, 绿白或带黄色; 花被片 6; 能育雄蕊 9, 三轮; 退化雄蕊 3。浆果卵球形, 紫黑色; 果托杯状。

肉桂 **Neolitsea cassia** (L.) Kosterm. 【Cinnamomum cassia (L.) J. Presl】
樟科 Lauraceae 新木姜子属 / 樟属

生活型：常绿乔木。**高度**：2~4m。**株形**：卵形。**树皮**：灰褐色，厚。**枝条**：小枝黑褐色，具纵条纹。**冬芽**：顶芽小，先端渐尖。**叶**：叶互生或近对生，革质，长椭圆形至近披针形，两端尖，边缘内卷，背面晦暗，离基三出脉；叶柄粗壮。**花**：圆锥花序腋生，长8~16cm，被黄色茸毛；花白色；花被筒倒锥形；花被裂片6，卵状长圆形；能育雄蕊9，三轮；退化雄蕊3；子房卵球形，无毛，柱头小。**果实及种子**：浆果椭圆形，长约1cm，熟时黑紫色；果托浅杯状。**花果期**：花期6~8月，果期10~12月。**分布**：产中国广东、广西、福建、台湾、云南。印度、老挝、越南、印度尼西亚也有分布。**生境**：生于山坡上，海拔600m。**用途**：树皮调料用，观赏。

特征要点 树皮灰褐色，厚。叶互生或近对生，革质，两端尖，边缘内卷，具离基三出脉。圆锥花序腋生，花白色。浆果椭圆形，长约1cm，熟时黑紫色；果托浅杯状。

紫楠 **Phoebe sheareri** (Hemsl.) Gamble 樟科 Lauraceae 楠属

生活型：常绿乔木。**高度**：达16m。**株形**：宽卵形。**树皮**：暗褐色。**枝条**：小枝密被锈色茸毛。**叶**：叶互生，革质，倒卵形至倒披针形，全缘，侧脉羽状弧形，正面凹下，背面隆起，被锈色茸毛。**花**：圆锥花序腋生，密被锈色茸毛；花被裂片6，相等，卵形，约长3mm，两面有毛；能育雄蕊9，三轮；退化雄蕊箭头形；子房球形，柱头头状。**果实及种子**：浆果肉质，卵形，长约9mm，基部包围以带有宿存直立裂片的杯状花被管。**花果期**：花期5~6月，果期10~11月。**分布**：产中国长江流域。**生境**：生于山地阔叶林中，海拔1000m以下。**用途**：种子榨油，木材，观赏。

特征要点 小枝密被锈色茸毛。叶互生，革质，全缘，侧脉羽状弧形。圆锥花序腋生，密被锈色茸毛。浆果肉质，卵形，基部包围以带有宿存直立裂片的杯状花被管。

楠木（桢楠） **Phoebe zhennan** S. K. Lee & F. N. Wei 樟科 Lauraceae 楠属

生活型: 常绿大乔木。**高度**: 达 30m。**株形**: 宽卵形。**树皮**: 暗灰色，平滑。**枝条**: 小枝具棱，被黄褐色柔毛。**叶**: 叶互生，革质，椭圆形至披针形，先端渐尖，正面光亮无毛，背面密被短柔毛，侧脉每边 8~13 条。**花**: 聚伞状圆锥花序十分开展，被毛，长 7.5~12cm；花长 3~4mm；花被裂片 6，卵形；能育雄蕊 9，三轮；退化雄蕊三角形；子房球形，柱头盘状。**果实及种子**: 浆果椭圆形，长 1.1~1.4cm；宿存花被片卵形，革质。**花果期**: 花期 4~5 月，果期 9~10 月。**分布**: 产中国湖北、贵州、四川。**生境**: 生于阔叶林中，海拔 1500m。**用途**: 木材，观赏。

特征要点 小枝具棱，被黄褐色柔毛。叶互生，革质，背面密被短柔毛。聚伞状圆锥花序十分开展。浆果椭圆形；宿存花被片卵形，革质。

红楠 **Machilus thunbergii** Siebold & Zucc. 樟科 Lauraceae 润楠属

生活型: 常绿中等乔木。**高度**: 10~15m。**株形**: 卵形。**树皮**: 黄褐色，平滑。**枝条**: 小枝紫红色，基部芽鳞痕环状。**冬芽**: 顶芽卵形。**叶**: 叶互生，倒卵形，先端渐尖，基部楔形，革质，背面粉白；叶柄纤细，带红色；嫩叶红色。**花**: 花序顶生或在新枝上腋生，无毛，长 5~11.8cm，多花；苞片卵形；花被裂片 6，长圆形；能育雄蕊 9，三轮；退化雄蕊基部有硬毛；子房球形，无毛，柱头头状。**果实及种子**: 浆果扁球形，直径 8~10mm，熟时黑紫色；果梗鲜红色。**花果期**: 花期 2 月，果期 7 月。**分布**: 产中国江苏、浙江、安徽、台湾、福建、江西、湖南、广东、广西。日本、朝鲜也有分布。**生境**: 生于山地阔叶混交林中，海拔 200~800m。**用途**: 观赏。

特征要点 小枝紫红色，基部芽鳞痕环状。叶互生，倒卵形，革质，背面粉白色；嫩叶红色。花序无毛，多花。浆果扁球形，熟时黑紫色；果梗鲜红色。

檫木 **Sassafras tzumu** (Hemsl.) Hemsl. 樟科 Lauraceae 檫木属

生活型: 落叶乔木。**高度**: 达35m。**株形**: 狭卵形。**树皮**: 灰褐色, 不规则纵裂。**枝条**: 小枝粗壮, 具棱角。**冬芽**: 顶芽大, 椭圆形。**叶**: 叶互生, 聚集枝顶, 坚纸质, 卵形, 全缘或2~3浅裂, 具羽状脉或离基三出脉; 叶柄纤细。**花**: 圆锥花序顶生, 先叶开放, 长4~5cm; 花黄色; 雄花花被筒极短, 花被裂片6, 能育雄蕊9, 退化雄蕊3; 雌花退化雄蕊12, 子房卵球形, 柱头盘状。**果实及种子**: 核果近球形, 直径达8mm, 熟时蓝黑色; 果托浅杯状; 果梗红色。**花果期**: 花期3~4月, 果期5~9月。**分布**: 产中国浙江、江苏、安徽、江西、福建、广东、广西、湖南、湖北、四川、贵州、云南。**生境**: 生于疏林中、密林中, 海拔150~1900m。**用途**: 观赏。

特征要点 小枝具棱角。叶互生, 聚集枝顶, 卵形, 全缘或2~3浅裂, 具羽状脉或离基三出脉。圆锥花序顶生, 先叶开放; 花黄色。核果近球形, 熟时蓝黑色。

山胡椒 **Lindera glauca** (Siebold & Zucc.) Blume 樟科 Lauraceae 山胡椒属

生活型: 落叶灌木或小乔木。**高度**: 达8m。**株形**: 卵形。**树皮**: 平滑, 灰白色。**枝条**: 小枝纤细, 褐色。**冬芽**: 冬芽红色。**叶**: 叶互生或近对生, 近革质, 宽椭圆形或倒卵形, 背面苍白色, 具灰色柔毛, 具羽状脉。**花**: 伞形花序腋生, 花3~8朵; 雌雄异株; 花被片6, 黄色; 雄蕊9, 三轮, 花药2室, 都内向瓣裂, 退化雌蕊存在; 雌花子房椭圆形, 柱头盾形。**果实及种子**: 核果球形, 直径约7mm, 有香气。**花果期**: 花期3~4月, 果期7~8月。**分布**: 产中国山东、河南、陕西、甘肃、山西、江苏、安徽、浙江、江西、福建、台湾、广东、广西、湖北、湖南、四川。朝鲜、日本以及中南半岛也有分布。**生境**: 生于山坡、林缘、路旁, 海拔370~900m。**用途**: 种子榨油, 观赏。

特征要点 小枝纤细, 褐色。叶近革质, 背面苍白色, 具灰色柔毛, 具羽状脉。伞形花序腋生, 花3~8朵, 黄色。核果球形, 有香气。

三桠乌药 **Lindera obtusiloba** Blume 樟科 Lauraceae 山胡椒属

生活型: 落叶灌木或小乔木。**高度**: 3~10m。**株形**: 宽卵形。**树皮**: 灰色，块状剥落。**枝条**: 小枝纤细，绿色。**叶**: 叶互生，纸质，卵形，全缘或上部3裂，背面密生棕黄色绢毛，有三出脉。**花**: 伞形花序腋生，总梗极短；雌雄异株；苞片花后脱落；花黄色，于叶前开花；花被片6；能育雄蕊9，花药2室，皆内向瓣裂；花梗长3~4mm，有绢毛。**果实及种子**: 核果球形，直径7~8mm，熟时红色。**花果期**: 花期3~4月，果期8~9月。**分布**: 产中国辽宁、山东、安徽、江苏、河南、陕西、甘肃、浙江、江西、福建、湖南、湖北、四川、西藏。朝鲜、日本也有分布。**生境**: 生于山谷、密林灌丛中，海拔20~3000m。**用途**: 种子榨油，木材，观赏。

特征要点 小枝纤细，绿色。叶互生，纸质，全缘或上部3裂，有三出脉。伞形花序腋生；花黄色。核果球形，熟时红色。

香叶树 **Lindera communis** Hemsl. 樟科 Lauraceae 山胡椒属

生活型: 常绿灌木或小乔木。**高度**: 3~4m。**株形**: 卵形。**树皮**: 淡褐色。**枝条**: 小枝纤细，平滑。**冬芽**: 顶芽卵形。**叶**: 叶互生，革质，披针形至椭圆形，先端尖，背面被黄褐色柔毛，边缘内卷。**花**: 伞形花序腋生，花5~8朵；总苞片4；花被片6，卵形，黄色；雄花雄蕊9，三轮，退化雌蕊存在；雌花退化雄蕊9，条形，三轮，子房椭圆形，柱头盾形。**果实及种子**: 核果卵形，长约1cm，熟时红色。**花果期**: 花期3~4月，果期9~10月。**分布**: 产中国陕西、甘肃、湖南、湖北、江西、浙江、福建、台湾、广东、广西、云南、贵州、四川。中南半岛也有分布。**生境**: 生于干燥砂质土壤、混生常绿阔叶林中，海拔100~2400m。**用途**: 观赏。

特征要点 小枝纤细，平滑。叶互生，革质，先端尖，边缘内卷。伞形花序腋生，花5~8朵，黄色。核果卵形，熟时红色。

山鸡椒(山苍子) **Litsea cubeba** (Lour.) Pers. 樟科 Lauraceae 木姜子属

生活型: 落叶灌木或小乔木。**高度:** 8~10m。**株形:** 宽卵形。**树皮:** 黄绿色至灰褐色, 光滑。**枝条:** 小枝细瘦。**叶:** 叶互生, 纸质, 有香气, 矩圆形或披针形, 全缘, 无毛, 具羽状脉。**花:** 伞形花序先叶而出, 总花梗纤细, 花 4~6 朵; 雌雄异株, 花小; 花被片 6, 椭圆形; 能育雄蕊 9, 花药 4 室; 子房卵形, 柱头头状。**果实及种子:** 核果近球形, 直径 4~5mm, 熟时黑色。**花果期:** 花期 2~3 月, 果期 7~8 月。**分布:** 产中国广东、广西、福建、台湾、浙江、江苏、安徽、湖南、湖北、江西、贵州、四川、云南、西藏、海南。东南亚各国也有分布。**生境:** 生于向阳的山地、灌丛、疏林、林中路旁、水边, 海拔 500~3200m。**用途:** 种子榨油, 木材, 观赏。

特征要点 树皮黄绿色, 光滑。小枝细瘦, 无毛。叶互生, 纸质, 有香气, 具羽状脉。伞形花序先叶而出, 花 4~6 朵, 黄色。核果近球形, 熟时黑色。

木姜子 **Litsea pungens** Hemsl. 樟科 Lauraceae 木姜子属

生活型: 落叶小乔木。**高度:** 3~10m。**株形:** 宽卵形。**树皮:** 灰白色, 平滑。**枝条:** 小枝黄绿色, 被柔毛。**冬芽:** 顶芽圆锥形。**叶:** 叶互生, 常聚生于枝顶, 披针形, 膜质, 幼叶背面具绢状柔毛, 羽状脉; 叶柄纤细。**花:** 伞形花序腋生, 无毛; 每一花序有雄花 8~12, 先叶开放; 花被裂片 6, 黄色, 倒卵形, 能育雄蕊 9, 3 轮; 退化雌蕊细小, 无毛。**果实及种子:** 核果球形, 直径 7~10mm, 成熟时蓝黑色。**花果期:** 花期 3~5 月, 果期 7~9 月。**分布:** 产中国湖北、湖南、广东、广西、四川、贵州、云南、西藏、甘肃、河南、山西、浙江。**生境:** 生于溪旁、山地阳坡杂木林中、林缘, 海拔 800~2300m。**用途:** 观赏。

特征要点 树皮灰白色, 平滑。小枝黄绿色, 被柔毛。叶互生, 常聚生枝顶, 披针形, 膜质, 羽状脉。伞形花序腋生, 花黄色。核果球形, 成熟时蓝黑色。

红毒茴 **Illicium lanceolatum** A. C. Smith

五味子科 / 木兰科 / 八角科 Schisandraceae/Magnoliaceae/Illiciaceae 八角属

生活型: 常绿灌木或小乔木。**高度**: 3~10m。**株形**: 卵形。**树皮**: 浅灰色至灰褐色，平滑。**枝条**: 小枝纤细。**叶**: 叶互生或簇生，革质，披针形，先端尾尖，基部窄楔形，全缘，网脉不明显；叶柄短。**花**: 花单生或 2~3 朵簇生，红色；花梗长 1.5~5cm；花被片 10~15，肉质，椭圆形；雄蕊 6~11，心皮 10~14，花柱钻形。**果实及种子**: 聚合果直径 3.4~4cm，蓇葖 10~14，长 1.5~2cm，先端具向后弯曲的钩状尖头。**花果期**: 花期 4~6 月，果期 8~10 月。**分布**: 产中国江苏、安徽、浙江、江西、福建、湖北、湖南、贵州。**生境**: 生于混交林中、疏林中、阴湿狭谷、溪流沿岸，海拔 300~1500m。**用途**: 观赏，有毒。

特征要点　叶革质，披针形，先端尾尖，全缘，网脉不明显。花具梗，红色；花被片 10~15，肉质。聚合果直径 3.4~4cm，蓇葖 10~14，先端具钩状尖头。

八角 **Illicium verum** Hook. f.

五味子科 / 木兰科 / 八角科 Schisandraceae/Magnoliaceae/Illiciaceae 八角属

生活型: 常绿乔木。**高度**: 10~15m。**株形**: 卵形。**树皮**: 深灰色，平滑。**枝条**: 小枝密集。**叶**: 叶互生或簇生，革质，倒卵状椭圆形，先端骤尖，基部渐狭，全缘；叶柄短。**花**: 花单生，粉红至深红色；花梗长 1.5~4cm；花被片 7~12，宽椭圆形至宽卵圆形；雄蕊 11~20，心皮通常 8，有时 7 或 9，花柱钻形。**果实及种子**: 聚合果直径 3.5~4cm，饱满平直，蓇葖多为 8，呈八角形，长 1.5~2cm，先端钝或钝尖。**花果期**: 花期 3~5 月，果期 9~10 月；或花期 8~10 月，果期翌年 3~4 月。**分布**: 产中国广西、江西、福建、广东、云南。**生境**: 生于山坡上，海拔 200~1600m。**用途**: 果调料用，观赏。

特征要点　叶革质，倒卵状椭圆形，先端骤尖，全缘。花单生，粉红至深红色；花被片 7~12。聚合果直径 3.5~4cm，饱满平直，蓇葖多为 8，呈八角形，先端钝或钝尖。

五味子 Schisandra chinensis (Turcz.) Baill.

五味子科 / 木兰科 Schisandraceae/Magnoliaceae 五味子属

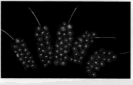

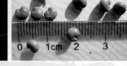

生活型: 落叶木质藤本。**高度**: 2~5m。**株形**: 蔓生形。**茎皮**: 灰白色。**枝条**: 小枝红褐色。**叶**: 叶互生，膜质，宽椭圆形、卵形至近圆形，上部边缘具胼胝质的疏浅锯齿，无毛。**花**: 花单生叶腋，具长梗，单性；花被片 6~9，粉白色或粉红色；雄花雄蕊 5~6，花药白色；雌花雌蕊群长卵圆形，心皮 17~40，子房卵圆形，柱头鸡冠状。**果实及种子**: 聚合果长 1.5~8.5cm；小浆果红色，近球形；种子肾形，淡褐色，有光泽。**花果期**: 花期 5~7 月，果期 7~10 月。**分布**: 产中国黑龙江、吉林、辽宁、内蒙古、河北、山西、宁夏、甘肃、山东。朝鲜、日本也有分布。**生境**: 生于沟谷、溪旁、山坡，海拔 1200~1700m。**用途**: 观赏，果药用。

特征要点 木质藤本。小枝红褐色。叶互生，膜质，边缘具疏浅锯齿。花单生叶腋，具长梗，单性；花被片 6~9，粉白色。聚合果下垂；小浆果红色；种子肾形，有光泽。

日本小檗 Berberis thunbergii DC. 小檗科 Berberidaceae 小檗属

生活型: 落叶灌木。**高度**: 达 2~3m。**株形**: 圆球形。**茎皮**: 灰色。**枝条**: 幼枝紫红色，刺细小，单一。**叶**: 叶互生或簇生，菱形、倒卵形或矩圆形，顶端钝尖或圆形，基部楔形，全缘。**花**: 花序伞形或近簇生，常有 2~5 朵花，长 1~3cm，下垂；花黄白色；萼片 6，花瓣状，排列成 2 轮；花瓣 6，倒卵形；雄蕊 6；子房含 2 胚珠。**果实及种子**: 浆果长椭圆形，长约 10mm，红色，有宿存花柱。**花果期**: 花期 4~5 月，果期 9~10 月。**分布**: 原产日本。中国大部分地区栽培。**生境**: 生于庭园或路边。**用途**: 观赏。

特征要点 幼枝紫红色，刺细小，单一。叶簇生，基部楔形，全缘。花序伞形或近簇生，花 2~5，下垂；花黄白色；萼片 6；花瓣 6；雄蕊 6；胚珠 2。浆果长椭圆形，红色。

黄芦木 **Berberis amurensis** Rupr. 小檗科 Berberidaceae 小檗属

生活型: 落叶灌木。**高度**: 2~3.5m。**株形**: 宽卵形。**茎皮**: 灰色, 内皮鲜黄色。**枝条**: 小枝稍具棱槽, 茎刺三分叉。**叶**: 叶互生或簇生, 纸质, 倒卵状椭圆形或卵形, 基部楔形, 叶缘平展, 每边具 40~60 细刺齿; 叶柄短。**花**: 总状花序具 10~25 朵花, 长 4~10cm, 下垂; 花黄色; 萼片 6, 2 轮, 倒卵形; 花瓣 6, 椭圆形, 先端浅缺裂, 基部稍呈爪, 具 2 枚分离腺体; 雄蕊 6; 胚珠 2。**果实及种子**: 浆果长圆形, 长约 10mm, 红色。**花果期**: 花期 4~5 月, 果期 8~9 月。**分布**: 产中国东北和华北地区。日本、朝鲜、俄罗斯也有分布。**生境**: 生于山地灌丛中, 海拔 1100~2850m。**用途**: 观赏。

特征要点 内皮鲜黄色。茎刺三分叉。叶较大, 每边具 40~60 细刺齿。总状花序具 10~25 朵花, 下垂; 花黄色。浆果长圆形, 红色。

细叶小檗 **Berberis poiretii** C. K. Schneid. 小檗科 Berberidaceae 小檗属

生活型: 落叶灌木。**高度**: 1~2m。**株形**: 宽卵形。**茎皮**: 灰色。**枝条**: 小枝具条棱, 茎刺缺或单一。**叶**: 叶互生或簇生, 纸质, 倒披针形, 基部渐狭, 叶缘平展, 近全缘, 近无柄。**花**: 穗状总状花序具 8~15 朵花, 长 3~6cm, 下垂; 花黄色; 萼片 6, 2 轮, 椭圆形; 花瓣 6, 倒卵形或椭圆形, 先端锐裂, 基部微缢缩, 略呈爪, 具 2 枚分离腺体; 雄蕊 6; 胚珠通常单生, 有时 2 枚。**果实及种子**: 浆果长圆形, 长约 9mm, 红色。**花果期**: 花期 5~6 月, 果期 7~9 月。**分布**: 产中国吉林、辽宁、内蒙古、青海、陕西、山西、河北。朝鲜、蒙古、俄罗斯也有分布。**生境**: 生于山地灌丛、砾原地、草原化荒漠、山沟河岸或林下, 海拔 600~2300m。**用途**: 观赏。

特征要点 茎刺缺或单一。叶倒披针形, 近全缘。穗状总状花序具 8~15 朵花, 下垂; 花黄色。浆果长圆形, 红色。

阔叶十大功劳 **Mahonia bealei** (Fortune) Carrière 小檗科 Berberidaceae 十大功劳属

生活型: 常绿灌木。**高度:** 0.5~4m。**株形:** 圆柱形。**茎皮:** 灰白色。**枝条:** 小枝粗壮,被白粉。**叶:** 奇数羽状复叶互生,小叶倒卵形至长圆形,背面被白霜,厚革质,硬直,边缘具数个粗锯齿,具基出脉。**花:** 总状花序直立,3~9个簇生;花黄色,萼片3轮,9枚;花瓣2轮,6枚,倒卵状椭圆形,基部腺体明显;雄蕊6;子房长圆状卵形,花柱短,胚珠3~4。**果实及种子:** 浆果卵形,长约1.5cm,深蓝色,被白粉。**花果期:** 花期9~1月,果期3~5月。**分布:** 产中国浙江、安徽、江西、福建、湖南、湖北、陕西、河南、广东、广西、四川。日本、墨西哥、美国温暖地区以及欧洲也有分布。**生境:** 生于山坡林中或庭园中。**用途:** 观赏,药用。

特征要点 小枝粗壮,被白粉。奇数羽状复叶互生,小叶背面被白霜,厚革质,边缘具粗锯齿。总状花序直立,3~9个簇生;花黄色,3数。浆果卵形,深蓝色,被白粉。

水青树 **Tetracentron sinense** Oliv.
昆栏树科 / 水青树科 Trochodendraceae/Tetracentraceae 水青树属

生活型: 落叶乔木。**高度:** 10~12m。**株形:** 狭卵形。**树皮:** 红灰色。**枝条:** 长枝顶生,细长,短枝侧生,距状。**叶:** 叶互生或单生于短枝顶端,纸质,卵形,先端渐尖,基部心脏形,边缘密生具腺锯齿。**花:** 穗状花序下垂,生于短枝顶端;花4朵成一簇;花被黄绿色,裂片4;雄蕊4,与花被片对生;心皮4,腹缝连合,花柱4,离生。**果实及种子:** 蓇葖果4个轮生,长椭圆形,长2~4mm,棕色,腹缝开裂,种子4~6,条形。**花果期:** 花期6~7月,果期9~10月。**分布:** 产中国云南、西藏、甘肃、河南、陕西、湖北、湖南、贵州。尼泊尔、缅甸、越南也有分布。**生境:** 生于阴湿山坡、沟谷林、溪边杂木林中,海拔1000~3500m。**用途:** 观赏。

特征要点 具长短枝。叶纸质,卵形,基部心脏形,边缘密生具腺锯齿。穗状花序下垂;花小,4朵成一簇,绿色,4数。蓇葖果4个轮生,长椭圆形。

连香树 **Cercidiphyllum japonicum** Siebold & Zucc. ex J. J. Hoffm. & J. H. Schult. bis 连香树科 Cercidiphyllaceae 连香树属

生活型: 落叶大乔木。**高度**: 10~20m。**株形**: 卵形。**树皮**: 灰色或棕灰色, 纵裂。**枝条**: 小枝无毛, 短枝在长枝上对生。**冬芽**: 芽鳞片褐色。**叶**: 叶互生, 近圆形、宽卵形或心形, 边缘有圆钝锯齿, 无毛, 背面具粉霜, 掌状脉7条直达边缘。**花**: 花单性, 雌雄异株, 先叶开放; 雄花常4朵丛生, 近无梗, 苞片膜质, 雄蕊8~13, 花药条形, 红色; 雌花4~8朵丛生, 具短梗, 心皮4~8, 离生, 花柱红紫色。**果实及种子**: 蓇葖果荚果状, 微弯曲; 种子扁平四角形, 具翅。**花果期**: 花期4月, 果期8月。**分布**: 产中国山西、河南、陕西、甘肃、安徽、浙江、江西、湖北、四川。日本也有分布。**生境**: 生于山谷边缘或杂木林中, 海拔650~2700m。**用途**: 观赏。

特征要点 短枝在长枝上对生。叶近圆形或心形, 边缘有圆钝锯齿, 掌状脉7条。花先叶开放; 雄花常4朵丛生, 雄蕊8~13; 雌花4~8朵丛生, 心皮4~8。蓇葖果2~4个, 荚果状。

领春木 **Euptelea pleiosperma** Hook. f. & Thomson 领春木科 Eupteleaceae 领春木属

生活型: 落叶灌木或小乔木。**高度**: 2~15m。**株形**: 宽卵形。**树皮**: 紫黑色或棕灰色, 粗糙。**枝条**: 小枝无毛, 紫黑色或灰色。**冬芽**: 卵形, 光亮。**叶**: 叶对生, 纸质, 卵形或近圆形, 先端具长尾尖, 边缘具锯齿; 叶柄长2~5cm。**花**: 花具梗, 先叶开放, 小, 两性, 6~12朵丛生; 花梗长3~5mm; 苞片椭圆形, 早落; 无花被; 雄蕊6~14, 1轮, 花丝条形, 花药红色, 药隔延长成1附属物; 花托扁平; 心皮6~12, 离生, 1轮, 子房歪斜, 1室, 有1~3个倒生胚珠。**果实及种子**: 翅果周围有翅, 顶端圆, 下端渐细成显明子房柄, 有果梗, 红褐色; 种子1~3个, 卵形, 黑色。**花果期**: 花期4~5月, 果期7~8月。**分布**: 产河北、山西、河南、陕西、甘肃、浙江、湖北、四川、贵州、云南、西藏; 印度也有分布。**生境**: 生在溪边杂木林中, 海拔900~3600m。**用途**: 观赏。

特征要点 叶对生, 先端具长尾尖, 边缘具锯齿。花先叶开放, 小, 两性, 6~12朵丛生; 无花被; 雄蕊6~14; 心皮6~12。翅果周围有翅, 下端渐细成显明子房柄。

二球悬铃木 **Platanus × acerifolia** (Aiton) Willd. 悬铃木科 Platanaceae 悬铃木属

生活型：落叶乔木。**高度**：约30m。**株形**：卵形。**树皮**：光滑，大片块状脱落。**枝条**：嫩枝密生灰黄色茸毛。**冬芽**：侧芽包藏于柄下，无顶芽。**叶**：叶互生，大，阔卵形，基部截形或微心形，上部掌状5裂，有时7裂或3裂，边缘全缘或有1~2个粗大锯齿，掌状脉3条。**花**：花通常4数；雄花的萼片卵形，被毛；花瓣矩圆形，长为萼片的2倍；雄蕊比花瓣长，盾形药隔有毛。**果实及种子**：果枝有头状果序1~2个，稀为3个，常下垂；头状果序直径约2.5cm，宿存花柱长2~3mm，刺状，坚果之间无突出的茸毛。**花果期**：花期5月，果期9~10月。**分布**：杂交种，久经栽培，东北、华东、华北、西北、华中及华南地区常见栽培。**生境**：生于路边。**用途**：行道树，观赏。

特征要点 托叶长约1.5cm，叶5~7掌状深裂；花4数；果序常为2，稀1或3个；坚果之间的毛不突出。中国栽培的悬铃木以该杂种为主，其中该杂种栽培最多，最常见。具三个果序的类型常被误认为三球悬铃木。

一球悬铃木 **Platanus occidentalis** L. 悬铃木科 Platanaceae 悬铃木属

生活型：落叶大乔木。**高度**：达40m。**株形**：卵形。**树皮**：有浅沟，呈小块状剥落。**枝条**：小枝被黄褐色茸毛。**冬芽**：侧芽包藏于柄下，无顶芽。**叶**：叶互生，大，阔卵形，基部截形或阔心形，上部通常3浅裂，边缘具粗齿，两面幼时被灰黄色茸毛，掌状脉3条。**花**：花序球形，常单生，稀为2个；花单性，雌雄同株，4~6数；雄花花丝极短，花药伸长；雌花基部有长茸毛，花瓣比萼片长4~5倍，心皮4~6个，花柱伸长。

果实及种子：聚花果圆球形，直径约3cm，宿存花柱极短；小坚果先端钝，基部茸毛长为坚果之半。**花果期**：花期5月，果期9~10月。**分布**：原产北美洲。中国北部及中部地区栽培。**生境**：生于路边或庭园中。**用途**：观赏，行道树。

特征要点 托叶长于2cm，喇叭形；叶多为3浅裂；花4~6数；果序常单生，稀2个；坚果之间的毛不突出。

52

三球悬铃木 **Platanus orientalis** L. 悬铃木科 Platanaceae 悬铃木属

生活型: 落叶大乔木。**高度**: 达 30m。**株形**: 卵形。**树皮**: 灰白色, 光滑, 薄片状脱落。**枝条**: 小枝被黄褐色茸毛。**冬芽**: 侧芽包藏于柄下, 无顶芽。**叶**: 叶互生, 大, 阔卵形, 基部浅三角状心形, 上部掌状 5~7 裂, 边缘具粗齿, 掌状脉 3~5 条。**花**: 花序球形, 3~5(稀 2) 个生一串上; 花单性, 雌雄同株, 4 数; 雄性球状花序无柄, 雄蕊花药伸长; 雌性球状花序常有柄, 心皮 4, 花柱伸长, 先端卷曲。**果实及种子**: 聚花果圆球形, 宿存花柱突出呈刺状, 长 3~4mm; 小坚果之间有黄色茸毛。**花果期**: 花期 5 月, 果期 9~10 月。**分布**: 原产欧洲东南部及亚洲西部。新疆和田、陕西户县和上海有栽培。**生境**: 生于路边或庭园中。**用途**: 观赏, 行道树。

特征要点 托叶小于 1cm; 叶深裂, 中央裂片长度大于宽度; 花 4 数; 果枝有球状果序 3 个以上; 坚果之间有突出的茸毛。

枫香树 **Liquidambar formosana** Hance

蕈树科 / 金缕梅科 Altingiaceae/Hamamelidaceae 枫香树属

生活型: 落叶乔木。**高度**: 达 30m。**株形**: 宽卵形。**树皮**: 灰褐色, 纵裂。**枝条**: 小枝灰色。**冬芽**: 冬芽卵形。**叶**: 叶互生, 薄革质, 掌状 3 裂, 裂片尾状渐尖, 基部心形, 掌状脉 3~5 条, 边缘有锯齿; 叶柄细长。**花**: 雄花序短穗状, 常多个排成总状, 雄蕊多数; 雌花序具长花序柄, 头状, 有花 24~43 朵, 萼齿 4~7 个, 针形, 花柱紫红色。**果实及种子**: 头状果序圆球形, 木质, 直径 3~4cm; 蒴果下半部藏于花序轴内, 有宿存花柱及针刺状萼齿。**花果期**: 花期 3~4 月, 果期 9~10 月。**分布**: 产中国河南、山东、台湾、四川、云南、广西、海南、湖北、浙江、江苏、江西、安徽、广东。越南、老挝也有分布。**生境**: 生于平地、村落附近及次生林中, 海拔 220~2000m。**用途**: 木材, 观赏。

特征要点 叶互生, 薄革质, 掌状 3 裂, 掌状脉 3~5 条, 边缘有锯齿。雄花序短穗状, 常多个排成总状; 雌花序头状, 花柱紫红色, 卷曲。头状果序圆球形, 木质。

檵木 **Loropetalum chinense** (R. Br.) Oliv. 金缕梅科 Hamamelidaceae 檵木属

生活型: 常绿灌木。**高度**: 1~4m。**株形**: 卵形。**茎皮**: 暗灰色。**枝条**: 小枝密集，被星毛。**叶**: 叶互生，革质，卵形，基部不等侧，背面被星毛，全缘；叶柄短。**花**: 花 3~8 朵簇生，具短梗，两性，4 数，常先叶开放；萼筒杯状，萼齿 4，花后脱落；花瓣 4，带状，白色；雄蕊 4，退化雄蕊 4，鳞片状；子房完全下位，被星毛。**果实及种子**: 蒴果卵圆形，长 7~8mm，先端圆，被褐色星状茸毛；萼筒长为蒴果的 2/3，种子圆卵形，黑色，发亮。**花果期**: 花期 3~4 月，果期 9~10 月。**分布**: 产中国中部、南部、西南地区。日本、印度也有分布。**生境**: 向阳的丘陵及山地、马尾松林及杉林下，海拔 450~1500m。**用途**: 观赏。

特征要点 小枝被星毛。叶互生，革质，卵形，全缘。花 3~8 朵簇生，两性，4 数；萼筒杯状；花瓣带状，白色；子房完全下位，胚珠 1。蒴果卵圆形，萼筒长为蒴果的 2/3。

牛鼻栓 **Fortunearia sinensis** Rchd. & E. H. Wilson
金缕梅科 Hamamelidaceae 牛鼻栓属

生活型: 落叶灌木或小乔木。**高度**: 2~5m。**株形**: 宽卵形。**茎皮**: 暗褐色，粗糙。**枝条**: 小枝被柔毛，有稀疏皮孔。**冬芽**: 细小，被星毛。**叶**: 叶互生，膜质，倒卵形，基部稍偏斜，边缘具锯齿，叶柄短。**花**: 总状花序长 4~8cm，被茸毛；苞片及小苞片披针形；萼齿 5，卵形；花瓣 5，狭披针形，比萼齿为短；雄蕊 5；子房半下位，2 室，略有毛，花柱反卷。**果实及种子**: 蒴果卵圆形，长 1.5cm，具白色皮孔，2 片裂开。**花果期**: 花期 3~4 月，果期 7~8 月。**分布**: 产中国陕西、河南、四川、湖北、安徽、江苏、江西、浙江。**生境**: 生于林中、山坡林中，海拔 100~1500m。**用途**: 观赏。

特征要点 小枝被柔毛。叶互生，膜质，基部稍偏斜，边缘具锯齿。总状花序，被茸毛；花 5 数；花瓣狭披针形；子房半下位，2 室。蒴果卵圆形，具白色皮孔，2 片裂开。

山白树 **Sinowilsonia henryi** Hemsl. 金缕梅科 Hamamelidaceae 山白树属

生活型：落叶灌木或小乔木。**高度**：约8m。**株形**：宽卵形。**茎皮**：灰白色，平滑，皮孔显著。**枝条**：小枝被灰黄色星状茸毛。**叶**：叶互生，纸质，倒卵形至椭圆形，先端急尖，基部圆形，背面有柔毛，边缘密生小齿突。**花**：花单性，雌雄同株；雄花序总状，萼筒极短，萼齿5，匙形，花瓣无，雄蕊5；雌花序穗状，被茸毛，萼筒壶形，萼齿5，花瓣无，退化雄蕊5，子房上位，花柱突出萼筒外。**果实及种子**：果序长10~20cm，被星状茸毛；蒴果卵圆形，先端尖，被灰黄色长丝毛。**花果期**：花期5~6月，果期8~9月。**分布**：产中国湖北、四川、河南、陕西、甘肃。**生境**：生于灌丛中、山谷、山坡林中，海拔800~1600m。**用途**：观赏。

特征要点 小枝被星状茸毛。叶互生，纸质，背面有柔毛，边缘密生小齿突。雄花序总状，雌花序穗状；花5数；子房上位。果序长10~20cm；蒴果卵圆形。

杜仲 **Eucommia ulmoides** Oliv. 杜仲科 Eucommiaceae 杜仲属

生活型：落叶乔木。**高度**：达20m。**株形**：宽卵形。**树皮**：灰褐色，粗糙，内含橡胶，折断拉开有多数细丝。**枝条**：小枝有明显皮孔。**冬芽**：冬芽卵圆形。**叶**：叶互生，椭圆形，薄革质，网脉显著，边缘有锯齿，叶柄短。**花**：花雌雄异株，无花被，先叶开放；雄花簇生，雄蕊5~10个，线形；雌花单生，子房无毛，1室，扁而长，先端2裂。**果实及种子**：翅果扁平，长椭圆形，长3~3.5cm，先端2裂，基部楔形，周围具薄翅；坚果位于中央，种子扁平，线形。**花果期**：花期4~5月，果期9月。**分布**：产中国陕西、甘肃、河南、湖北、四川、重庆、云南、贵州、湖南、浙江、河北、河南、北京等地有栽培。**生境**：生于低山、谷地、疏林、庭园或路边，海拔300~500m。**用途**：药用，观赏。

特征要点 树皮及叶含橡胶，折断拉开有多数细丝。叶互生，网脉显著，边缘有锯齿。花无花被；雄花簇生，雄蕊5~10个，线形；雌花单生，扁而长。翅果扁平。

大叶榉树（榉树）**Zelkova schneideriana** Hand.-Mazz. 榆科 Ulmaceae 榉属

生活型：落叶乔木。**高度**：达 35m。**株形**：卵形。**树皮**：灰褐色，不规则片状剥落。**枝条**：小枝灰绿色。**冬芽**：冬芽 2 个并生，球形。**叶**：叶互生，厚纸质，卵形至椭圆状披针形，叶正面被糙毛，叶背面密被柔毛，边缘具圆齿状锯齿，侧脉 8~15 对。**花**：花杂性，单生（雌花或两性花）或簇生（雄花）叶腋，与叶同放；雄花具短梗，雄蕊 6~7；雌花近无梗，子房无柄，柱头 2。**果实及种子**：核果小，斜卵状圆锥形，淡绿色，偏斜，凹陷。**花果期**：花期 4 月，果期 9~11 月。**分布**：产中国陕西、甘肃、江苏、安徽、浙江、江西、福建、河南、湖北、湖南、广东、广西、四川、贵州、云南、西藏。**生境**：生于溪间水旁、山坡土层较厚的疏林中，海拔 200~2800m。**用途**：木材，观赏。

特征要点　小枝纤细。叶互生，厚纸质，叶正面被糙毛，叶背密被柔毛，边缘具圆齿状锯齿。花小，黄绿色，生于叶腋，与叶同放。核果小，斜卵状圆锥形，偏斜，凹陷。

榉树（光叶榉）**Zelkova serrata** (Thunb.) Makino 榆科 Ulmaceae 榉属

生活型：落叶乔木。**高度**：达 30m。**株形**：卵形。**树皮**：灰褐色，不规则片状剥落。**枝条**：小枝紫褐色或棕褐色。**冬芽**：冬芽圆锥状卵形。**叶**：叶互生，纸质，卵形，叶面毛被脱落后变平滑，叶背毛被成熟后脱落，边缘具圆齿状锯齿，侧脉 7~14 对。**花**：花单性，与叶同放；雄花具短梗，花被钟形，雄蕊 6~7；雌花近无梗，花被 4~5 深裂，子房无柄，花柱短，柱头 2。**果实及种子**：核果斜卵状圆锥形，几无梗，淡绿色，偏斜，凹陷。**花果期**：花期 4 月，果期 9~11 月。**分布**：产中国辽宁、陕西、甘肃、山东、江苏、安徽、浙江、江西、福建、台湾、河南、湖北、广东、贵州。日本、朝鲜也有分布。**生境**：生于河谷、溪边疏林中，海拔 500~1900m。**用途**：木材，观赏。

特征要点　小枝纤细。叶互生，纸质，叶面毛被脱落后变平滑，叶背毛被成熟后脱落，边缘具圆齿状锯齿。

榆树（白榆、家榆） **Ulmus pumila** L. 榆科 Ulmaceae 榆属

生活型: 落叶乔木。**高度**: 达 25m。**株形**: 宽卵形。**树皮**: 暗灰色，深纵裂，粗糙。**枝条**: 小枝纤细，有散生皮孔。**冬芽**: 冬芽近球形。**叶**: 叶互生，椭圆状卵形至卵状披针形，先端渐尖，边缘具重锯齿或单锯齿，侧脉每边 9~16 条。**花**: 聚伞花序簇生叶腋，具短梗，先叶开放；花被钟形，4 浅裂，膜质；雄蕊 4；子房扁平，1 室，柱头 2。**果实及种子**: 翅果近圆形，长 1.2~2cm，几无毛，果核位于翅果中部。**花果期**: 花期 3~4 月，果期 4~6 月。**分布**: 产中国东北、华北、西北、西南地区。朝鲜、俄罗斯、蒙古也有分布。**生境**: 生于山坡、山谷、川地、丘陵、沙岗、庭园或路边，海拔 1000~2500m。**用途**: 果、皮食用，纤维，木材，观赏。

特征要点 树皮深纵裂。小枝纤细。叶互生，边缘具重锯齿或单锯齿，侧脉每边 9~16 条。花小，先叶开放，4 数。翅果近圆形，几无毛，果核位于翅果中部。

榔榆 **Ulmus parvifolia** Jacq. 榆科 Ulmaceae 榆属

生活型: 落叶乔木。**高度**: 达 25m。**株形**: 广圆形。**树皮**: 灰色，薄片剥落，内皮红褐色，皮孔红色。**枝条**: 小枝密被短柔毛。**冬芽**: 冬芽卵圆形，红褐色。**叶**: 叶互生，小而质厚，披针状卵形或窄椭圆形，叶面有光泽，边缘具单锯齿，侧脉 10~15 对。**花**: 聚伞花序簇生叶腋，秋季开放；花被片 4；雄蕊 4；子房扁平，1 室，柱头 2。**果实及种子**: 翅果椭圆形，长 1~1.3cm，几无毛，果核位于翅果中上部。**花果期**: 花期 8~9 月，果期 10 月。**分布**: 产中国北京、河北、山东、江苏、安徽、浙江、福建、台湾、江西、广西、湖南、湖北、贵州、四川、重庆、陕西、广东、甘肃、河南。朝鲜、日本也有分布。**生境**: 生于平原、丘陵、山坡谷地，海拔 500~800m。**用途**: 木材，观赏。

特征要点 树皮灰色，薄片剥落。叶互生，小而质厚，边缘具单锯齿，侧脉 10~15 对。花秋季开放。翅果椭圆形，几无毛，果核位于翅果中上部。

黑榆 Ulmus davidiana Planch. 榆科 Ulmaceae 榆属

生活型: 落叶乔木。**高度**: 3~10m。**株形**: 宽卵形。**树皮**: 暗灰色, 有纵裂纹。**枝条**: 枝常具木栓质翅, 小枝淡褐色。**叶**: 叶互生, 倒卵形, 边缘具重锯齿, 侧脉12~20对, 背面脉腋常有毛簇。**花**: 聚伞花序簇生叶腋, 具短梗, 先叶开放; 花被钟形, 4~6浅裂, 膜质; 雄蕊4~6; 子房扁平, 1室, 柱头2。**果实及种子**: 翅果长圆状倒卵形, 长1~1.5cm, 仅中部有疏毛, 果核位于翅果中上部。**花果期**: 花果期3~4月, 果期4~6月。**分布**: 产中国辽宁、河北、山西、河南、陕西等地。**生境**: 生于石灰岩山地、谷地, 海拔约500m。**用途**: 果、皮食用, 纤维, 木材, 观赏。

特征要点 树皮暗灰色。枝常具木栓质翅。叶互生, 边缘具重锯齿, 侧脉12~20对。花4~6数。翅果长圆状倒卵形, 中部有疏毛, 果核位于翅果中上部。

春榆 Ulmus davidiana var. japonica (Rehder) Nakai 榆科 Ulmaceae 榆属

生活型: 落叶乔木。**高度**: 3~10m。**株形**: 宽卵形。**树皮**: 色深, 暗灰色, 有纵裂纹。**枝条**: 枝常具木栓质翅。**叶**: 叶互生, 倒卵形, 边缘具重锯齿, 侧脉12~20对, 背面脉腋常有毛簇。**花**: 聚伞花序簇生叶腋, 具短梗, 先叶开放; 花被钟形, 4~6浅裂, 膜质; 雄蕊4~6; 子房扁平, 1室, 柱头2。**果实及种子**: 翅果长圆状倒卵形, 长1~1.5cm, 无毛, 果核位于翅果中上部。**花果期**: 花果期3~4月, 果期4~6月。**分布**: 产中国东北、华北、西北、华东和华中地区。朝鲜、俄罗斯、日本也有分布。**生境**: 生于河岸、溪旁、沟谷、山麓及排水良好的冲积地和山坡。**用途**: 果、皮食用, 纤维, 木材, 观赏。

特征要点 春榆与黑榆的区别在于翅果无毛, 树皮色较深。

大果榆（黄榆、大叶榆）**Ulmus macrocarpa** Hance 榆科 Ulmaceae 榆属

生活型：落叶乔木或灌木。**高度**：3~10m。**株形**：宽卵形。**树皮**：暗灰色，有纵裂纹。**枝条**：枝常具木栓质翅，小枝淡黄褐色。**叶**：叶互生，宽倒卵形，边缘具锯齿，侧脉 8~16 对，两面被短硬毛，粗糙。**花**：聚伞花序簇生叶腋，先叶开放；花被钟形，膜质；雄蕊 6~8；子房扁平，1 室，柱头 2。**果实及种子**：翅果近圆形，长 2.5~3.5cm，两面和边缘被毛，果核位于翅果中部。**花果期**：花果期 3~4 月，果期 4~6 月。**分布**：产中国东北、华北、华东和西北地区。朝鲜、俄罗斯中部也有分布。**生境**：生于山坡、谷地、台地、黄土丘陵、固定沙丘、岩缝中，海拔 700~1800m。**用途**：果、皮食用，纤维，木材，观赏。

特征要点 枝常具木栓质翅。叶互生，倒卵形，边缘具锯齿，侧脉 8~16 对，两面被短硬毛，粗糙。翅果近圆形，较大，两面和边缘被毛，果核位于翅果中部。

刺榆 **Hemiptelea davidii** (Hance) Planch. 榆科 Ulmaceae 刺榆属

生活型：落叶小乔木。**高度**：达 10m。**株形**：卵形。**树皮**：深褐灰色，条状深裂。**枝条**：小枝褐色，被柔毛，具粗硬刺。**冬芽**：常 3 个聚生。**叶**：叶互生，椭圆形，边缘具整齐粗锯齿，粗糙，侧脉整齐，斜直出至齿尖；叶柄短。**花**：花杂性，簇生叶腋；花被 4~5 裂，呈杯状；雄蕊 4~5；雌蕊具短花柱，柱头 2，子房 1 室。**果实及种子**：小坚果黄绿色，斜卵圆形，两侧扁，长 5~7mm。**花果期**：花期 4~5 月，果期 9~10 月。**分布**：产中国吉林、辽宁、内蒙古、河北、山西、陕西、甘肃、山东、江苏、安徽、浙江、江西、河南、湖北、湖南、广西。朝鲜以及欧洲、北美也有分布。**生境**：生于坡地次生林中、村落路旁，海拔 50~2000m。**用途**：木材，观赏。

特征要点 小枝褐色，被柔毛，具粗硬刺。叶互生，椭圆形，边缘具整齐粗锯齿。花小，杂性，簇生叶腋。小坚果黄绿色，斜卵圆形，两侧扁。

青檀（翼朴）**Pteroceltis tatarinowii** Maxim.
大麻科 / 榆科 Cannabaceae/Ulmaceae 青檀属

生活型: 落叶乔木。**高度**: 达 20m。**株形**: 宽卵形。**树皮**: 灰色，不规则长片状剥落。**枝条**: 小枝黄绿色，皮孔明显。**冬芽**: 冬芽卵形。**叶**: 叶互生，纸质，宽卵形至长卵形，先端渐尖，边缘具锯齿，基部不对称，具三出脉。**花**: 花单性；雄花簇生，花被 5 深裂，雄蕊 5；雌花单生叶腋，花被 4 深裂，子房侧向压扁，花柱短，柱头 2，条形。**果实及种子**: 翅果状坚果近四方形，直径 10~17mm，黄绿色，翅宽，顶端有凹缺。**花果期**: 花期 3~5 月，果期 8~20月。**分布**: 产中国华北、西北、华东、华中和华南地区。蒙古也有分布。**生境**: 生于石灰岩山地、庭园或村旁，海拔 100~1500m。**用途**: 纤维造纸，观赏。

特征要点 树皮灰色，不规则长片状剥落。小枝黄绿色，皮孔明显。叶互生，纸质，边缘具锯齿，具三出脉。花小，单性；雄花簇生；雌花单生叶腋。翅果状坚果近四方形，黄绿色。

黑弹树（小叶朴）**Celtis bungeana** Blume
大麻科 / 榆科 Cannabaceae/Ulmaceae 朴属

生活型: 落叶乔木。**高度**: 达 10m。**株形**: 宽卵形。**树皮**: 平滑，灰色。**枝条**: 小枝无毛，淡棕色。**冬芽**: 棕色，无毛。**叶**: 叶互生，厚纸质，长圆形至卵形，基部常偏斜，先端尖，具不规则浅齿，无毛。**花**: 花小，杂性，1~3 朵生于当年枝的叶腋；花被片 4，被毛；雄蕊 4；柱头 2。**果实及种子**: 核果单生叶腋，近球形，直径 6~8mm，熟时蓝黑色；果柄较细软。**花果期**: 花期 4~5 月，果期 10~11 月。**分布**: 产中国辽宁、河北、山东、山西、内蒙古、甘肃、宁夏、青海、陕西、河南、安徽、江苏、浙江、湖南、江西、湖北、四川、云南、西藏；朝鲜也有分布。**生境**: 生于路旁、山坡、灌丛、林边，海拔 150~2300m。**用途**: 木材，观赏。

特征要点 树皮平滑，灰色。叶互生，厚纸质，基部常偏斜，三出脉，具不规则浅齿，无毛。花小，杂性，生于叶腋。核果单生叶腋，近球形，熟时蓝黑色。

朴树 **Celtis sinensis** Pers. 大麻科 / 榆科 Cannabaceae/Ulmaceae 朴属

生活型: 落叶乔木。**高度**: 达 15m。**株形**: 宽卵形。**树皮**: 平滑, 灰色。**枝条**: 小枝被密毛。**叶**: 叶互生, 革质, 宽卵形至狭卵形, 中部以上边缘有浅锯齿, 三出脉。**花**: 花小, 杂性, 1~3 朵生于当年枝的叶腋; 花被片 4, 被毛; 雄蕊 4; 柱头 2。**果实及种子**: 核果近球形, 直径 4~5mm, 红褐色; 果柄较叶柄近等长; 果核有穴和突肋。**花果期**: 花期 4~5 月, 果期 9~11 月。**分布**: 产中国山东、河南、江苏、安徽、浙江、福建、江西、湖南、湖北、四川、贵州、广西、广东、台湾。**生境**: 生于路旁、山坡、林缘, 海拔 100~1500m。**用途**: 木材, 观赏。

特征要点 小枝被密毛。叶互生, 革质, 中部以上边缘有浅锯齿, 三出脉。核果近球形, 熟时红褐色。

大叶朴 **Celtis koraiensis** Nakai 大麻科 / 榆科 Cannabaceae/Ulmaceae 朴属

生活型: 落叶乔木。**高度**: 达 15m。**株形**: 宽卵形。**树皮**: 灰色, 浅微裂。**枝条**: 小枝褐色, 散生皮孔。**冬芽**: 深褐色。**叶**: 叶互生, 椭圆形, 先端 3 裂而具 3 个尾状长尖, 边缘具粗锯齿。**花**: 花小, 杂性, 1~3 朵生于当年枝的叶腋; 花被片 4, 被毛; 雄蕊 4; 柱头 2。**果实及种子**: 核果单生叶腋, 近球形, 直径约 12mm, 熟时橙黄色; 果梗长 1.5~2.5cm。**花果期**: 花期 4~5 月, 果期 9~10 月。**分布**: 产中国辽宁、河北、山东、安徽、山西、河南、陕西、甘肃。朝鲜也有分布。**生境**: 生于山坡、沟谷林中, 海拔 100~1500m。**用途**: 木材, 观赏。

特征要点 叶大, 椭圆形, 先端 3 裂而具 3 个尾状长尖, 边缘具粗锯齿。核果单生叶腋, 近球形, 熟时橙黄色。

糙叶树 **Aphananthe aspera** (Thunb.) Planch.
大麻科 / 榆科 Cannabaceae/Ulmaceae 糙叶树属

生活型: 落叶乔木。**高度**: 4~10m。**株形**: 宽卵形。**树皮**: 平滑，灰白色。**枝条**: 小枝暗褐色。**叶**: 叶互生，卵形，先端渐尖，具三出脉，边缘具单锯齿，两面均有糙伏毛，正面粗糙，侧脉直伸至锯齿先端。**花**: 花单性，雌雄同株;雄花成伞房花序;雌花单生新枝上部叶腋，有梗;花被5或4裂，宿存;雄蕊与花被片同数;子房被毛，1室，柱头2。**果实及种子**: 核果近球形或卵球形，长8~10mm，被平伏硬毛;果柄较叶柄短，稀近等长，被毛。**花果期**: 花期3~5月，果期8~10月。**分布**: 产中国华东、华中、华南和西南地区。日本、朝鲜、越南也有分布。**生境**: 生于山谷、溪边林中，海拔500~1000m。**用途**: 观赏。

特征要点 小枝暗褐色。叶互生，卵形，三出脉，边缘具单锯齿，两面均有糙伏毛，粗糙。雄花成伞房花序;雌花单生叶腋。核果近球形，被平伏硬毛。

桑 **Morus alba** L. 桑科 Moraceae 桑属

生活型: 落叶灌木或小乔木。**高度**: 达15m。**株形**: 宽卵形。**树皮**: 灰白色，块状浅裂。**枝条**: 小枝灰色，皮孔显著。**叶**: 叶互生，卵形，边缘有粗锯齿，有时不规则分裂，网脉显著，背面脉上有疏毛，并具腋毛。**花**: 花单性，雌雄异株，均排成腋生穗状花序;雄花花被片4，雄蕊4，中央有不育雌蕊;雌花花被片4，结果时变肉质，无花柱或花柱极短，柱头2裂，宿存。**果实及种子**: 聚花果（桑椹）长1~2.5cm，黑紫色或白色。**花果期**: 花期4~5月，果期5~8月。**分布**: 原产中国中部和北部，现中国南北各地广泛栽培。朝鲜、日本、蒙古、中亚各国、俄罗斯、印度、越南以及欧洲也有分布。**生境**: 生于山坡上，海拔50~2900m。**用途**: 果食用，观赏。

特征要点 小枝灰色，皮孔显著。叶纸质，边缘有粗锯齿，网脉显著。花单性，排成腋生穗状花序，花4数。聚花果（桑椹）长1~2.5cm，熟时黑紫色或白色。

柘 **Maclura tricuspidata** Carrière 桑科 Moraceae 橙桑属/柘属

生活型: 落叶灌木或小乔木。**高度**: 1~7m。**株形**: 卵形。**树皮**: 灰褐色,块状纵裂。**枝条**: 小枝无毛,略具棱,有棘刺。**冬芽**: 赤褐色。**叶**: 叶互生,卵形或菱状卵形,全缘,先端渐尖,基部楔形至圆形,侧脉4~6对;叶柄长1~2cm。**花**: 雌雄异株,雌雄花序均为球形头状花序;雄花序直径0.5cm,花被片4,肉质,雄蕊4;雌花序直径1~1.5cm,花被片4,子房埋于花被片下部。**果实及种子**: 聚花果近球形,直径约2.5cm,肉质,熟时橘红色。**花果期**: 花期5~6月,果期6~7月。**分布**: 产中国华北、华东、中南、西南。朝鲜、日本也有分布。**生境**: 生于阳光充足的山地或林缘,海拔500~2200m。**用途**: 观赏。

特征要点 小枝无毛,有棘刺。叶全缘,先端渐尖,侧脉4~6对。雌雄花序均为球形头状花序;花被片4,肉质。聚花果近球形,直径约2.5cm,肉质,熟时橘红色。

蒙桑 **Morus mongolica** (Bur.) Schneid. 桑科 Moraceae 桑属

生活型: 落叶灌木或小乔木。**高度**: 3~8m。**株形**: 宽卵形。**树皮**: 灰白色,浅纵裂。**枝条**: 小枝灰褐色,皮孔显著。**叶**: 叶互生,卵形至椭圆状卵形,无毛,不分裂或3~5裂,先端渐尖,边缘有粗锯齿,齿端有刺尖。**花**: 穗状花序腋生,下垂;雄花序早落;雄花花被片和雄蕊均为4,花丝内曲,开花时以弹力直伸,有不育雌蕊;雌花花被片4,花柱明显,柱头2裂。**果实及种子**: 聚花果连柄长2~2.5cm,圆柱形,红色或近紫黑色。**花果期**: 花期4~5月,果期5~6月。**分布**: 产中国东北、西北、华北、华东、华中和西南地区。**生境**: 生于山地或林中,海拔800~1500m。**用途**: 果食用,观赏。

特征要点 叶无毛,不分裂或3~5裂,先端渐尖,边缘有粗锯齿,齿端有刺尖。花单性,4数,排成腋生穗状花序。聚花果圆柱形,红色或近紫黑色。

楮 **Broussonetia kazinoki** Siebold 桑科 Moraceae 构属

生活型: 落叶灌木。**高度**: 2~5m。**株形**: 宽卵形。**茎皮**: 暗灰色。**枝条**: 嫩枝具乳汁。小枝纤细，皮孔显著。**叶**: 叶互生，卵形或卵状椭圆形，先端渐尖，基部近心形，边缘有锯齿，上面有糙伏毛，基生于三出脉。**花**: 花单性，雌雄同株；雄柔荑花序圆筒状，长约1cm；花被片和雄蕊均为4；雌花序头状，径5~6mm；苞片高脚碟状；花柱侧生，丝状，有刺。**果实及种子**: 聚花果球形，径5~6mm，肉质，成熟时红色。**花果期**: 花期4~5月，果期5~6月。**分布**: 产中国台湾、华中、华南、西南。日本、朝鲜也有分布。**生境**: 生于低山地区山坡林缘、沟边、住宅近旁，海拔200~2000m。**用途**: 观赏。

特征要点 嫩枝具乳汁。小枝纤细。叶互生，边缘有锯齿，上面有糙伏毛，基生三出脉。雄柔荑花序圆筒状；雌花序头状。聚花果球形，径5~6mm，肉质，成熟时红色。

构树 **Broussonetia papyrifera** (L.) L' Hér. ex Vent. 桑科 Moraceae 构属

生活型: 落叶乔木。**高度**: 10~20m。**株形**: 宽卵形。**树皮**: 暗灰色，皮孔显著。**枝条**: 小枝密生柔毛。**叶**: 叶互生，卵形，先端渐尖，基部心形，边缘具粗锯齿，不分裂或3~5裂，表面粗糙，基生三出脉。**花**: 花雌雄异株；雄柔荑花序粗壮，长3~8cm；花被4裂，雄蕊4；雌花序球形头状，苞片棍棒状，顶端被毛，花被管状，子房卵圆形，柱头线形，被毛。**果实及种子**: 聚花果球形，直径1.5~3cm，肉质，熟时橙红色。**花果期**: 花期4~5月，果期6~7月。**分布**: 产中国南北各地。印度北部、缅甸、泰国、越南、马来西亚、日本、朝鲜也有分布。**生境**: 生于村边、河边、林中、平原、丘陵、山谷、山坡，海拔200~2800m。**用途**: 观赏。

特征要点 树皮具显著皮孔。叶互生，不分裂或3~5裂，背面密被茸毛，基生三出脉。雄柔荑花序下垂，粗壮；雌花序球形头状。聚花果球形，肉质，成熟时橙红色。

64

榕树 **Ficus microcarpa** L. f. 桑科 Moraceae 榕属

生活型: 常绿大乔木。具气生根。**高度**: 10~30m。**株形**: 宽卵形。**树皮**: 灰白色。**枝条**: 小枝灰褐色，具环状托叶痕。**叶**: 叶互生，革质，倒卵形或卵状椭圆形，顶端钝或急尖，全缘，基出脉 3 条；叶柄短；托叶披针形。**花**: 榕果腋生，无梗，球形或扁球形，直径 5~10mm，成熟时黄色或淡红色。**果实及种子**: 瘦果卵形。**花果期**: 花果期 5~6 月。**分布**: 产中国台湾、浙江、福建、广东、广西、湖北、贵州、云南、海南。斯里兰卡、印度、缅甸、泰国、越南、马来西亚、菲律宾、日本、巴布亚新几内亚、澳大利亚也有分布。**生境**: 生于常绿阔叶林中、村边、庭园或路边，海拔 174~1900m。**用途**: 观赏。

特征要点 树干具气生根。小枝具环状托叶痕。叶互生，革质，全缘，基出脉 3 条。榕果腋生，无梗，球形或扁球形，直径 5~10mm，成熟时黄色或淡红色。

无花果 **Ficus carica** L. 桑科 Moraceae 榕属

生活型: 落叶灌木。**高度**: 3~10m。**株形**: 宽卵形。**树皮**: 灰褐色，皮孔明显。**枝条**: 小枝直立，粗壮。**叶**: 叶互生，厚纸质，粗糙，广卵圆形，常 3~5 裂，边缘具钝齿，背面密被柔毛；叶柄粗壮；托叶红色。**花**: 榕果单生叶腋，大而梨形，直径 3~5cm，顶部下陷，成熟时紫红色或黄色，基生苞片 3，卵形。**果实及种子**: 瘦果透镜状。**花果期**: 花果期 5~7 月。**分布**: 原产地中海沿岸，分布于土耳其至阿富汗。中国南北各地均有栽培，新疆南部尤多。**生境**: 生于果园或庭园中。**用途**: 果食用，观赏。

特征要点 树皮灰褐色，皮孔明显。小枝粗壮。叶粗糙，常 3~5 裂，边缘具钝齿，背面密被柔毛。榕果单生叶腋，大而梨形，直径 3~5cm，顶部下陷，成熟时紫红色或黄色。

印度榕（橡皮树） **Ficus elastica** Roxb. ex Hornem. 桑科 Moraceae 榕属

生活型: 常绿乔木。**高度:** 20~30m。**株形:** 卵形。**树皮:** 灰白色，平滑。**枝条:** 幼小时附生，小枝粗壮。**叶:** 叶互生，厚革质，长圆形至椭圆形，光滑无毛，全缘，侧脉不显；叶柄粗壮；托叶膜质，深红色。**花:** 榕果成对腋生，卵状长椭圆形，长 1cm，黄绿色。**果实及种子:** 瘦果卵圆形，表面有小瘤体，花柱长，宿存，柱头膨大，近头状。**花果期:** 花果期 9~11 月。**分布:** 原产不丹、尼泊尔、印度、缅甸、马来西亚、印度尼西亚。中国云南有野生，各地区常见栽培，南方地区北方温室内常见盆栽。**生境:** 生于庭园或温室。**用途:** 观赏。

特征要点 树皮灰白色，平滑。叶厚革质，长圆形至椭圆形，光滑无毛，全缘，侧脉不显。榕果成对腋生，卵状长椭圆形，长 1cm，黄绿色。

异叶榕 **Ficus heteromorpha** Hemsl. 桑科 Moraceae 榕属

生活型: 落叶灌木或小乔木。**高度:** 2~5m。**株形:** 宽卵形。**茎皮:** 灰褐色，平滑。**枝条:** 小枝红褐色，节短。**叶:** 叶互生，多形，琴状至椭圆形，表面略粗糙，背面有细小钟乳体，全缘或微波状；叶柄红色；托叶披针形。**花:** 榕果成对生于短枝叶腋，稀单生，无总梗，球形或圆锥状球形，光滑，直径 6~10mm，熟时紫黑色；雄花和瘿花同生于一榕果中；雄花散生内壁，花被片 4~5，雄蕊 2~3；瘿花花被片 5~6，子房光滑；雌花花被片 4~5，包围子房，花柱侧生，柱头画笔状。**果实及种子:** 瘦果光滑。**花果期:** 花果期 4~7 月。**分布:** 产中国长江流域中下游及华南地区，北至陕西、湖北、河南。**生境:** 生于山谷、坡地及林中。**用途:** 观赏。

特征要点 小枝红褐色，节短。叶多形，琴状至椭圆形，表面略粗糙，背面有细小钟乳体。榕果成对生于短枝叶腋，光滑，直径 6~10mm，成熟时紫黑色。

化香树 **Platycarya strobilacea** Siebold & Zucc. 胡桃科 Juglandaceae 化香树属

生活型: 落叶小乔木。**高度**: 2~6m。**株形**: 宽卵形。**树皮**: 暗灰色, 不规则纵裂。**枝条**: 小枝暗褐色, 具细小皮孔。**冬芽**: 冬芽卵形。**叶**: 奇数羽状复叶互生, 小叶 7~23 枚, 纸质, 披针形, 不对称, 基部歪斜, 顶端长渐尖, 边缘有锯齿。**花**: 花序近穗状, 黄绿色, 顶生, 排成伞房状, 直立; 两性花序 1, 生中央, 下雌上雄; 雄花序数个, 生于四周。**果实及种子**: 果序球果状, 卵状椭圆形; 果苞木质; 果实小坚果状, 具狭翅; 种子卵形。**花果期**: 花期 5~6 月, 果期 7~8 月。**分布**: 产中国黄河流域以南地区。朝鲜、日本也有分布。**生境**: 生于向阳山坡、杂木林中, 海拔 600~2200m。**用途**: 观赏。

特征要点 奇数羽状复叶互生, 小叶披针形, 基部歪斜, 边缘有锯齿。两性花序和雄花序在小枝顶端排列成伞房状花序束, 直立, 黄色。果序球果状, 长 2.5~5cm, 宿存苞片木质。

胡桃(核桃) **Juglans regia** L. 胡桃科 Juglandaceae 胡桃属

生活型: 落叶乔木。**高度**: 10~25m。**株形**: 宽卵形。**树皮**: 幼时灰绿色, 老时则灰白色而纵向浅裂。**枝条**: 小枝粗壮, 无毛, 具光泽。**叶**: 奇数羽状复叶互生, 小叶 1~9 枚, 椭圆状卵形至长椭圆形, 边缘全缘, 背面腋内具簇短柔毛。**花**: 雄性柔荑花序被腺毛, 长 5~10cm, 雄蕊 6~30 枚; 雌性穗状花序被极短腺毛, 具 1~3 雌花, 柱头浅绿色。**果实及种子**: 果序短, 俯垂; 假核果具 1~3 个, 近球状, 直径 4~6cm, 无毛, 果核具纵棱。**花果期**: 花期 5 月, 果期 10 月。**分布**: 原产欧洲及亚洲西部。中国华北、西北、西南、华中、华南、华东地区广为栽培。中亚、西亚、南亚、欧洲也有分布。**生境**: 生于山坡、丘陵地带, 海拔 400~1800m。**用途**: 果食用, 观赏。

特征要点 小枝无毛。奇数羽状复叶互生, 小叶 1~9 枚。雄性柔荑花序下垂, 被腺毛; 雌性穗状花序具 1~3 雌花, 柱头浅绿色。假核果 1~3 个, 近球状, 直径 4~6cm, 果核具纵棱。

胡桃楸（野核桃） **Juglans mandshurica** Maxim.【Juglans cathayensis Dode】 胡桃科 Juglandaceae 胡桃属

生活型：落叶乔木。**高度**：达 20m。**株形**：宽卵形。**树皮**：灰色，具浅纵裂。**枝条**：小枝粗壮，被短茸毛。**叶**：奇数羽状复叶互生，大型，小叶多数，椭圆形，边缘具细锯齿，背面被贴伏短柔毛及星芒状毛；叶柄基部膨大。**花**：雄性柔荑花序被短柔毛，长 9~20cm，雄蕊 12 枚；雌性穗状花序被茸毛，具 4~10 雌花，花被片披针形，柱头鲜红色。**果实及种子**：果序长 10~15cm，俯垂，假核果 5~7 个，椭圆状，顶端尖，密被腺质短柔毛；果核具纵棱。**花果期**：花期 5 月，果期 8~9 月。**分布**：产中国除西北外的大部分地区，以东北、华北、华中地区为多。**生境**：生于土质肥厚湿润、排水良好的沟谷两旁或山坡阔叶林中，海拔 500~800m。**用途**：观赏。

特征要点 小枝被短茸毛。奇数羽状复叶大型，小叶多数，边缘具细锯齿。雌性穗状花序具 4~10 雌花，柱头鲜红色。果序长 10~15cm，俯垂；假核果 5~7 个，果核具纵棱。

枫杨 **Pterocarya stenoptera** C. DC. 胡桃科 Juglandaceae 枫杨属

生活型：落叶大乔木。**高度**：达 30m。**株形**：宽卵形。**树皮**：暗灰色，深纵裂。**枝条**：小枝灰褐色，具孔灰黄色。**冬芽**：冬芽具柄，裸出。**叶**：羽状复叶互生，叶轴具翅，小叶 10~16 枚，长椭圆形，基部歪斜，边缘具细锯齿。**花**：雄柔荑花序单生，长 6~10cm，雄蕊 5~12 枚；雌花序顶生，下垂，长 10~15cm，密被毛和腺体。**果实及种子**：果序长 20~45cm；果翅狭，条形或阔条形。**花果期**：花期 4~5 月，果期 8~9 月。**分布**：产中国陕西、河南、山东、安徽、江苏、浙江、江西、福建、台湾、广东、广西、湖南、湖北、四川、重庆、贵州、云南、辽宁、河北、山西等。**生境**：生于沿溪涧河滩、阴湿山坡地的林中，海拔 150~1500m。**用途**：观赏。

特征要点 冬芽具柄，裸出。羽状复叶互生，叶轴具翅，小叶 10~16 枚，基部歪斜，边缘具细锯齿。雄柔荑花序单生；雌花序顶生，下垂，果序长 20~45cm；果翅狭，条形或阔条形。

湖北枫杨 **Pterocarya hupehensis** Skan 胡桃科 Juglandaceae 枫杨属

生活型：落叶乔木。**高度**：10~20m。**株形**：宽卵形。**树皮**：灰色。**枝条**：小枝深灰褐色，皮孔黄黄色。**冬芽**：冬芽具柄，裸出。**叶**：奇数羽状复叶互生，小叶 5~11 枚，纸质，长椭圆形至卵状椭圆形，边缘具单锯齿，基部歪斜。**花**：雄柔荑花序 3~5 条，长 8~10cm，雄蕊 10~13 枚；雌花序顶生，下垂，长 20~40cm，无毛。**果实及种子**：果序长达 30~45cm；果翅阔，椭圆状卵形。**花果期**：花期 4~5 月，果期 8~9 月。**分布**：产中国湖北、四川、陕西、贵州。**生境**：生于河溪岸边、湿润的森林中，海拔 500~1500m。**用途**：观赏。

特征要点 奇数羽状复叶互生，小叶 5~11 枚。雄柔荑花序 3~5 条，长 8~10cm；雌花序顶生，下垂。果序长达 30~45cm；果翅阔，椭圆状卵形。

青钱柳 **Cyclocarya paliurus** (Batal.) Iljinsk. 胡桃科 Juglandaceae 青钱柳属

生活型：落叶乔木。**高度**：达 10~30m。**株形**：宽卵形。**树皮**：灰色，粗糙。**枝条**：小枝黑褐色。**冬芽**：芽密被腺体。**叶**：奇数羽状复叶互生，小叶 7~9，纸质，长椭圆状卵形至阔披针形，基部歪斜，叶缘具锐锯齿，两面具腺体。**花**：雄性柔荑花密被短柔毛及腺体序，长 7~18cm；雌性柔荑花序单独顶生，密被短柔毛。**果实及种子**：果序轴长 25~30cm，果实坚果状，扁球形，顶端具 4 枚宿存花被片及花柱，四周具翅；翅革质，圆盘状。**花果期**：花期 4~5 月，果期 7~9 月。**分布**：产中国安徽、江苏、浙江、江西、福建、台湾、湖北、湖南、四川、贵州、广西、广东、云南。**生境**：生于山地湿润的森林中，海拔 500~2500m。**用途**：观赏。

特征要点 奇数羽状复叶互生，小叶 7~9，叶缘具锐锯齿。雄性柔荑花序下垂；雌性柔荑花序单独顶生。果序长而下垂，果实坚果状，扁球形，四周具宽翅。

米心水青冈 **Fagus engleriana** Seem. 壳斗科 Fagaceae 水青冈属

生活型: 落叶乔木。**高度**: 达 25m。**株形**: 宽卵形。**树皮**: 灰白色, 平滑。**枝条**: 小枝皮孔近圆形。**冬芽**: 冬芽细长。**叶**: 叶互生, 菱状卵形, 顶部短尖, 基部略偏斜, 叶缘波浪状, 侧脉每边 9~14 条; 叶柄短。**花**: 花单性同株; 雄花序头状, 下垂, 多花; 雌花序腋生, 头状, 具总梗, 雌花常 2 朵, 花被裂片 5~6, 子房 3 室, 花柱 3, 紫红色。**果实及种子**: 果梗长 2~7cm, 无毛; 壳斗 4 瓣裂, 长 1.5~2cm; 下部小苞片狭倒披针形, 叶状, 绿色, 无毛, 上部线状而弯钩, 被毛; 坚果 2, 顶部具薄翅。**花果期**: 花期 4~5 月, 果期 8~10 月。**分布**: 产中国湖北、四川、重庆、广西、河南、浙江、安徽、贵州。**生境**: 生于山地林中, 海拔 1500~2500m。**用途**: 种子提取淀粉, 木材, 观赏。

特征要点 树皮平滑。冬芽细长。叶互生, 叶缘波浪状, 侧脉每边 9~14 条。雄花序头状, 下垂; 雌花序腋生, 头状, 花柱紫红色。果梗较长; 壳斗 4 瓣裂, 小苞片叶状, 狭倒披针形。

水青冈 **Fagus sinensis** Oliv. 【Fagus longipetiolata Seem.】
壳斗科 Fagaceae 水青冈属

生活型: 落叶乔木。**高度**: 达 25m。**株形**: 宽卵形。**树皮**: 灰白色, 平滑。**枝条**: 小枝皮孔近圆形。**冬芽**: 冬芽细长。**叶**: 叶互生, 卵形, 先端渐尖, 基部略偏斜, 边缘疏有锯齿, 侧脉 9~14 对, 直达齿端; 叶柄显著。**花**: 花单性同株; 雄花序头状, 下垂, 多花; 雌花序腋生, 头状, 具总梗, 雌花常 2 朵, 花被裂片 5~6, 子房 3 室, 花柱 3, 紫红色。**果实及种子**: 果梗细, 长 1.5~7cm, 无毛; 壳斗 4 瓣裂, 长 1.8~3cm, 密被褐色茸毛; 苞片钻形, 下弯或呈 "S" 形; 坚果具三棱, 有黄褐色微柔毛。**花果期**: 花期 4~5 月, 果期 9~10 月。**分布**: 产中国秦岭以南地区。**生境**: 生于山地杂木林、向阳坡地, 海拔 300~2400m。**用途**: 种子提取淀粉, 木材, 观赏。

特征要点 叶卵形, 边缘疏有锯齿, 侧脉直达齿端。果梗细, 长 1.5~7cm, 无毛; 壳斗 4 瓣裂, 密被褐色茸毛; 小苞片钻形。

栗（板栗） **Castanea mollissima** Blume 壳斗科 Fagaceae 栗属

生活型：落叶乔木。**高度**：达 20m。**株形**：宽卵形。**树皮**：暗褐色，深纵裂。**枝条**：小枝灰褐色，光滑。**叶**：叶互生，椭圆至长圆形，基部偏斜，边缘有锯齿，齿端芒尖，叶背被星芒状伏贴茸毛。**花**：雄花序穗状，花序轴被毛；花 3~5 朵聚生成簇，雌花 1~3 朵发育结实。**果实及种子**：壳斗球形，壳斗连刺直径 4.5~6.5cm；针刺长短不一；坚果常 1~3 个，长 1.5~3cm。**花果期**：花期 4~6 月，果期 8~10 月。**分布**：产中国华北以南大部分地区。**生境**：生于山地或果园中，海拔 370~2800m。**用途**：种子提取淀粉，木材，观赏。

特征要点 小枝灰褐色，光滑。叶边缘有锯齿，齿端具芒尖，叶背无鳞腺，被毛。雄花序穗状；雌花 1~3 朵生于雄花序下部，发育结实。壳斗球形，针刺长短不一；坚果常 1~3 个。

茅栗 **Castanea seguinii** Dode 壳斗科 Fagaceae 栗属

生活型：落叶小乔木或灌木。**高度**：5~12m。**株形**：宽卵形。**树皮**：暗褐色。**枝条**：小枝暗褐色，光滑。**叶**：叶互生，倒卵状椭圆形，顶部渐尖，叶背被黄或灰白色鳞腺。**花**：雄花序穗状，雄花簇有花 3~5 朵；雌花常单生，每壳斗有雌花 3~5 朵，通常 1~3 朵发育结实，花柱 9 或 6 枚，无毛。**果实及种子**：壳斗球形，连刺直径 3~5cm；外壁密生锐刺；坚果常单生，卵形，具尖头，长 1.5~2cm。**花果期**：花期 5~7 月，果期 9~11 月。**分布**：广布于中国大别山以南、五岭南坡以北各地。**生境**：生于丘陵山地、山坡灌木丛中，海拔 400~2000m。**用途**：种子提取淀粉，木材，观赏。

特征要点 叶倒卵状椭圆形，叶背被黄或灰白色鳞腺，无毛。雄花序穗状；雌花常单生。壳斗球形，外壁密生锐刺；坚果常单生，卵形。

锥栗 **Castanea henryi** (Skan) Rehder & E. H. Wilson 壳斗科 Fagaceae 栗属

生活型: 落叶乔木。**高度**: 20~30m。**株形**: 尖塔形。**树皮**: 暗褐色。**枝条**: 幼枝无毛, 无顶芽。**叶**: 叶互生, 二列, 披针形, 先端渐尖, 边缘有锯齿, 齿端芒尖, 无毛, 侧脉 13~16 对, 直达齿端。**花**: 雄花序穗状, 直立, 生于枝条下部叶腋; 雌花序穗状, 生于枝条上部叶腋。**果实及种子**: 壳斗球形, 连刺直径 3~3.5cm; 苞片针刺形; 坚果单生, 卵形, 具尖头, 直径 1.5~2cm。**花果期**: 花期 5~7 月, 果期 9~10 月。**分布**: 产中国陕西、河南、江苏、安徽、上海、浙江、江西、福建、湖北、湖南、广东、广西、重庆市、四川、贵州、云南。**生境**: 生于丘陵与山地, 海拔 100~1800m。**用途**: 种子提取淀粉, 木材, 观赏。

特征要点 叶互生, 披针形, 先端渐尖, 边缘有锯齿, 齿端芒尖, 无毛。雄花序穗状, 雌花序穗状。壳斗球形, 苞片针刺形; 坚果单生, 卵形。

苦槠 **Castanopsis sclerophylla** (Lindl. & Paxton) Schott. 壳斗科 Fagaceae 锥属

生活型: 落叶乔木。**高度**: 5~10m。**株形**: 尖塔形。**树皮**: 浅纵裂, 片状剥落。**枝条**: 小枝灰色, 无毛, 散生皮孔。**叶**: 叶互生, 二列, 革质, 椭圆形, 中部以上有锐齿, 叶背淡银灰色; 叶柄长 1.5~2.5cm。**花**: 雄穗状花序通常单穗腋生, 花序轴无毛, 雄蕊 12~10 枚; 雌花序长15cm。**果实及种子**: 果序长 8~15cm, 壳斗圆球形, 径 1~1.5cm, 不规则瓣裂; 苞片鳞片状, 退化并横向连生成脊肋状圆环, 外壁被黄棕色微柔毛; 坚果近圆球形, 径 1~1.5cm, 被短伏毛。**花果期**: 花期 4~5 月, 果期 10~11 月。**分布**: 产中国长江以南五岭以北各地、四川、贵州。**生境**: 生于丘陵或山坡疏或密林中, 海拔 200~1000m。**用途**: 种子提取淀粉, 木材, 观赏。

特征要点 叶二列, 革质, 椭圆形, 中部以上有锐齿, 叶背淡银灰色。壳斗圆球形, 不规则瓣裂; 苞片鳞片状, 退化并横向连生成脊肋状圆环; 成熟坚果 1 个, 近圆球形。

甜槠 **Castanopsis eyrei** (Champ. ex Benth.) Hutch. 壳斗科 Fagaceae 锥属

生活型: 常绿乔木。**高度**: 达 20m。**株形**: 尖塔形。**树皮**: 纵深裂，厚，块状剥落。**枝条**: 小枝无毛，皮孔甚多。**叶**: 叶互生，革质，卵形，披针形或长椭圆形，常偏斜，全缘或在顶部有少数浅裂齿，侧脉 8~11 对；叶柄短。**花**: 雄花序穗状或圆锥花序，花序轴无毛；雌花花柱 3~2 枚。

果实及种子: 壳斗阔卵形，直径 2~3cm，2~4 瓣裂；苞片长刺状，被灰白色或灰黄色微柔毛；坚果阔圆锥形，直径 1~1.5cm。**花果期**: 花期 4~6 月，果期翌年 9~11 月。**分布**: 产中国江苏、安徽、浙江、江西、福建、台湾、湖北、湖南、广东、广西、重庆、贵州、云南。**生境**: 生于丘陵或山地疏或密林中，海拔 300~1700m。**用途**: 种子提取淀粉，木材，观赏。

特征要点 叶革质，卵形，披针形，常偏斜，全缘或在顶部有少数浅裂齿。壳斗阔卵形，2~4 瓣裂；苞片长刺状，被柔毛；坚果阔圆锥形。

柯(石栎) **Lithocarpus glaber** (Thunb.) Nakai 壳斗科 Fagaceae 柯属

生活型: 常绿乔木。**高度**: 达 15m。**株形**: 卵形。**树皮**: 灰色，平滑。**枝条**: 小枝密被灰黄色短茸毛。**叶**: 叶互生，革质或厚纸质，倒卵形至椭圆形，叶缘有 2~4 个浅裂齿或全缘，侧脉多数，背面具蜡鳞层；叶柄短。**花**: 雄穗状花序多排成圆锥花序或单穗腋生，长达 15cm；雌序常着生少数雄花，雌花每 3 朵一簇。**果实及种子**: 果序轴被短柔毛；壳斗碟状或浅碗状，直径 1~1.5cm，硬木质；小苞片三角形，甚细小，紧贴，密被灰色微柔毛；坚果椭圆形，具白色粉霜。**花果期**: 花期 7~11 月，果期翌年 7~11 月。**分布**: 产中国秦岭南坡以南各地。**生境**: 生于坡地杂木林中，阳坡较常见，海拔 1500m。**用途**: 种子提取淀粉，木材，观赏。

特征要点 小枝密被灰黄色短茸毛。叶革质，叶缘有 2~4 个浅裂齿或全缘，背面具蜡鳞层。壳斗碟状或浅碗状，直径 1~1.5cm，硬木质；坚果椭圆形，具白色粉霜。

灰柯(绵石栎) **Lithocarpus henryi** (Seem.) Rehder & E. H. Wilson
壳斗科 Fagaceae 柯属

生活型：常绿乔木。**高度**：达 20m。**株形**：卵形。**树皮**：暗灰色，平滑。**枝条**：小枝紫褐色，被蜡粉，无毛。**叶**：叶互生，革质或硬纸质，狭长椭圆形，全缘，侧脉多条，叶背灰色，具蜡鳞层；叶柄短。**花**：雄穗状花序单穗腋生；雌花序长达 20cm，花序轴被灰黄色毡毛状微柔毛，其顶部常着生少数雄花；雌花每 3 朵一簇。**果实及种子**：壳斗浅碗斗，直径 1.5~2.5cm，包着坚果很少到一半，近木质；小苞片三角形，伏贴；坚果高 1~2cm，常有淡薄白粉。**花果期**：花期 8~10月，果期翌年 8~10月。**分布**：产中国陕西、湖北、湖南、贵州、四川、安徽、江西、重庆。**生境**：生于山地杂木林中，海拔 1400~2100m。**用途**：种子提取淀粉，木材，观赏。

特征要点 小枝被蜡粉，无毛。叶革质或硬纸质，狭长椭圆形，全缘，叶背具蜡鳞层。壳斗浅碗状，直径 1.5~2.5cm，近木质；坚果高 1~2cm，常有淡薄白粉。

栓皮栎 **Quercus variabilis** Blume 壳斗科 Fagaceae 栎属

生活型：落叶乔木。**高度**：达 30m。**株形**：宽卵形。**树皮**：黑褐色，深纵裂，木栓层发达。**枝条**：小枝无毛，灰棕色。**冬芽**：冬芽圆锥形。**叶**：叶互生，卵状披针形或长椭圆形，叶缘具刺芒状锯齿，背面密被灰白色星状茸毛；叶柄长 1~3cm。**花**：花单性，雌雄同株；雄花序为下垂柔黄花序，长达 14cm；雌花簇生于总苞内，子房 3 室。**果实及种子**：壳斗杯形，包着坚果 2/3；小苞片钻形，反曲，被短毛；坚果近球形或宽卵形。**花果期**：花期 3~4月，果期翌年 9~10月。**分布**：产中国华北、华中、华东、华南和西南地区。**生境**：生于阳坡，海拔 800~3000m。**用途**：种子提取粉，木材，观赏。

特征要点 木栓层发达。小枝无毛。叶披针形，叶缘具刺芒状锯齿，背面密被灰白色星状茸毛。雄柔荑花序下垂；雌花簇生。壳斗杯形；小苞片钻形，反曲。

麻栎 **Quercus acutissima** Carruth. 壳斗科 Fagaceae 栎属

生活型: 落叶乔木。**高度**: 15~20m。**株形**: 宽卵形。**树皮**: 暗灰褐色, 深纵裂。**枝条**: 小枝被黄色茸毛。**叶**: 叶互生, 长椭圆状披针形, 边缘具芒状锯齿, 幼时叶背被黄色短茸毛; 叶柄长 2~3cm。**花**: 花单性, 雌雄同株; 雄花序为下垂柔荑花序; 雌花单生, 单生于总苞内, 子房 3 室。**果实及种子**: 壳斗杯形, 包围坚果约 1/2, 直径 2~3cm; 苞片披针形, 反曲, 有灰白色茸毛; 坚果卵状球形。**花果期**: 花期 3~4 月, 果期翌年 9~10 月。**分布**: 产中国华北、华东、华中、华南和西南地区。朝鲜、日本、越南、印度也有分布。**生境**: 生于山地阳坡, 海拔 60~2200m。**用途**: 种子提取淀粉, 木材, 观赏。

特征要点 木栓层不发达。幼枝被毛。成长叶两面无毛或仅叶背脉上有柔毛。壳斗杯状; 小苞片钻形, 反曲。

槲树 **Quercus dentata** Thunb. 壳斗科 Fagaceae 栎属

生活型: 落叶乔木。**高度**: 达 25m。**株形**: 卵形。**树皮**: 暗灰褐色, 深纵裂。**枝条**: 小枝密被灰黄色星状茸毛。**冬芽**: 宽卵形。**叶**: 叶互生, 倒卵形, 基部耳形, 叶缘波状裂片或粗锯齿, 背面密被灰褐色星状茸毛; 叶柄长 2~5mm。**花**: 花单性, 雌雄同株; 雄柔荑花序长 4~10cm; 雌花簇生总苞内, 子房 3 室。**果实及种子**: 壳斗杯形, 包着坚果 1/2~2/3, 径 2~5cm; 小苞片革质, 窄披针形, 红棕色; 坚果卵形。**花果期**: 花期 4~5 月, 果期 9~10 月。**分布**: 产中国东北、华北、西北、华东、华中和西南地区。朝鲜、日本也有分布。**生境**: 生于杂木林或松林中, 海拔 50~2700m。**用途**: 种子提取淀粉, 木材, 观赏。

特征要点 小枝密被灰黄色星状茸毛。叶大, 近无柄, 基部耳形, 叶缘波状裂片或粗锯齿, 背面密被灰褐色星状茸毛。壳斗杯形; 小苞片窄披针形, 反曲或直立。

槲栎 **Quercus aliena** Blume 壳斗科 Fagaceae 栎属

生活型: 落叶乔木。**高度**: 达 20m。**株形**: 宽卵形。**树皮**: 暗灰褐色, 深纵裂。**枝条**: 小枝无毛。**叶**: 叶互生, 长椭圆状倒卵形至倒卵形, 边缘具疏波状钝齿, 背面密生灰白色星状细茸毛; 叶柄长 1~3cm。**花**: 花单性, 雌雄同株; 雄花序为下垂柔荑花序; 雌花簇生, 单生于总苞内, 子房 3 室。**果实及种子**: 壳斗杯形, 包围坚果约 1/2, 直径 1.2~2cm; 苞片小, 卵状披针形, 伸直; 坚果椭圆状形。**花果期**: 花期 3~4 月, 果期 10~11 月。**分布**: 产中国陕西、山东、江苏、安徽、浙江、江西、河南、河北、湖南、广东、广西、四川、重庆、贵州、云南。日本也有分布。**生境**: 生于向阳山坡, 海拔 100~2000m。**用途**: 种子提取淀粉, 木材, 观赏。

特征要点 小枝无毛。叶较小, 显著具柄, 边缘具疏波状钝齿, 背面密生灰白色星状细茸毛。壳斗杯形; 小苞片小, 卵状披针形, 伸直。

蒙古栎 **Quercus mongolica** Fisch. ex Ledeb. 壳斗科 Fagaceae 栎属

生活型: 落叶乔木。**高度**: 达 30m。**株形**: 卵形。**树皮**: 灰褐色, 纵裂。**枝条**: 小枝无毛, 紫褐色。**冬芽**: 顶芽卵形。**叶**: 叶互生, 倒卵形至长倒卵形, 叶缘具 7~10 对钝齿或粗齿, 背面无毛; 叶柄长 2~8mm。**花**: 花单性, 雌雄同株; 雄花序为下垂柔荑花序, 长 5~7cm, 近无毛; 雌花簇生, 单生总苞内, 子房 3 室。**果实及种子**: 壳斗杯形, 包着坚果 1/3~1/2, 径 1.5~1.8cm; 小苞片三角状卵形, 呈半球形瘤状突起, 密被灰白色短茸毛; 坚果卵形, 直径 1.3~1.8cm, 高 2~2.3cm。**花果期**: 花期 4~5 月, 果期 9 月。**分布**: 产中国黑龙江、吉林、辽宁、内蒙古、河北、山东等地。俄罗斯、朝鲜、日本也有分布。**生境**: 生于阳坡、半阳坡上, 海拔 200~2100m。**用途**: 种子提取淀粉, 木材, 观赏。

特征要点 小枝无毛。叶具短柄, 叶缘具 7~10 对钝齿或粗齿, 背面无毛。壳斗杯形; 小苞片三角状卵形, 呈半球形瘤状突起, 密被灰白色短茸毛。

白栎 **Quercus fabri** Hance 壳斗科 Fagaceae 栎属

生活型: 落叶乔木或灌木。**高度**: 达 20m。**株形**: 宽卵形。**树皮**: 灰褐色, 深纵裂。**枝条**: 小枝密生灰褐色茸毛。**冬芽**: 冬芽卵状圆锥形。**叶**: 叶互生, 倒卵形, 叶缘具锯齿, 幼时两面被灰黄色星状毛; 叶柄长 3~5mm。**花**: 花单性, 雌雄同株; 雄花序为下垂柔荑花序, 被茸毛; 雌花 2~4 朵排成短穗状, 单生于总苞内, 子房 3 室。**果实及种子**: 壳斗杯形, 包着坚果约 1/3; 小苞片卵状披针形, 排列紧密; 坚果长椭圆形。**花果期**: 花期 4 月, 果期 10 月。**分布**: 产中国陕西、江苏、安徽、浙江、江西、福建、河南、湖北、湖南、广东、广西、四川、重庆、贵州、云南。朝鲜也有分布。**生境**: 生于山地杂木林中、丘陵, 海拔 50~1900m。**用途**: 种子提取淀粉, 木材, 观赏。

特征要点 小枝密生灰褐色茸毛。叶具短柄, 倒卵形, 叶缘具波状锯齿或粗钝锯齿, 幼时两面被灰黄色星状毛。壳斗杯形, 包着坚果约 1/3; 小苞片卵状披针形, 排列紧密。

青冈 **Quercus glauca** Thunb. 【**Cyclobalanopsis glauca** (Thunb.) Oerst.】
壳斗科 Fagaceae 栎属 / 青冈属

生活型: 常绿乔木。**高度**: 达 20m。**株形**: 卵形。**树皮**: 暗灰色, 长条状深裂。**枝条**: 小枝无毛。**叶**: 叶互生, 革质, 椭圆形, 顶端渐尖, 基部圆形, 叶缘中部以上有疏锯齿, 叶背被白毛及鳞秕; 叶柄短。**花**: 雄花序长 5~6cm, 花序轴被苍色茸毛。**果实及种子**: 果序长 1.5~3cm, 着生果 2~3 个, 壳斗碗形, 包着坚果 1/3~1/2, 高 0.6~0.8cm, 被薄毛; 小苞片合生成 5~6 条同心环带; 坚果卵形或椭圆形, 高 1~1.6cm。**花果期**: 花期 4~5 月, 果期 10 月。**分布**: 产中国秦岭以南地区。朝鲜、日本也有分布。**生境**: 生于山坡、沟谷, 海拔 60~2600m。**用途**: 种子提取淀粉, 木材, 观赏。

特征要点 小枝无毛。叶革质, 椭圆形, 叶缘中部以上有疏锯齿, 叶背被白毛及鳞秕。果序着生果 2~3 个, 壳斗碗形, 包着坚果 1/3~1/2; 小苞片合生成 5~6 条同心环带。

日本桤木 **Alnus japonica** (Thunb.) Steud. 桦木科 Betulaceae 桤木属

生活型：落叶乔木。**高度**：6~15m。**株形**：卵形。**树皮**：平滑，灰褐色。**枝条**：小枝褐色，具长短枝。**冬芽**：芽具柄，具 2 枚芽鳞。**叶**：叶互生，倒卵形或披针形，顶端尖，基部楔形，边缘具疏锯齿；叶柄疏生腺点。**花**：雄花序 2~5 枚排成总状，下垂，长 3~5cm，春季先叶开放；雌花序 2~8 个聚生枝端，圆柱形，直立。**果实及种子**：果序 2~8 枚呈总状或圆锥状排列，矩圆形，长约 2cm；序梗粗壮；果苞木质，具 5 枚小裂片；小坚果卵形，膜质翅厚纸质，极狭，宽为果的 1/4。**花果期**：花期 4 月，果期 8~9 月。**分布**：产中国吉林、辽宁、河北、山东等地。远东地区、日本、朝鲜也有分布。**生境**：生于山坡林中、河边、路旁，海拔 800~1500m。**用途**：观赏。

特征要点 叶倒卵形或披针形，顶端尖，基部楔形，边缘具疏细齿。雄花序 2~5 枚排成总状，下垂。果序 2~8 枚呈总状或圆锥状排列，矩圆形，长约 2cm；序梗粗壮，长约 1cm。

桤木 **Alnus cremastogyne** Burk. 桦木科 Betulaceae 桤木属

生活型：落叶乔木。**高度**：达 30~40m。**株形**：卵形。**树皮**：平滑，灰色。**枝条**：小枝褐色，近无毛。**冬芽**：芽具柄，有 2 枚芽鳞。**叶**：叶互生，倒卵形至矩圆形，顶端尖，基部楔形或微圆，边缘具钝齿，背面密生腺点，几无毛；叶柄无毛。**花**：花单性，雌雄同株；雄花序单生，下垂，长 3~4cm；雌花序聚生于短枝上，圆柱形，直立，带紫色。**果实及种子**：果序单生叶腋，矩圆形，长 1~3.5cm；序梗细瘦，柔软，下垂，长 4~8cm，无毛；果苞木质，顶端具 5 枚浅裂片；小坚果卵形，膜质翅宽为果的 1/2。**花果期**：花期 2~3 月，果期 11 月。**分布**：产中国四川、重庆、贵州、陕西、甘肃。**生境**：生于山坡、岸边的林中，海拔 500~3000m。**用途**：观赏。

特征要点 叶倒卵形至矩圆形，顶端尖，基部楔形或微圆，边缘具钝齿。雄花序单生，下垂。果序单生叶腋，矩圆形，长 1~3.5cm；序梗细长，柔软，下垂。

辽东桤木 **Alnus hirsuta** Turcz. ex Rupr. 桦木科 Betulaceae 桤木属

生活型：落叶乔木。**高度**：6~15m。**株形**：卵形。**树皮**：光滑，灰褐色。**枝条**：小枝褐色，密被灰色短柔毛。**冬芽**：芽具柄，具 2 枚芽鳞。**叶**：叶互生，近圆形，边缘具波状缺刻；叶柄密被短柔毛。**花**：花单性，雌雄同株；雄花序 2~5 枚排成总状，下垂，长 3~6cm；雌花序聚成总状或圆锥状，圆柱形，直立，紫红色。**果实及种子**：果序 2~8 枚呈总状或圆锥状排列，近球形，长 1~2cm；序梗极短；果苞木质，具 5 枚浅裂片；小坚果宽卵形，膜质翅厚纸质，极狭。**花果期**：花期 5 月，果期 9~10 月。**分布**：产中国黑龙江、吉林、辽宁、山东等地。俄罗斯西伯利亚和远东地区、朝鲜、日本也有分布。**生境**：生于山坡林中、岸边或潮湿地，海拔 700~1500m。**用途**：观赏。

特征要点　小枝密被灰色短柔毛。叶近圆形，顶端圆，边缘具波状缺刻。雄花序 2~5 枚排成总状，下垂。果序 2~8 枚呈总状或圆锥状排列，近球形；序梗极短。

白桦 **Betula platyphylla** Suk. 桦木科 Betulaceae 桦木属

生活型：落叶乔木。**高度**：10~20m。**株形**：宽卵形。**树皮**：灰白色，近光滑。**枝条**：小枝红褐色，无毛。**叶**：叶互生，卵状三角形至菱形，边缘具重锯齿，无毛；叶柄较长。**花**：花单性，雌雄同株；雄花葇花序下垂；雌花序直立。**果实及种子**：果序单生，圆柱状，显著下垂；果苞中裂片三角状形，侧裂片通常开展至向下弯；翅果狭椭圆形，膜质翅与果等宽或较果稍宽。**花果期**：花期 5~6 月，果期 8~9 月。**分布**：产中国东北、华北地区及河南、陕西、宁夏、甘肃、青海、四川、云南、西藏。远东地区、西伯利亚以及蒙古、朝鲜、日本也有分布。**生境**：生于山坡、林中、阔叶落叶林、针叶阔叶混交林中，海拔 400~4100m。**用途**：观赏，木材。

特征要点　树皮灰白色，近光滑。小枝无毛。叶卵状三角形至菱形，边缘具重锯齿。雄花序下垂；雌花序直立。果序圆柱状，下垂；果苞中裂片三角形；翅果膜质，翅与果近等宽。

坚桦 **Betula chinensis** Maxim. 桦木科 Betulaceae 桦木属

生活型: 落叶灌木或小乔木。**高度**: 1~5m。**株形**: 宽卵形。**树皮**: 粗糙, 小块状脱落。**枝条**: 小枝密生曲柔毛。**叶**: 叶互生, 纸质, 卵形, 先端钝, 基部圆楔形, 边缘具重锯齿, 侧脉 8~10 对。**花**: 花单性, 雌雄同株; 雄花序生于 2 年生枝上, 圆柱形, 苞鳞黄褐色; 雌花序生于短枝顶端, 圆柱形, 直立, 苞鳞紫红色。**果实及种子**: 果序单生, 近球形或椭圆形, 长 1~1.7cm; 果苞中裂片披针形, 长为侧裂片的 3~4 倍; 翅果卵形, 翅极窄。**果期**: 花期 4~5 月, 果期 8~9 月。**分布**: 产中国辽宁、河北、山西、山东、河南、陕西、甘肃。朝鲜也有分布。**生境**: 生于山坡、山脊、石山坡、沟谷等林中, 海拔 150~3600m。**用途**: 观赏, 木材。

特征要点 树皮粗糙, 小块状脱落。小枝密生曲柔毛。叶卵形, 先端钝。果序近球形或椭圆形, 长 1~1.7cm; 果苞中裂片披针形; 翅果卵形, 翅极窄。

黑桦 **Betula dahurica** Pall. 桦木科 Betulaceae 桦木属

生活型: 落叶乔木。**高度**: 5~15m。**株形**: 宽卵形。**树皮**: 灰褐色, 龟裂。**枝条**: 小枝红褐色, 无毛。**叶**: 叶互生, 卵形至矩圆状卵形, 边缘有不规则重锯齿, 近无毛, 背面密生腺点, 侧脉 6~8 对。**花**: 花单性, 雌雄同株; 雄花序生于 2 年生枝上, 圆柱形; 雌花序生于短枝顶端, 圆柱形, 直立。**果实及种子**: 果序单生, 圆柱状, 直立, 长 2~2.5cm; 果苞中裂片矩圆状三角形, 为侧裂片的 2 倍; 翅果卵形, 膜质翅宽为果的 1/2。**果期**: 花期 5~6 月, 果期 8~9 月。**分布**: 产中国黑龙江、辽宁、吉林、河北、山西、内蒙古。俄罗斯、蒙古、朝鲜、日本也有分布。**生境**: 生于阳坡上针叶林或杂木林下, 海拔 400~1300m。**用途**: 观赏, 木材。

特征要点 树皮灰褐色, 龟裂。叶卵形, 边缘有不规则重锯齿。果序圆柱状, 直立, 长 2~2.5cm; 果苞中裂片矩圆状三角形; 翅果卵形, 膜质翅宽为果的 1/2。

硕桦 **Betula costata** Trautv. 桦木科 Betulaceae 桦木属

生活型: 落叶大乔木。**高度**: 达 30m 以上。**株形**: 宽卵形。**树皮**: 黄白色, 薄层状剥裂, 纸质。**枝条**: 小枝红褐色, 无毛。**叶**: 叶互生, 卵形, 先端长渐尖, 基部圆形, 边缘具重锯齿, 几无毛, 侧脉 9~16 对。**花**: 花单性, 雌雄同株; 雄花序生于 2 年生枝上, 圆柱形, 下垂, 苞鳞黄褐色; 雌花序生于短枝顶端, 圆柱形, 直立, 苞鳞淡绿色。**果实及种子**: 果序单生, 椭圆状, 长 1.5~2cm; 果苞中裂片矩圆形, 长为侧裂片的 3 倍; 翅果倒卵形, 膜质翅宽为果的 1/2。**花果期**: 花期 5~6 月, 果期 8~9 月。**分布**: 产中国东北以及河北等地。俄罗斯也有分布。**生境**: 生于山坡、散生针叶阔叶混交林中, 海拔 600~2400m。**用途**: 观赏, 木材。

特征要点 树皮黄白色, 纸状薄层片剥裂。叶卵形, 先端长渐尖, 边缘具重锯齿。果序椭圆状, 长 1.5~2cm; 果苞中裂片矩圆形; 翅果倒卵形, 膜质翅宽为果的 1/2。

红桦 **Betula utilis** subsp. **albosinensis** (Burkill) Ashburner & McAll.
【Betula albosinensis Burk.】 桦木科 Betulaceae 桦木属

生活型: 落叶乔木。**高度**: 10~20m。**株形**: 宽卵形。**树皮**: 红褐色, 薄层状剥裂, 纸质。**枝条**: 小枝红褐色, 无毛。**叶**: 叶互生, 厚纸质, 卵形至卵状矩圆形, 无毛, 侧脉 10~14 对。**花**: 花单性, 雌雄同株; 雄花序生于 2 年生枝上, 圆柱形, 下垂, 苞鳞紫红色; 雌花序生于短枝顶端, 圆柱形, 直立。**果实及种子**: 果序单生或 2(4) 个排成总状, 圆柱状; 果苞中裂片矩圆形或披针形, 长为侧裂片 3 倍; 翅果卵形, 膜质与果近等宽或较果窄。**花果期**: 花期 4~5 月, 果期 8~9 月。**分布**: 产中国四川、湖北、河南、陕西、山西和河北。**生境**: 生于山地向阳的林中, 海拔 1500~3800m。**用途**: 观赏, 木材。

特征要点 树皮红褐色, 纸状薄层片剥裂。叶厚纸质, 卵形至卵状矩圆形。果序单生或 2(4) 个排成总状, 圆柱状; 果苞中裂片矩圆形或披针形; 翅果卵形, 膜质与果近等宽。

榛 **Corylus heterophylla** Fisch. ex Trautv. 桦木科 Betulaceae 榛属

生活型：落叶灌木或小乔木。**高度**：1~7m。**株形**：卵形。**树皮**：灰色，平滑。**枝条**：小枝黄褐色，密被短柔毛。**叶**：叶互生，矩圆形或宽倒卵形，顶端凹缺或截形，具突尖，边缘具不规则重锯齿，中部以上具浅裂。**花**：雄花序单生，长约4cm；雌花序单生或簇生成头状，花柱红色。

果实及种子：果单生或2~6枚簇生成头状；果苞钟状，具棱，被毛及腺体，较果长，上部浅裂，裂片三角形；坚果近球形。**花果期**：花期4月，果期9~10月。**分布**：产中国黑龙江、吉林、辽宁、河北、山西、陕西、四川、贵州、山东、湖北、安徽、甘肃。朝鲜、日本以及西伯利亚、远东地区也有分布。**生境**：生于山地阴坡灌丛中，海拔200~1000m。**用途**：果食用，观赏。

特征要点 叶矩圆形或宽倒卵形，顶端凹缺或截形。雄柔荑花序单生；雌花序单生，花柱红色。果苞钟状，上部浅裂，裂片三角形；坚果近球形。

毛榛 **Corylus sieboldiana** var. **mandshurica** (Maxim.) C. K. Schneid.
【**Corylus mandshurica** Maxim.】 桦木科 Betulaceae 榛属

生活型：落叶灌木。**高度**：3~14m。**株形**：卵形。**茎皮**：暗灰色或灰褐色，平滑。**枝条**：小枝黄褐色，被长柔毛。**叶**：叶互生，宽卵形或矩圆形，顶端尖，边缘具不规则粗锯齿，中部以上具浅裂或缺刻，下面疏被短柔毛。**花**：雄花序2~4枚排成总状，苞鳞密被白色短柔毛；雌花序单生或簇生，花柱红色。

果实及种子：果单生或2~6枚簇生，长3~6cm；果苞管状，较果长2~3倍，密被毛，上部浅裂，裂片披针形；坚果几球形，密被白茸毛。**花果期**：花期4月，果期9~10月。**分布**：产中国黑龙江、吉林、辽宁、河北、山西、山东、陕西、甘肃、四川。朝鲜、日本以及远东地区也有分布。**生境**：生于山坡灌丛中、林下，海拔400~1500m。**用途**：果食用，观赏。

特征要点 叶宽卵形或矩圆形，顶端尖。雄柔荑花序2~4枚排成总状。果苞管状，较果长2~3倍，密被毛，上部浅裂，裂片披针形。

虎榛子 **Ostryopsis davidiana** Decne. 桦木科 Betulaceae 虎榛子属

生活型: 落叶灌木。**高度**: 1~3m。**株形**: 卵形。**茎皮**: 浅灰色。**枝条**: 小枝灰褐色, 皮孔显著。**冬芽**: 卵状, 细小。**叶**: 叶互生, 卵形, 顶端渐尖, 被短柔毛, 边缘具重锯齿, 中部以上具浅裂, 侧脉 7~9 对。**花**: 雄花序单生叶腋, 倾斜至下垂, 短圆柱形, 长 1~2cm; 苞鳞宽卵形。**果实及种子**: 果 4 枚至多枚排成总状, 下垂, 顶生; 果苞厚纸质, 上部管状, 密被短柔毛, 具条棱, 顶端 4 浅裂; 小坚果宽卵圆形, 褐色, 有光泽, 疏被短柔毛, 具细肋。**花果期**: 花期 3~5 月, 果期 8~10 月。**分布**: 产中国辽宁、内蒙古、河北、山西、陕西、甘肃、四川。**生境**: 生于山坡、杂木林及油松林下, 海拔 800~2400m。**用途**: 观赏。

特征要点 叶卵形, 顶端渐尖, 被短柔毛。雄花序单生叶腋, 短圆柱形。果 4 枚至多枚排成总状, 下垂, 顶生; 果苞厚纸质; 小坚果宽卵圆形。

千金榆 **Carpinus cordata** Blume 桦木科 Betulaceae 鹅耳枥属

生活型: 落叶乔木。**高度**: 5~15m。**株形**: 宽卵形。**树皮**: 灰色。**枝条**: 小枝棕色或橘黄色, 具沟槽。**叶**: 叶互生, 厚纸质, 卵形或矩圆状卵形, 顶端渐尖, 基部斜心形, 边缘具重锯齿, 疏被短柔毛, 侧脉 15~20 对。**花**: 花单性, 雌雄同株; 雄花序生老枝上, 下垂, 黄绿色; 雌花序生新枝顶端, 稍下垂, 绿色。**果实及种子**: 果序长 5~12cm, 序轴被柔毛; 果苞宽卵状矩圆形, 无毛, 完全遮盖小坚果, 边缘具齿; 小坚果矩圆形, 无毛。**花果期**: 花期 5 月, 果期 9~10 月。**分布**: 产中国东北、华北地区及河南、陕西、甘肃、湖北、安徽。朝鲜、日本也有分布。**生境**: 生于较湿润肥沃的阴山坡或山谷杂木林中, 海拔 500~2500m。**用途**: 观赏, 木材。

特征要点 叶卵形或矩圆状卵形, 基部斜心形, 侧脉 15~32 对。雄菜荑花序黄褐色。果序下垂, 长 5~12cm; 果苞宽卵状矩圆形, 两侧近对称, 完全遮盖小坚果。

83

鹅耳枥 **Carpinus turczaninowii** Hance 桦木科 Betulaceae 鹅耳枥属

生活型: 落叶乔木。**高度**: 5~10m。**株形**: 宽卵形。**树皮**: 暗灰褐色,粗糙,浅纵裂。**枝条**: 小枝细瘦,灰棕色。**叶**: 叶互生,卵形或卵菱形,边缘具重锯齿,下面疏被长柔毛,侧脉 8~12 对。**花**: 花单性,雌雄同株;雄花序生老枝上,下垂,黄褐色;雌花序生新枝顶端,稍下垂,绿色。**果实及种子**: 果序长 3~5cm,序轴被短柔毛;果苞卵形,疏被短柔毛,顶端尖,边缘具锯齿或齿裂;小坚果宽卵形,无毛,具明显细肋。**花果期**: 花期 4~5 月,果期 8~9 月。**分布**: 产辽宁、山西、河北、河南、山东、陕西、甘肃;日本、朝鲜也有分布。**生境**: 山坡、山谷林中、山顶、贫瘠山坡,海拔 500~2000m。**用途**: 观赏,木材。

特征要点 叶卵形或卵菱形,基部圆形,侧脉 8~12 对。果序长 3~5cm,果苞卵形,两侧不对称,不完全遮盖坚果。

木麻黄 **Casuarina equisetifolia** L. 木麻黄科 Casuarinaceae 木麻黄属

生活型: 常绿乔木。**高度**: 达 30m。**株形**: 狭长圆锥形。**树皮**: 深褐色,纵裂,内皮深红色。**枝条**: 小枝灰绿色,纤细。**叶**: 叶轮生,每轮通常 7 枚,鳞片状,披针形或三角形,长 1~3mm,紧贴。**花**: 花雌雄同株或异株;雄花序棒状圆柱形,被白色柔毛;花被片 2;花丝长 2~2.5mm,花药两端深凹入;雌花序常顶生于侧生短枝。**果实及种子**: 球果状果序椭圆形,长 1.5~2.5cm;小苞片变木质,阔卵形;小坚果连翅长 4~7mm。**花果期**: 花期 4~5 月,果期 7~10 月。**分布**: 原产澳大利亚和太平洋岛屿,美洲和亚洲东南部沿海地区栽培。中国广西、广东、福建、台湾、云南等地栽培。**生境**: 生于山坡、路边、海边或庭园中。**用途**: 观赏。

特征要点 树皮深褐色,内皮深红色。小枝灰绿色,纤细。叶轮生,每轮通常 7 枚,鳞片状。球果状果序椭圆形,长 1.5~2.5cm;小苞片变木质,阔卵形。

梭梭 **Haloxylon ammodendron** (C. A. Mey.) Bunge ex Fenzl

苋科／藜科 Amaranthaceae/Chenopodiaceae 梭梭属

生活型: 小乔木。**高度**: 1~9m。**株形**: 卵形。**树皮**: 灰白色。**枝条**: 小枝细长，斜升或弯垂。**叶**: 叶对生，鳞片状，宽三角形，稍开展，先端钝，腋间具绵毛。**花**: 花生于侧生短枝；小苞片舟状，宽卵形；花被片矩圆形，背面先端之下 1/3 处生翅状附属物；翅状附属物肾形至近圆形，边缘波状或啮蚀状；花被片在翅以上部分稍内曲并围抱果实；花盘不明显；花柱极短，柱头 2~5。**果实及种子**: 胞果黄褐色；种子黑色；胚盘旋成陀螺状，暗绿色。**花果期**: 花期 5~7 月，果期 9~10 月。**分布**: 产中国宁夏、甘肃、青海、新疆、内蒙古。中亚，西伯利亚也有分布。**生境**: 生于沙丘上、盐碱土荒漠、河边沙地，海拔 300~3000m。**用途**: 观赏。

特征要点 树皮灰白色。小枝细长，斜升或弯垂。叶极小，宽三角形，对生，鳞片状。花生于侧生短枝，黄色；花被片矩圆形，背面先端之下 1/3 处生肾形至近圆形翅状附属物。

白梭梭 **Haloxylon persicum** Bunge ex Boiss. & Buhse

苋科／藜科 Amaranthaceae/Chenopodiaceae 梭梭属

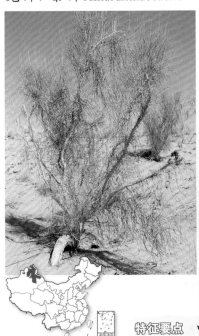

生活型: 小乔木。**高度**: 1~7m。**株形**: 卵形。**树皮**: 灰白色。**枝条**: 小枝弯垂。**叶**: 叶对生，鳞片状，三角形，先端具芒尖，平伏于枝，腋间具绵毛。**花**: 花生于侧生短枝；小苞片舟状，卵形；花被片倒卵形，背面先端之下 1/4 处生翅状附属物；翅状附属物扇形或近圆形，淡黄色，边缘微波状或近全缘；花盘不明显。**果实及种子**: 胞果淡黄褐色；胚盘旋成陀螺状。**花果期**: 花期 5~6 月，果期 9~10 月。**分布**: 产中国新疆。伊朗、阿富汗、哈萨克斯坦也有分布。**生境**: 生于沙丘上。**用途**: 观赏。

特征要点 叶三角形，平伏于枝，先端具芒尖。

驼绒藜 **Kraskeninnikovia ceratoides** (L.) Gueldenst.

苋科 / 藜科 Amaranthaceae/Chenopodiaceae 驼绒藜属

生活型：落叶灌木。**高度**：0.3~1m。**株形**：圆球形。**茎皮**：灰白色。**枝条**：小枝密集，有星状毛。**叶**：叶互生，有短柄，条形、矩圆形或披针形，全缘，两面均有星状毛，1脉。**花**：花单性，雌雄同株；雄花数个成簇，在枝端集成穗状花序；雌花腋生，无花被；苞片2，密生星状毛，合生成管，两侧压扁，呈椭圆形，其上部有2个角状裂片，裂片长为管长的1/3，叉开，果期管外两侧各有2束等长的长毛。**果实及种子**：胞果椭圆形或倒卵形；种子和胞果同形，侧扁，直立；胚马蹄形。**花果期**：花果期6~9月。**分布**：产中国新疆、西藏、青海、甘肃、内蒙古。欧亚大陆也有分布。**生境**：生于戈壁、荒漠、半荒漠、干旱山坡、草原中，海拔3000~3800m。**用途**：观赏。

特征要点 小枝被星状毛。叶条形至披针形，全缘，1脉。雄花数个成簇，在枝端集成穗状花序；雌花腋生，无花被；苞片2，合生成管，果期管外两侧各有2束等长的长毛。

沙木蓼 **Atraphaxis bracteata** Losinsk. 蓼科 Polygonaceae 木蓼属

生活型：落叶直立灌木。**高度**：1~1.5m。**株形**：圆球形。**茎皮**：灰褐色，纵裂。**枝条**：小枝褐色，平滑无毛。**叶**：叶互生，革质，长圆形至披针形，顶端钝，基部圆形或宽楔形，边缘微波状；托叶鞘圆筒状，膜质。**花**：总状花序顶生，长2.5~6cm；苞片披针形，膜质；关节位于花梗上部；花被片5，内轮花被片卵圆形，不等大，网脉明显，外轮花被片肾状圆形，果时平展，不反折，网脉明显。**果实及种子**：瘦果卵圆形，长约5mm，具3棱，黑褐色，光亮。**分布**：产中国内蒙古、宁夏、甘肃、青海、陕西。蒙古也有分布。**生境**：生于流动沙丘低、半固定沙丘，海拔1000~1500m。**用途**：观赏。

特征要点 树皮灰褐色。叶革质，长圆形至披针形；托叶鞘圆筒状，膜质。总状花序顶生，长2.5~6cm；花被片5，绿白色或粉红色。瘦果卵圆形，具3棱，黑褐色。

锐枝木蓼 **Atraphaxis pungens** (Bieb.) Jaub. & Spach 蓼科 Polygonaceae 木蓼属

生活型: 落叶灌木。**高度**: 达 1.5m。**株形**: 圆球形。**茎皮**: 灰褐色, 纵裂。**枝条**: 木质枝刺状; 小枝短粗, 白色, 无毛。**叶**: 叶互生, 革质, 小, 宽椭圆形或倒卵形, 顶端圆, 基部渐狭成短柄, 边缘近全缘; 托叶鞘筒状, 膜质。**花**: 总状花序短, 侧生于当年生枝条上; 花梗长, 关节位于上部; 花被片 5, 粉红色或绿白色, 内轮花被片 3, 圆心形, 网脉明显, 边缘波状, 外轮花被片 2, 卵圆形或宽椭圆形, 果时向下反折。**果实及种子**: 瘦果卵圆形, 长约 2.5mm, 具 3 棱, 黑褐色, 光亮。**花果期**: 花期 5~8 月, 果期 8~9 月。**分布**: 产中国新疆、甘肃、内蒙古、青海。蒙古、俄罗斯也有分布。**生境**: 生于干旱砾石坡地、河谷漫滩, 海拔 510~3400m。**用途**: 观赏。

特征要点 木质枝刺状; 小枝短粗。叶革质, 小, 宽椭圆形或倒卵形。总状花序短, 侧生于当年生枝条上。

泡果沙拐枣 **Calligonum calliphysa** Bunge 蓼科 Polygonaceae 沙拐枣属

生活型: 落叶灌木。**高度**: 0.4~1m。**株形**: 圆球形。**茎皮**: 灰白色。**枝条**: 老枝呈"之"字形拐曲。**叶**: 叶互生, 线形, 与托叶鞘分离; 托叶鞘膜质, 淡黄色。**花**: 花通常 2~4 朵, 簇生叶腋, 较稠密; 花梗长 3~5mm, 中下部有关节; 花被片宽卵形, 鲜时白色, 背部中央绿色, 干后淡黄色; 雄蕊多数; 子房上位, 具 4 肋, 柱头 4, 头状。

果实及种子: 果实(包括刺)圆球形或宽椭圆形, 长 9~12mm, 幼果淡黄色或红色, 成熟果淡黄色或红褐色; 刺密, 柔软, 外罩一层薄膜呈泡状果。**花果期**: 花期 4~6 月, 果期 5~7 月。**分布**: 产中国新疆、内蒙古。蒙古、哈萨克斯坦也有分布。**生境**: 生于洪积扇的砾石荒漠, 海拔 300~800m。**用途**: 观赏。

特征要点 老枝呈"之"字形拐曲。叶线形, 与托叶鞘分离。花簇生叶腋, 较稠密, 白色。幼果淡黄色或红色; 瘦果每肋有刺 3 行; 刺密, 柔软, 外罩一层薄膜呈泡状果。

沙拐枣 **Calligonum mongolicum** Turcz. 蓼科 Polygonaceae 沙拐枣属

生活型：灌木。**高度**：0.3~1.5m。**株形**：圆球形。**茎皮**：灰白色。**枝条**：老枝灰白色，拐曲。**叶**：叶互生，线形。**花**：花通常 2~3 朵，簇生叶腋，白色或淡红色；花梗细弱，长 1~2mm，下部有关节；花被片卵圆形；雄蕊多数；子房上位，具 4 肋，柱头 4，头状。**果实及种子**：果实（包括刺）宽椭圆形，通常长 8~12mm；瘦果条形至宽椭圆形，每肋有刺 2~3 行；刺细弱，毛发状，中部分叉。**花果期**：花期 5~7 月，果期 6~8 月。**分布**：产中国内蒙古、甘肃、新疆。蒙古也有分布。**生境**：生于沙丘、沙地、沙砾质荒漠、粗沙积聚处，海拔 500~1800m。**用途**：观赏。

特征要点 老枝灰白色，拐曲。叶互生，线形。花簇生叶腋，白色或淡红色。瘦果条形至宽椭圆形，每肋有刺 2~3 行；刺细弱，毛发状，中部分叉。

红果沙拐枣 **Calligonum rubicundum** Bunge 蓼科 Polygonaceae 沙拐枣属

生活型：灌木。**高度**：0.8~1.5m。**株形**：圆球形。**茎皮**：红褐色。**枝条**：老枝红褐色。**叶**：叶互生，线形。**花**：花簇生叶腋；花梗细弱；花被粉红色或红色，果时反折；雄蕊多数；子房上位，具 4 肋，柱头 4，头状。**果实及种子**：果实（包括翅）卵圆形，长 14~20mm，幼时淡绿色至鲜红色，成熟时淡黄色至暗红色；瘦果扭转，肋较宽；翅近革质，较厚，质硬。**花果期**：花期 5~6 月，果期 6~7 月。**分布**：产中国新疆。俄罗斯、哈萨克斯坦也有分布。**生境**：生于半固定沙丘、固定沙丘和沙地，海拔 450~1000m。**用途**：观赏。

特征要点 老枝红褐色。叶互生，线形。花簇生叶腋，粉红色或红色。幼果淡绿色至鲜红色；瘦果扭转，肋较宽；翅近革质，较厚，质硬。

木藤蓼（山荞麦）**Fallopia aubertii** (L. Henry) Holub 【Polygonum aubertii L. Henry】蓼科 Polygonaceae 藤蓼属 / 何首乌属 / 蓼属

生活型: 木质藤本。**高度:** 1~4m。**株形:** 蔓生形。**茎皮:** 灰白色。**枝条:** 茎缠绕，灰褐色，无毛。**叶:** 叶簇生稀互生，长卵形或卵形，两面均无毛；叶柄显著；托叶鞘膜质，偏斜，褐色。**花:** 花序圆锥状，腋生或顶生；苞片膜质，每苞内具 3~6 花；花梗细，下部具关节；花被 5 深裂，淡绿色或白色，外面 3 片较大，果时倒卵形；雄蕊 8；花柱 3，柱头头状。**果实及种子:** 瘦果卵形，具 3 棱，黑褐色，包于宿存花被内。**花果期:** 花期 7~8 月，果期 8~9 月。**分布:** 产中国内蒙古、山西、河南、陕西、甘肃、宁夏、青海、湖北、四川、贵州、云南、西藏。**生境:** 生于山坡草地、山谷灌丛，海拔 900~3200m。**用途:** 观赏。

特征要点 老干灰白色。茎纤细，缠绕。叶长卵形或卵形，无毛；托叶鞘膜质，褐色。花序圆锥状；花淡绿色或白色。瘦果卵形，具 3 棱，黑褐色。

牡丹 **Paeonia suffruticosa** Andrews 芍药科 / 毛茛科 Paeoniaceae/Ranunculaceae 芍药属

生活型: 落叶灌木。**高度:** 1~2m。**株形:** 卵形。**茎皮:** 暗褐色，粗糙。**枝条:** 小枝短而粗。**叶:** 二回三出复叶互生，小叶宽卵形或狭卵形，2~3 裂，无毛，背面有时具白粉。**花:** 花单生枝顶，直径 10~17cm；苞片 5，长椭圆形；萼片 5，绿色；花瓣 5，或为重瓣，玫瑰色、红紫色、粉红色至白色；雄蕊多数；花盘革质，杯状，紫红色；心皮 5，密生柔毛。**果实及种子:** 蓇葖果长圆形，密生黄褐色硬毛。**花果期:** 花期 4~5 月，果期 7~8 月。**分布:** 产中国陕西，栽培甚广。**生境:** 生于山坡或庭园中。**用途:** 观赏。

特征要点 灌木。二回三出复叶互生，小叶宽卵形或狭卵形，2~3 裂。花大，单生枝顶，直径 10~17cm；花瓣颜色多变；雄蕊多数。蓇葖果长圆形，密生黄褐色硬毛。

茶 **Camellia sinensis** (L.) Kuntze 山茶科 Theaceae 山茶属

生活型: 常绿灌木或小乔木。**高度:** 1~6m。**株形:** 卵形。**树皮:** 灰白色。**枝条:** 小枝纤细,光滑无毛。**叶:** 叶互生,薄革质,椭圆状披针形至倒卵状披针形,急尖或钝,有短锯齿。**花:** 花1~4朵成腋生聚伞花序,白色,直径3~6cm,花梗长6~10mm,下弯;萼片5~6,宿存;花瓣7~8;雄蕊多数,外轮花丝合生成短管;子房3室,花柱顶端3裂。**果实及种子:** 蒴果扁球形,直径2~4cm,每室有1种子;种子近球形。**花果期:** 花期9~11月,果期4~6月。**分布:** 产中国长江以南各地的山区,多为栽培。中南半岛、印度也有分布。**生境:** 生于酸性土壤的丘陵山地,海拔80~3200m。**用途:** 叶制茶,果榨油,观赏。

特征要点 叶互生,薄革质,椭圆状披针形至倒卵状披针形,急尖或钝,有短锯齿。花1~4朵成腋生聚伞花序,白色。蒴果扁球形,常为3瓣,每瓣有1种子;种子近球形。

油茶 **Camellia oleifera** Abel 山茶科 Theaceae 山茶属

生活型: 常绿灌木或中乔木。**高度:** 2~9m。**株形:** 卵形。**树皮:** 红褐色。**枝条:** 小枝红褐色,有粗毛。**叶:** 叶互生,革质,椭圆形至倒卵形,先端尖,基部楔形,边缘有细锯齿。**花:** 花近无柄,白色;苞片与萼片约10;花瓣5~7,先端凹入;雄蕊多数,花药黄色;子房3~5室,花柱3裂。**果实及种子:** 蒴果球形或卵圆形,直径2~4cm,3~1室,每室种子1~2枚,果爿厚木质,中轴粗厚。**花果期:** 花期11~12月,果期10月。**分布:** 产中国陕西、江苏、安徽、上海、浙江、江西、福建、湖北、湖南、海南、广东、广西、四川、贵州、云南、西藏,多为栽培。缅甸、越南也有分布。**生境:** 生于山坡灌丛、山坡林中,海拔150~2050m。**用途:** 果榨油,观赏。

特征要点 小枝红褐色,有粗毛。叶革质,边缘有细锯齿。花单朵顶生,白色,直径5~6cm;雄蕊多数,花药黄色。蒴果球形或卵圆形,直径2~4cm,果爿厚木质。

山茶 Camellia japonica L. 山茶科 Theaceae 山茶属

生活型：常绿灌木或小乔木。**高度**：2~9m。**株形**：卵形。**树皮**：灰白色。**枝条**：小枝红褐色，无毛。**叶**：叶互生，革质，椭圆形，先端略尖，基部阔楔形，两面光亮无毛，侧脉7~8对，边缘具细锯齿。**花**：花单朵顶生，红色，直径4~10cm，无柄；苞片及萼片约10；花瓣6~7；雄蕊多数，3轮；子房无毛，花柱先端3裂。**果实及种子**：蒴果圆球形，直径2.5~3cm，2~3室，每室有种子1~2个，3爿裂开，果爿厚木质。**花果期**：花期1~4月，果期9~11月。**分布**：原产中国四川、重庆、台湾、山东、江西，中国华北以南各地广泛栽培。琉球群岛、朝鲜也有分布。**生境**：生于河谷常绿林中、山顶林中、山坡林缘、针叶林缘，海拔130~2300m。**用途**：观赏。

特征要点 小枝红褐色，无毛。叶革质，两面光亮无毛，边缘具细锯齿。花单朵顶生，形态依品种而异，直径4~10cm。蒴果圆球形，3爿裂开，果爿厚木质。

木荷 Schima superba Gardn. & Champ. 山茶科 Theaceae 木荷属

生活型：常绿大乔木。**高度**：达25m。**株形**：卵形。**树皮**：暗灰色，粗糙，微纵裂。**枝条**：小枝褐色，无毛，皮孔显著。**叶**：叶互生，革质，椭圆形，无毛，侧脉7~9对，边缘有钝齿。**花**：花生于枝顶叶腋，常多朵排成总状花序，白色，直径3cm；苞片2，早落；萼片5，半圆形；花瓣5，最外1片风帽状；雄蕊多数；子房5室，被毛，柱头5裂。**果实及种子**：蒴果球形，木质，直径1.5~2cm，室背裂开，中轴宿存，五角形，种子扁平。**花果期**：花期6~8月，果期11~12月。**分布**：产中国浙江、福建、台湾、江西、湖南、广东、海南、广西、贵州。琉球群岛也有分布。**生境**：生于山地雨林里，海拔1000~1000m。**用途**：木材，观赏。

特征要点 小枝褐色，无毛。叶革质，椭圆形，无毛，边缘有钝齿。花生于枝顶叶腋，白色；花瓣5；雄蕊多数。蒴果球形，木质，室背裂开，中轴宿存，五角形。

细枝柃 **Eurya loquaiana** Dunn

五列木科 / 山茶科 Pentaphylacaceae/Theaceae 柃属 / 柃木属

生活型: 常绿灌木或小乔木。**高度**: 2~10m。**株形**: 卵形。**茎皮**: 灰褐色或深褐色，平滑。**枝条**: 小枝褐色，无毛。**冬芽**: 顶芽狭披针形，密被毛。**叶**: 叶互生，薄革质，窄椭圆形，顶端长渐尖，基部楔形，边缘具锯齿，侧脉纤细，叶柄短。**花**: 花 1~4 朵簇生叶腋，具短梗；花小，5 基数，单性；萼片卵形；花瓣白色；雄花雄蕊 10~15；雌花子房卵圆形，3 室，花柱顶端 3 裂。**果实及种子**: 浆果圆球形，熟时黑色；种子肾形，暗褐色。**花果期**: 花期 10~12 月，果期翌年 7~9 月。**分布**: 产中国安徽、浙江、江西、福建、台湾、湖南、广东、海南、广西、四川、贵州、云南。**生境**: 生于山坡沟谷、溪边林中，海拔 400~2000m。**用途**: 观赏。

特征要点 小枝褐色，无毛。叶互生，薄革质，窄椭圆形，顶端长渐尖，边缘具锯齿。花 1~4 朵簇生于叶腋；花小，单性，白色。浆果圆球形，熟时黑色。

中华猕猴桃 **Actinidia chinensis** Planch. 猕猴桃科 Actinidiaceae 猕猴桃属

生活型: 落叶木质藤本。**高度**: 达 10m 以上。**株形**: 蔓生形。**茎皮**: 皮孔显著，褐色。**枝条**: 幼枝密被灰棕色柔毛；髓大，白色，片状。**叶**: 叶互生，纸质，圆卵形，边缘有刺齿，背面密生灰棕色星状茸毛；叶柄粗壮，密被毛。**花**: 聚伞花序具 1~3 花；花白色变淡黄色，有香气；萼片 3~7，卵形；花瓣阔倒卵形；雄蕊极多，花药黄色；子房球形，密被毛。**果实及种子**: 浆果长 4~6cm，黄褐色，近球形至椭圆形，被毛；宿存萼片反折；种子极小，多数。**花果期**: 花期 4~5 月，果期 8~10 月。**分布**: 产中国陕西、湖北、湖南、河南、安徽、江苏、浙江、江西、福建、广东、广西、四川、贵州、云南。**生境**: 生于低山区的山林中，喜腐殖质丰富、排水良好的土壤。**用途**: 果食用。

特征要点 小枝密被毛；髓白色，片状。叶圆卵形，背面密生灰棕色星状茸毛。花白色后变淡黄色；花药黄色。浆果长 4~6cm，黄褐色，近球形至椭圆形，被茸毛或长硬毛。

葛枣猕猴桃 **Actinidia polygama** (Siebold & Zucc.) Maxim.
猕猴桃科 Actinidiaceae 猕猴桃属

生活型: 木质藤本。**高度**: 达 12m 以上。**株形**: 蔓生形。**茎皮**: 皮孔显著，褐色。**枝条**: 小枝细长，无毛；髓白色，实心。**叶**: 叶互生，卵形，顶端渐尖，基部圆，边缘有细锯齿；叶柄近无毛。**花**: 聚伞花序具 1~3 花；花白色，芳香；萼片 5，卵形；花瓣 5，倒卵形；花丝线形，花药黄色；子房瓶状，无毛。**果实及种子**: 浆果卵圆形或柱状卵圆形，长 2.5~3cm，熟时淡橘色，无毛，顶端有喙，基部有宿存萼片；种子细小，多数。**花果期**: 花期 6~7 月，果期 9~10 月。**分布**: 产中国黑龙江、吉林、辽宁、甘肃、陕西、河北、河南、湖南、山东、湖北、云南、贵州。俄罗斯、朝鲜、日本也有分布。**生境**: 生于山林中，海拔 500~1900m。**用途**: 果食用。

特征要点 小枝无毛；髓白色，实心。叶卵形，顶端渐尖，近无毛。花白色；花药黄色。浆果长 2.5~3cm，成熟时淡橘色，卵珠形或柱状卵珠形，无毛。

狗枣猕猴桃 **Actinidia kolomikta** (Maxim. & Rupr.) Maxim.
猕猴桃科 Actinidiaceae 猕猴桃属

生活型: 木质藤本。**高度**: 达 11m 以上。**株形**: 蔓生形。**茎皮**: 皮孔显著，褐色。**枝条**: 小枝粗壮，紫褐色；髓褐色，片层状。**叶**: 叶互生，膜质或薄纸质，卵形，顶端尖，基部不对称，边缘具锯齿，两面近洁净；叶柄长 2.5~5cm。**花**: 聚伞花序腋生；花白色，芳香；萼片 5；花瓣 5；花丝丝状，花药黄色；子房圆柱状，无毛。**果实及种子**: 浆果柱状长圆形至球形，长达 2.5cm，洁净无毛，具纵纹；果熟时花萼脱落；种子细小，多数。**花果期**: 花期 5~7 月，果期 9~10 月。**分布**: 产中国黑龙江、吉林、辽宁、河北、四川、云南。朝鲜、日本、俄罗斯也有分布。**生境**: 生于山地混交林或杂木林中的开旷地，海拔 1600~2900m。**用途**: 果食用。

特征要点 小枝紫褐色；髓褐色，片层状。叶卵形，顶端尖，基部不对称。花白色或粉红色；花药黄色。浆果柱状长圆形至球形，长达 2.5cm，洁净无毛，成熟时淡橘红色。

秃瓣杜英 **Elaeocarpus glabripetalus** Merr. 杜英科 Elaeocarpaceae 杜英属

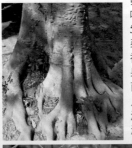

生活型: 常绿乔木。**高度**: 4~8m。**株形**: 卵形。**树皮**: 灰色, 平滑, 具细密条纹。**枝条**: 小枝暗褐色, 粗糙。**叶**: 叶互生, 较大, 长椭圆形至倒卵状披针形, 边缘具钝齿, 侧脉 9~11 对, 叶柄短。**花**: 总状花序常生于无叶老枝, 长 5~10cm; 萼片 5, 披针形; 花瓣 5, 白色, 撕裂为 14~18 条; 雄蕊 20~30; 花盘 5 裂, 被毛; 子房 2~3 室, 被毛。**果实及种子**: 核果椭圆形, 长 1~1.5cm, 内果皮薄骨质, 表面有浅沟纹。**花果期**: 花期 7 月, 果期 10 月。**分布**: 产中国广东、广西、江西、福建、浙江、贵州、云南。**生境**: 生于常绿林里, 海拔 400~750m。**用途**: 观赏。

特征要点 叶互生, 长椭圆形至倒卵状披针形, 边缘具钝齿。总状花序; 花瓣 5, 白色, 撕裂为 14~18 条。核果椭圆形, 内果皮薄骨质, 表面有浅沟纹。

紫椴 **Tilia amurensis** Rupr. 锦葵科 / 椴树科 Malvaceae/Tiliaceae 椴属

生活型: 落叶乔木。**高度**: 达 25m。**株形**: 宽卵形。**树皮**: 暗灰色, 片状脱落。**枝条**: 小枝圆柱形, 皮孔显著。**冬芽**: 顶芽无毛。**叶**: 叶互生, 纸质, 阔卵形或卵圆形, 长 4.5~6cm, 背面仅脉腋内有毛丛, 侧脉 4~5 对, 边缘有锯齿。**花**: 聚伞花序长 3~5cm, 有花 3~20 朵, 无毛; 苞片狭带形, 长 3~7cm; 萼片 5; 花瓣 5, 条形, 白色; 退化雄蕊不存在; 雄蕊较少, 约 20 枚; 子房有毛。**果实及种子**: 核果卵圆形, 长 5~8mm, 被星状茸毛, 有棱。**花果期**: 花期 7 月, 果期 9 月。**分布**: 产中国黑龙江、吉林。朝鲜也有分布。**生境**: 生于山坡杂木林和针阔混交林中, 海拔 50~500m。**用途**: 木材, 观赏。

特征要点 叶阔卵形或卵圆形, 长 4.5~6cm, 边缘不裂, 有锯齿。聚伞花序长 3~5cm, 无毛; 苞片狭带形; 花瓣 5, 条形, 白色; 退化雄蕊不存在。核果卵圆形, 有棱。

辽椴（糠椴、大叶椴）**Tilia mandshurica** Rupr. & Maxim.

锦葵科 / 椴树科 Malvaceae/Tiliaceae 椴属

生活型: 落叶乔木。**高度:** 达 20m。**株形:** 宽卵形。**树皮:** 暗灰色, 纵裂。**枝条:** 小枝被灰白色星状茸毛。**冬芽:** 顶芽有茸毛。**叶:** 叶互生, 纸质, 卵圆形, 长 8~10cm, 背面密被灰色星状茸毛, 侧脉 5~7 对, 边缘有三角形锯齿。**花:** 聚伞花序长 6~9cm, 有花 6~12 朵, 有毛; 苞片窄长圆形, 长 5~9cm; 萼片 5; 花瓣 5; 退化雄蕊花瓣状, 稍短小; 雄蕊多数; 子房有星状茸毛。**果实及种子:** 核果球形, 长 7~9mm, 有 5 条不明显的棱。**花果期:** 花期 7 月, 果期 9 月。**分布:** 产中国东北、河北、内蒙古、山东、江苏。朝鲜、俄罗斯也有分布。**生境:** 生于林缘、山谷、山坡阔叶林中、山坡杂木林中、疏林中, 海拔约 800m。**用途:** 木材, 观赏。

特征要点 叶卵圆形, 长 8~10cm, 背面密被灰色星状茸毛。聚伞花序长 6~9cm, 有毛; 苞片窄长圆形; 花瓣 5, 黄白色; 退化雄蕊花瓣状, 稍短小。核果球形, 有 5 棱。

蒙椴（小叶椴）**Tilia mongolica** Maxim.

锦葵科 / 椴树科 Malvaceae/Tiliaceae 椴属

生活型: 落叶乔木。**高度:** 达 10m。**株形:** 宽卵形。**树皮:** 淡灰色, 不规则薄片状脱落。**枝条:** 小枝无毛。**冬芽:** 顶芽卵形, 无毛。**叶:** 叶互生, 纸质, 阔卵形或圆形, 长 4~6cm, 常 3 裂, 背面仅脉腋内有毛丛, 侧脉 4~5 对, 边缘有粗锯齿, 齿尖突出。**花:** 聚伞花序长 5~8cm, 有花 6~12 朵, 无毛; 苞片窄长圆形, 长 3.5~6cm; 萼片 5, 披针形; 花瓣 5; 退化雄蕊花瓣状; 雄蕊多数; 子房有毛。**果实及种子:** 核果倒卵形, 长 6~8mm, 被毛, 有棱。**花果期:** 花期 6~7 月, 果期 9~11 月。**分布:** 产中国内蒙古、河北、河南、山西、辽宁。蒙古也有分布。**生境:** 生于草原带固定沙地、山坡杂木林中、石边、阳坡, 海拔约 800m。**用途:** 木材, 观赏。

特征要点 叶阔卵形或圆形, 长 4~6cm, 常 3 裂, 边缘有粗锯齿。聚伞花序长 5~8cm, 无毛; 苞片窄长圆形; 花瓣 5; 退化雄蕊花瓣状。核果倒卵形, 有棱。

华东椴 Tilia japonica (Miq.) Simonk. 锦葵科 / 椴树科 Malvaceae/Tiliaceae 椴属

生活型: 落叶乔木。**高度**: 10~20m。**株形**: 宽卵形。**树皮**: 灰白色, 平滑。**枝条**: 小枝粗壮, 皮孔显著。**冬芽**: 顶芽卵形, 无毛。**叶**: 叶互生, 革质, 圆形或扁圆形, 长 5~10cm, 背面仅脉腋有毛丛, 侧脉 6~7 对, 边缘有尖锐细锯齿。**花**: 聚伞花序长 5~7cm, 有花 6~16 朵, 无毛; 苞片狭倒披针形, 长 3.5~6cm, 无毛; 萼片 5; 花瓣 5; 退化雄蕊花瓣状; 雄蕊多数; 子房有毛, 花柱长 3~4mm。**果实及种子**: 核果卵圆形, 有星状柔毛, 无棱突。**花果期**: 花期 6~7 月, 果期 8~9 月。**分布**: 产中国山东、安徽、江苏、浙江。日本也有分布。**生境**: 生于山顶杂木林中, 海拔 1100~1700m。**用途**: 木材, 观赏。

特征要点 小枝粗壮。叶圆形或扁圆形, 长 5~10cm, 边缘有尖锐细锯齿。聚伞花序长 5~7cm, 无毛; 苞片狭倒披针形; 退化雄蕊花瓣状。核果卵圆形, 有星状柔毛, 无棱突。

南京椴 Tilia miqueliana Maxim. 锦葵科 / 椴树科 Malvaceae/Tiliaceae 椴属

生活型: 落叶乔木。**高度**: 达 20m。**株形**: 宽卵形。**树皮**: 灰白色。**枝条**: 小枝有黄褐色茸毛。**冬芽**: 顶芽卵形, 被黄褐色茸毛。**叶**: 叶互生, 纸质, 卵圆形, 长 9~12cm, 背面被灰色或灰黄色星状茸毛, 侧脉 6~8 对, 边缘有整齐锯齿。**花**: 聚伞花序长 6~8cm, 有花 3~12 朵, 被茸毛; 苞片狭窄倒披针形, 长 8~12cm; 萼片 5; 花瓣 5; 退化雄蕊花瓣状; 雄蕊多数; 子房有毛。**果实及种子**: 核果球形, 被星状柔毛, 有小突起, 无棱。**花果期**: 花期 6 月, 果期 9 月。**分布**: 产中国江苏、浙江、安徽、江西、广东。日本也有分布。**生境**: 生于丘陵、山坡、山坡林中、山坡疏林中、山坡阴湿地, 海拔约 1100m。**用途**: 木材, 观赏。

特征要点 小枝有黄褐色茸毛。叶卵圆形, 基部稍偏斜, 边缘锯齿具显著芒尖。聚伞花序长 6~8cm, 被茸毛; 苞片狭窄倒披针形; 退化雄蕊花瓣状; 雄蕊多数。核果球形, 无棱。

节花蚬木（蚬木）Excentrodendron tonkinense (A. Chev.) H. T. Chang & R. H. Miao【Excentrodendron hsienmu (Chun & How) H. T. Chang & R. H. Miao】锦葵科 / 椴树科 Malvaceae/Tiliaceae 蚬木属

生活型: 常绿乔木。**高度**: 达 20m。**株形**: 宽卵形。**树皮**: 暗褐色，浅纵裂。**枝条**: 小枝及顶芽均无毛。**叶**: 叶互生，革质，卵形，先端渐尖，基部圆形，基出脉 3 条，全缘；叶柄长 3~6cm。**花**: 圆锥花序或总状花序长 4~5cm，有花 3~6 朵；花柄常有节，萼片 5，长圆形，有时具 2 个球形腺体；花瓣 4~5，倒卵形，无柄；雄蕊 18~35，花丝基部略相连，分为 5 组；子房 5 室，每室有胚珠 2 颗，具中轴胎座，花柱 5 条，离生，极短。

果实及种子: 蒴果纺锤形，长 3.5~4cm，5 室，有 5 条薄翅，室间开裂，每室有 1 种子；果柄有节。**花果期**: 花期 4~5 月，果期 6 月。**分布**: 产中国云南、广西。越南也有分布。**生境**: 生于石灰岩的常绿林里。**用途**: 木材，观赏。

特征要点 叶革质，卵形，先端渐尖，基部圆形或楔形，基出脉 3 条，全缘。圆锥花序或总状花序。蒴果纺锤形，长 3.5~4cm，5 室，有 5 条薄翅，室间开裂。

小花扁担杆（扁担木、孩儿拳头）Grewia biloba var. parviflora (Bunge) Hand.-Mazz. 锦葵科 / 椴树科 Malvaceae/Tiliaceae 扁担杆属

生活型: 落叶灌木或小乔木。**高度**: 1~4m。**株形**: 宽卵形。**茎皮**: 灰白色。**枝条**: 小枝被粗毛。**叶**: 叶互生，二列，薄革质，椭圆形，两面有稀疏星状粗毛，基出脉 3 条，边缘有细锯齿；叶柄短。**花**: 聚伞花序腋生，多花；花单性；萼片 5，淡绿色；花瓣 5，白色，很短；雄花中雄蕊多数，花药发达，黄色；雌花中雄蕊退化，花药败育而为白色，雌蕊发育，花柱单生，柱头扩大，分裂。

果实及种子: 核果红色，有 2~4 颗分核。**花果期**: 花期 5~7 月，果期 8~11 月。**分布**: 产中国江西、湖南、浙江、广东、台湾、安徽、四川等地。亚洲热带、朝鲜也有分布。**生境**: 生于沟渠边、灌丛中、路边、草甸、密林、平原、丘陵，海拔 300~2500m。**用途**: 观赏。

特征要点 叶椭圆形，被星状粗毛，基出脉 3 条，边缘有细锯齿。聚伞花序腋生。雄花雄蕊多数，花药黄色；雌花雄蕊退化，花药白色。核果红色，有 2~4 颗分核。

梧桐 **Firmiana simplex** (L.) W. Wight
锦葵科 / 梧桐科 Malvaceae/Sterculiaceae 梧桐属

生活型：落叶乔木。**高度**：达 16m。**株形**：卵形。**树皮**：青绿色，平滑。**枝条**：小枝粗壮，绿色，光滑。**叶**：叶互生，心形，顶端渐尖，基部心形，无毛，基生脉 7 条，掌状 3~5 裂，裂片三角形，叶柄与叶片等长。**花**：大型圆锥花序顶生，长约 20~50cm；花单性，淡黄绿色；萼 5 深裂，萼片条形，向外卷曲；雄花的雌雄蕊柄与萼等长，花药 15 个不规则地聚集在雌雄蕊柄的顶端，退化子房梨形且甚小；雌花的子房圆球形，被毛。**果实及种子**：蓇葖果膜质，有柄，成熟前开裂成叶状，长 6~11cm；种子 2~4 个，圆球形，表面有皱纹。**花果期**：花期 5~6 月，果期 9~10 月。**分布**：产中国华北以南各地，多以人工栽培。日本也有分布。**生境**：生于村边、山坡、石灰岩山坡、宅边，海拔 180~1900m。**用途**：木材，观赏。

特征要点　树皮青绿色。叶具长柄，掌状 3~5 裂，基部心形。大型圆锥花序顶生；花单性，淡黄绿色。蓇葖果膜质，成熟前开裂成叶状；种子 2~4 个，圆球形。

木棉 **Bombax ceiba** L. 锦葵科 / 木棉科 Malvaceae/Bombacaceae 木棉属

生活型：落叶大乔木。**高度**：达 25m。**株形**：宽卵形。**树皮**：灰白色，具圆锥状粗刺。**枝条**：小枝粗壮，灰色。**叶**：掌状复叶互生，小叶 5~7 片，长圆形，全缘，无毛；叶柄长 10~20cm。**花**：花大型，单生枝顶叶腋，红色；萼杯状，萼齿 3~5；花瓣肉质，倒卵状长圆形，雄蕊多数，合生成管，最外轮集生为 5 束；子房 5 室，胚珠多数，柱头 5 裂。**果实及种子**：蒴果长圆形，大型，开裂为 5 片，内有丝状绵毛；种子小，黑色。**花果期**：花期 3~4 月，果期 5~6 月。**分布**：产中国福建、广东、广西、海南、四川、台湾、贵州、云南。南亚、东南亚至澳大利亚北部也有分布。**生境**：生于干热河谷、稀树草原、沟谷季雨林、庭园或路边，海拔 1400m 以下。**用途**：观赏，花食用，种子榨油。

特征要点　树干具圆锥状粗刺。掌状复叶互生，小叶 5~7 片，长圆形。花大，单生枝顶叶腋，红色；雄蕊多数，合生成管。蒴果大，长圆形，开裂为 5 片，室背内有丝状绵毛。

木槿 Hibiscus syriacus L. 锦葵科 Malvaceae 木槿属

生活型: 落叶灌木。**高度**: 3~4m。**株形**: 卵形。**树皮**: 暗灰色, 具皮孔。**枝条**: 小枝灰色, 粗糙。**叶**: 叶互生, 粗糙, 菱状卵圆形, 常 3 裂, 基部楔形, 边缘具粗齿; 叶柄短。**花**: 花单生叶腋, 具梗, 有星状短毛; 小苞片 6 或 7, 条形, 有星状毛; 萼钟形, 裂片 5; 花冠钟形, 淡紫、白、红等色, 直径 5~6cm; 雄蕊柱长约 3cm; 花柱枝无毛。**果实及种子**: 蒴果卵圆形, 直径 12mm, 密生星状茸毛。**花果期**: 花期 7~10 月, 果期 9~10 月。**分布**: 原产中国, 台湾、福建、广东、广西、云南、贵州、四川、重庆、湖南、湖北、安徽、江西、浙江、江苏、山东、河北、河南、西藏、陕西。**生境**: 生于村边、沟边、山坡路边, 海拔 300~1000m。**用途**: 观赏。

特征要点 叶粗糙, 菱状卵圆形, 常 3 裂, 边缘具粗齿。花单生叶腋; 萼钟形; 花冠钟形, 淡紫、白、红等色; 雄蕊柱长约 3cm。蒴果卵圆形, 密生星状茸毛; 种子被黄白色长柔毛。

山桐子 Idesia polycarpa Maxim.
杨柳科 / 大风子科 Salicaceae/Flacourtiaceae 山桐子属

生活型: 落叶乔木。**高度**: 10~15m。**株形**: 卵形。**树皮**: 平滑, 灰白色。**枝条**: 小枝褐色, 粗壮。**叶**: 叶近对生, 宽卵形至卵状心形, 基部心形, 叶缘具疏锯齿, 掌状基出脉 5~7 条; 叶柄顶端有 2 枚突起腺体。**花**: 圆锥花序长 12~20cm, 下垂; 花黄绿色; 萼片通常 5; 无花瓣; 雄花有多数雄蕊; 雌花子房球形, 1 室, 胚珠多数。**果实及种子**: 浆果球形, 红色, 直径约 9mm, 有多数种子。**花果期**: 花期 4~5 月, 果期 10~11 月。**分布**: 产中国华北、华东、华南至西南地区。朝鲜、日本也有分布。**生境**: 生于低山区的山坡、山洼、落叶阔叶林和针阔叶混交林中, 海拔 400~2500m。**用途**: 种子榨油, 观赏。

特征要点 叶近对生, 基部心形, 叶缘具疏锯齿, 掌状基出脉 5~7 条; 叶柄顶端有 2 枚突起腺体。圆锥花序下垂; 花黄绿色。浆果球形, 红色, 有多数种子。

红砂 **Reaumuria songarica** (Pall.) Maxim. 柽柳科 Tamaricaceae 红砂属

生活型: 小灌木。**高度**: 0.1~0.25m。**株形**: 圆球形。**茎皮**: 灰白色。**枝条**: 小枝细瘦, 粗糙。**叶**: 叶常 4~6 枚簇生, 长 1~5mm, 肉质, 圆柱形, 顶端钝。**花**: 花单生叶腋或为少花的穗状花序, 无梗, 直径 4mm; 萼钟形, 质厚, 5 裂至中部; 花瓣 5, 张开, 白色略带淡红色, 矩圆形, 近中部有 2 个倒披针形附属物; 雄蕊 6~8; 子房椭圆形, 花柱 3 个, 分离。**果实及种子**: 蒴果纺锤形, 3 瓣裂; 种子全部有淡褐色毛。**花果期**: 花期 7~8 月, 果期 8~9 月。**分布**: 产中国甘肃、青海、新疆、内蒙古、宁夏。俄罗斯、蒙古也有分布。**生境**: 生于山间盆地、湖岸盐碱地、戈壁、砂砾山坡, 海拔 1300~3200m。**用途**: 观赏。

特征要点 小枝细瘦, 粗糙。叶常 4~6 枚簇生, 肉质, 圆柱形。花单生叶腋, 无梗, 直径 4mm; 花瓣 5, 白色略带淡红色; 花柱 3 个。蒴果纺锤形, 3 瓣裂。

柽柳 **Tamarix chinensis** Lour. 柽柳科 Tamaricaceae 柽柳属

生活型: 灌木或小乔木。**高度**: 达 5m。**株形**: 宽卵形。**树皮**: 暗黑色, 粗糙。**枝条**: 小枝细长, 暗紫色。**叶**: 叶互生, 鳞状, 矩圆状披针形, 长 1.5~1.8mm, 先端锐尖。**花**: 总状花序长 3.5~6cm; 苞片条状披针形; 萼片 5, 卵形, 短尖头; 花瓣 5, 粉红色, 矩圆形, 长约 1.2mm, 宿存; 雄蕊 5; 花柱 3; 花盘 5 裂, 裂片顶端微凹。**果实及种子**: 蒴果圆锥形。**花果期**: 花期 4~9 月, 果期 6~10 月。**分布**: 产中国辽宁、河北、河南、山东、江苏、安徽。日本、美国也有分布。**生境**: 生于沙地、盐碱地、村边、海岸、河谷、沙荒地、山谷、滩地, 海拔 700~2960m。**用途**: 枝编筐, 叶入药, 观赏。

特征要点 小枝细长, 暗紫色。叶小, 互生, 鳞状, 矩圆状披针形。总状花序长 3.5~6cm; 花小, 5 数, 粉红色。蒴果圆锥形。

100

宽苞水柏枝 **Myricaria bracteata** Royle 柽柳科 Tamaricaceae 水柏枝属

生活型: 灌木。**高度**: 1~2m。**株形**: 狭卵形。**茎皮**: 红紫色。**枝条**: 小枝淡黄或棕色, 光滑。**叶**: 叶互生, 条形或条状披针形, 长 1~6mm, 顶端钝。**花**: 总状花序顶生, 长 5~18cm; 苞片宽卵形, 有宽边, 与花瓣近等长; 花密生; 萼片 5, 矩圆形; 花瓣 5, 矩圆状椭圆形, 淡红色; 雄蕊 8~10; 子房圆锥形, 无花柱。**果实及种子**: 蒴果狭圆锥形, 长 8~10mm。**花果期**: 花期 6~7月, 果期 8~9月。

分布: 产中国新疆、西藏、青海、甘肃、宁夏、陕西、内蒙古、山西、河北。克什米尔、印度、巴基斯坦、阿富汗、俄罗斯、蒙古也有分布。**生境**: 生于河谷砂质河滩、砂地、冲积扇及戈壁, 海拔 1100~3300m。**用途**: 观赏。

特征要点 茎皮红紫色。叶互生, 条形或条状披针形, 顶端钝。总状花序顶生, 长 5~18cm; 苞片宽卵形, 与花瓣近等长; 花密生, 5 数, 淡红色。蒴果狭圆锥形。

匍匐水柏枝 **Myricaria prostrata** Hook. f. & Thoms. ex Benth. & Hook. f.
柽柳科 Tamaricaceae 水柏枝属

生活型: 伏地矮灌木。**高度**: 0.1m。**株形**: 狭卵形。**茎皮**: 红紫色。**枝条**: 小枝暗红色, 平滑。**叶**: 叶互生, 矩圆状条形, 长 3~5mm, 宽 1mm, 先端钝。**花**: 总状花序圆球形, 由 2~4 花组成; 花几无梗; 苞片椭圆形, 有狭膜质边; 萼片 5, 矩圆形, 比花瓣短 1/3; 花瓣 5, 淡紫色, 倒卵形; 雄蕊 10, 花丝基部合生; 子房卵形。**果实及种子**: 蒴果圆锥形, 长 8mm。**花果期**: 花期 5~7月, 果期 7~8月。**分布**: 产中国西藏、青海、新疆、甘肃。印度、巴基斯坦、俄罗斯也有分布。**生境**: 生于高山河谷砂砾地、湖边沙地、砾石质山坡、水沟边, 海拔 4000~5200m。**用途**: 观赏。

特征要点 伏地矮灌木。叶互生, 矩圆状条形。总状花序圆球形, 由 2~4 花组成; 花几无梗; 苞片椭圆形; 花瓣 5, 淡紫色。蒴果圆锥形。

钻天柳 **Salix arbutifolia** Pall. 【Chosenia arbutifolia (Pall.) A. Skvorts.】
杨柳科 Salicaceae 柳属 / 钻天柳属

生活型: 落叶乔木。**高度**: 达 20~30m。**株形**: 尖塔形。**树皮**: 褐灰色, 条状深裂剥落。**枝条**: 小枝无毛, 黄色, 有白粉。**冬芽**: 扁卵形, 鳞片一枚。**叶**: 叶互生, 披针形, 先端渐尖, 基部楔形, 两面无毛, 边缘稍有锯齿或近全缘。**花**: 花序先叶开放; 雄花序开放时下垂, 轴无毛, 雄蕊 5, 花药黄色, 苞片倒卵形; 雌花序直立或斜展, 长 1~2.5cm, 轴无毛, 子房近卵状长圆形, 花柱 2, 苞片倒卵状椭圆形。**果实及种子**: 蒴果 2 瓣裂; 种子长椭圆形, 无胚乳。**花果期**: 花期 5 月, 果期 6 月。**分布**: 产中国内蒙古、黑龙江、吉林、辽宁等地。朝鲜、日本、远东地区也有分布。**生境**: 生于林区河流两岸排水良好的碎石沙土上, 海拔 300~950m。**用途**: 木材, 观赏。

特征要点 大乔木。树皮条状深裂剥落。叶披针形, 先端渐尖, 基部楔形, 两面无毛。雄花序开放时下垂, 雄蕊 5, 花药黄色; 雌花序直立或斜展, 花柱 2。蒴果 2 瓣裂。

胡杨 **Populus euphratica** Oliv. 杨柳科 Salicaceae 杨属

生活型: 落叶乔木。**高度**: 10~15m。**株形**: 卵形。**树皮**: 淡灰褐色, 下部条裂。**枝条**: 小枝圆柱形, 无毛。**冬芽**: 椭圆形, 光滑, 褐色。**叶**: 叶互生, 无毛, 叶形多变, 披针形、卵圆形至肾形, 边缘全缘, 具波状齿至粗齿牙, 叶柄微扁。**花**: 雄花序细圆柱形, 长 2~3cm, 雄蕊 15~25, 花药紫红色; 雌花序长约 2.5cm, 子房长卵形, 柱头 3, 2 浅裂。**果实及种子**: 果序长达 9cm, 蒴果长卵圆形, 2~3 瓣裂, 无毛。**花果期**: 花期 5 月, 果期 7~8 月。**分布**: 产中国内蒙古、甘肃、青海、新疆。蒙古、中亚、高加索地区、埃及、叙利亚、印度、伊朗、阿富汗、巴基斯坦也有分布。**生境**: 生于盆地、河谷、平原, 海拔 250~2400m。**用途**: 木材, 观赏。

特征要点 树皮淡灰褐色, 下部条裂。叶形多变, 披针形、卵圆形至肾形, 边缘全缘、具波状齿至粗齿牙。果序长达 9cm, 蒴果长卵圆形, 2~3 瓣裂。

银白杨 **Populus alba** L. 杨柳科 Salicaceae 杨属

生活型: 落叶乔木。**高度**: 10~35m。**株形**: 狭卵形。**树皮**: 灰白色, 皮孔粗大。**枝条**: 小枝密生白色茸毛。**冬芽**: 圆锥形。**叶**: 叶互生, 卵形, 先端急尖, 边缘 3~5 掌状圆裂或不裂, 有钝齿, 背面密生白色茸毛。**花**: 雄花序下垂, 长 3~7cm; 雄蕊 6~10; 苞片有长睫毛; 雌花序长 2~4cm; 柱头 2, 2 裂, 红色。**果实及种子**: 蒴果无毛。**花果期**: 花期 4~5月, 果期 5~6月。**分布**: 产中国辽宁、山东、河南、河北、山西、陕西、宁夏、甘肃、青海。欧洲、北非、亚洲也有分布。**生境**: 生于山坡、路边等地, 海拔 120~3800m。**用途**: 木材, 观赏。

特征要点 树皮灰白色, 皮孔粗大。叶卵形, 边缘 3~5 掌状圆裂或不裂, 有钝齿, 背面密生白色茸毛。蒴果无毛。

新疆杨 **Populus alba** var. **pyramidalis** Bunge 杨柳科 Salicaceae 杨属

生活型: 落叶乔木。**高度**: 10~35m。**株形**: 窄圆柱形或尖塔形。**树皮**: 灰白或青灰色, 光滑少裂。**枝条**: 小枝密生白色茸毛。**冬芽**: 圆锥形。**叶**: 萌条和长枝叶掌状深裂, 基部平截; 短枝叶圆形, 有粗缺齿, 背面绿色几无毛。**花果期**: 花期 4~5月, 果期 5~6月。**分布**: 中国北方各地区常栽培, 新疆最为普遍。分布在中亚、西亚、巴尔干、欧洲等地。**生境**: 生于路边或庭院中。**用途**: 木材, 绿化, 防护林。

特征要点 树冠窄圆柱形或尖塔形。树皮灰白或青灰色, 光滑少裂。萌条和长枝叶掌状深裂, 基部平截; 短枝叶圆形, 有粗缺齿, 背面绿色几无毛。

毛白杨 **Populus tomentosa** Carrière 杨柳科 Salicaceae 杨属

生活型: 落叶乔木。**高度**: 达 30m。**株形**: 卵形。**树皮**: 暗灰色，纵裂，皮孔粗大显著。**枝条**: 小枝初被灰毡毛，后光滑。**冬芽**: 冬芽卵形，微被毡毛。**叶**: 叶互生，阔卵形至三角状卵形，先端短渐尖，边缘具深牙齿或波状齿，背面幼时密生毡毛；叶柄上部侧扁。**花**: 雄花序下垂，长 10~14cm，苞片约具 10 个尖头，密生长毛；雄蕊 6~12，花药红色；雌花序长 4~7cm，苞片褐色，尖裂；子房长椭圆形，柱头二裂，粉红色。**果实及种子**: 果序长达 14cm；蒴果圆锥形或长卵形，二瓣裂。**花果期**: 花期 3 月，果期 4~5 月。**分布**: 产中国西北、华北和华东地区。**生境**: 生于温和平原地区，海拔 130~1500m。**用途**: 木材，观赏。

特征要点 树皮具显著粗大皮孔。叶互生，阔卵形至三角状卵形，边缘深牙齿或波状齿，背面幼时密生毡毛。果序长达 14cm；蒴果圆锥形或长卵形，二瓣裂。

山杨 **Populus tremula** subsp. **davidiana** (Dode) Hultén 【Populus davidiana Dode】杨柳科 Salicaceae 杨属

生活型: 落叶乔木。**高度**: 达 25m。**株形**: 尖塔形。**树皮**: 灰绿色或灰白色，光滑，皮孔菱形。**枝条**: 小枝圆柱形，无毛。**冬芽**: 冬芽卵形，略有黏液。**叶**: 叶互生，三角状圆形或圆形，无毛，边缘有波状钝齿。**花**: 雄花序下垂，长 5~9cm；花序轴有疏柔毛，苞片深裂，有疏柔毛；雄蕊 6~11；雌花序长 4~7cm；柱头 2,2 深裂。**果实及种子**: 蒴果椭圆状纺锤形，二瓣裂开。**花果期**: 花期 3~4 月，果期 4~5 月。**分布**: 产中国东北、华北、西北、华中、西南地区。朝鲜、俄罗斯东部也有分布。**生境**: 生于山坡、山脊、沟谷地带，海拔 1200~3800m。**用途**: 木材，观赏。

特征要点 树皮灰绿色或灰白色，光滑，皮孔菱形。叶三角状圆形或圆形，无毛，边缘有波状钝齿。蒴果椭圆状纺锤形，二瓣裂开。

川杨 **Populus szechuanica** Schneid. 杨柳科 Salicaceae 杨属

生活型: 落叶乔木。**高度**: 达40m。**株形**: 卵形。**树皮**: 灰白色, 粗糙, 开裂。**枝条**: 小枝有棱, 粗壮, 无毛。**冬芽**: 冬芽淡紫色, 有黏质。**叶**: 叶互生, 宽卵形至卵状披针形, 边缘具圆腺齿, 初时有缘毛, 两面无毛。**花**: 雄花序下垂。**果实及种子**: 果序长10~20cm, 轴光滑; 蒴果卵状球形, 长7~9mm, 近无柄, 光滑, 3~4瓣裂。**花果期**: 花期4~5月, 果期5~6月。**分布**: 产中国四川、云南、甘肃、陕西、西藏。**生境**: 常与云杉混交, 海拔1100~4600m。**用途**: 木材, 观赏。

特征要点 树皮灰白色, 粗糙, 开裂。冬芽淡紫色, 有黏质。叶宽卵形至卵状披针形, 边缘具圆腺齿, 两面无毛。果序长10~20cm; 蒴果3~4瓣裂。

青杨 **Populus cathayana** Rehder 杨柳科 Salicaceae 杨属

生活型: 落叶乔木。**高度**: 达30m。**株形**: 狭卵形。**树皮**: 初光滑, 灰绿色, 老时暗灰色, 沟裂。**枝条**: 小枝圆柱形, 无毛。**冬芽**: 长圆锥形, 多黏质。**叶**: 叶互生, 卵形至卵状长圆形, 先端渐尖, 基部圆形, 边缘具腺圆锯齿, 无毛; 叶柄圆柱形。**花**: 雄花序下垂, 长5~6cm; 雄蕊30~35; 苞片条裂; 雌花序长4~5cm, 柱头2~4裂。**果实及种子**: 果序长10~15cm; 蒴果卵圆形, 长6~9mm, 3~4瓣裂。**花果期**: 花期3~5月, 果期5~7月。**分布**: 产中国辽宁、华北、西北、四川等地。**生境**: 生于沟谷、河岸、阴坡山麓, 海拔800~3000m。**用途**: 木材, 观赏。

特征要点 树皮初光滑, 灰绿色, 老时暗灰色, 沟裂。叶卵形, 先端渐尖, 基部圆形, 边缘具腺圆锯齿。果序长10~15cm; 蒴果大, 卵圆形, 3~4瓣裂。

甜杨（辽杨）**Populus suaveolens** Fisch. ex Poit. & A. Vilm.【Populus maximowiczii Henry】杨柳科 Salicaceae 杨属

生活型: 落叶乔木。**高度**: 达 30m。**株形**: 狭卵形。**树皮**: 黄灰色，平滑，皮孔显著。**枝条**: 小枝粗壮，密被短柔毛。**冬芽**: 圆锥形，光亮，具黏性。**叶**: 叶互生，椭圆形至宽卵形，先端常扭转，边缘具腺圆锯齿，背面苍白色，两面脉上均被短柔毛；叶柄圆。**花**: 雄花序下垂，长 5~10cm；花序轴无毛；苞片尖裂，边缘具长柔毛；雄蕊 30~40；雌花序细长，花序轴无毛。**果实及种子**: 果序长 10~18cm；蒴果卵球形，无柄，无毛，3~4 瓣裂。**花果期**: 花期 4~5 月，果期 5~6 月。**分布**: 产中国黑龙江、吉林、辽宁、河北、陕西、内蒙古。俄罗斯东部、日本、朝鲜也有分布。**生境**: 生于山坡、沟谷林中，海拔 500~2000m。**用途**: 木材，观赏。

特征要点 树皮黄灰色，平滑，皮孔显著。叶椭圆形至宽卵形，边缘具腺圆锯齿，背面苍白色，两面脉上均被短柔毛。果序长 10~18cm；蒴果大，卵球形，3~4 瓣裂。

钻天杨 **Populus nigra** var. **italica** (Moench) Koehne 杨柳科 Salicaceae 杨属

生活型: 落叶乔木。**高度**: 达 30m。**株形**: 圆柱形。**树皮**: 暗灰色，老时沟裂，黑褐色。**枝条**: 侧枝成 20°~30° 角开展，小枝无毛。**冬芽**: 冬芽长卵形，先端长渐尖，淡红色，富黏质。**叶**: 叶互生，薄革质，扁三角形，通常宽大于长，先端短渐尖，基部截形或阔楔形，边缘具钝圆锯齿；叶柄两侧扁。**花**: 雄序长 4~8cm，雄蕊 15~30；雌花序长 10~15cm。**果实及种子**: 果序长 5~10cm，轴无毛；蒴果卵圆形，先端尖，有柄，长 5~7mm，二瓣裂。**花果期**: 花期 4~5 月，果期 6 月。**分布**: 中国长江、黄河流域各地广为栽培。北美、欧洲、高加索、地中海、西亚及中亚等地区均有栽培。**生境**: 生于路边、庭园或河边。**用途**: 木材，行道树，观赏。

特征要点 树冠圆柱形。树皮暗灰色，老时沟裂，黑褐色。侧枝成 20°~30° 角开展。其余特征同加杨。

箭杆杨 **Populus nigra** var. **thevestina** (Dode) Bean 杨柳科 Salicaceae 杨属

生活型：落叶乔木。**高度**：达 30m。**株形**：圆柱形。**树皮**：灰白色，光滑，老时灰褐色，浅裂。**枝条**：树干侧枝基部向上弯曲。**冬芽**：卵形，先端长渐尖，淡红色，富黏质。**叶**：叶互生，三角形或三角状卵形，先端渐尖，边缘半透明，有圆锯齿；叶柄侧扁而长，带红色。**花**：雄花序长 4~8cm，雄蕊 15~30；雌花序长 10~15cm。**果实及种子**：蒴果 2 瓣裂，先端尖，果柄细长。**花果期**：花期 4 月，果期 5 月。**分布**：中国北京、山西、内蒙古、河南、西北等地栽培。原产欧亚之间。**生境**：生于路边或庭院中。**用途**：木材，观赏。

特征要点 树冠圆柱形。树皮灰白色，光滑，老时灰褐色，浅裂。树干侧枝基部向上弯曲。其余特征同加杨。

小青杨 **Populus pseudosimonii** Kitag. 杨柳科 Salicaceae 杨属

生活型：落叶乔木。**高度**：达 20m。**株形**：卵形。**树皮**：灰白色，老时浅沟裂。**枝条**：小枝有棱，无毛。**冬芽**：圆锥形，黄红色，有黏性。**叶**：叶互生，菱状椭圆形或卵圆形，中部以下较宽，先端渐尖，基部楔形，边缘具细密锯齿，无毛；叶柄圆。**花**：雄花序下垂，长 5~8cm；雌花序长 5.5~11cm，子房圆形或圆锥形，无毛，柱头 2 裂。**果实及种子**：蒴果近无柄，长圆形，长约 8mm，先端渐尖，2~3 瓣裂。**花果期**：花期 3~4 月，果期 4~6 月。**分布**：产中国黑龙江、吉林、辽宁、河北、陕西、山西、内蒙古、甘肃、青海、四川等地。**生境**：生于山坡、山沟、河流两岸，海拔 2300m 以下。**用途**：木材，观赏。

特征要点 树皮灰白色，老时浅沟裂。叶菱状椭圆形或卵圆形，先端渐尖，边缘具细密锯齿。蒴果近无柄，长圆形，2~3 瓣裂。

107

加杨 Populus × canadensis Moench 杨柳科 Salicaceae 杨属

生活型: 大乔木。**高度**: 达 30m。**株形**: 卵形。**树皮**: 粗厚, 深沟裂, 灰色。**枝条**: 小枝稍有棱角。**冬芽**: 芽大, 富黏质。**叶**: 叶互生, 三角形或三角状卵形, 先端渐尖, 边缘半透明, 有圆锯齿; 叶柄侧扁而长, 带红色。**花**: 雄花序下垂, 长 7~15cm, 花序轴光滑; 雄蕊 15~25; 苞片淡绿褐色, 丝状深裂; 雌花序有花 45~50 朵, 柱头 4 裂。**果实及种子**: 果序长达 27cm; 蒴果卵圆形, 长约 8mm, 2~3 瓣裂。**花果期**: 花期 4 月, 果期 5~6 月。**分布**: 杂交种, 除中国广东、广西、海南、新疆、青海、福建、贵州、台湾、海南外, 各地引种栽培。**生境**: 生于山坡、庭园或路边, 海拔 2500m 以下。**用途**: 木材, 观赏。

特征要点 树冠卵圆形。树皮粗厚, 深沟裂。芽大, 富黏质。叶三角形或三角状卵形, 有圆锯齿; 叶柄侧扁而长, 带红色。果序长达 27cm; 蒴果大, 卵圆形, 2~3 瓣裂。

小叶杨 Populus simonii Carrière 杨柳科 Salicaceae 杨属

生活型: 落叶乔木。**高度**: 达 20m。**株形**: 卵形。**树皮**: 灰绿色, 老时色暗, 纵裂。**枝条**: 小枝有棱, 无毛。**冬芽**: 冬芽细长, 稍有黏质。**叶**: 叶互生, 菱状卵形至菱状倒卵形, 中部以上较宽, 先端渐尖, 基部楔形, 边缘具小钝齿, 无毛; 叶柄短, 带红色。**花**: 雄花序下垂, 长 2~7cm; 苞片边缘条裂; 雄蕊 8~9; 雌花序长 2.5~6cm。**果实及种子**: 果序长达 15cm, 蒴果 2~3 瓣裂开。**花果期**: 花期 4 月, 果期 5 月。**分布**: 产中国东北、华北、华中、西北、西南地区。**生境**: 生于沿溪沟边, 海拔 35~2500m。**用途**: 木材, 观赏。

特征要点 树皮灰绿色, 老时色暗, 纵裂。叶菱状卵形至菱状倒卵形, 基部楔形, 边缘具小钝齿。果序长达 15cm, 蒴果 2~3 瓣裂开。

垂柳 **Salix matsudana** 'Babylonica' 【Salix babylonica L.】
杨柳科 Salicaceae 柳属

生活型: 落叶乔木。**高度**: 10~15m。**株形**: 下垂形。**树皮**: 暗灰色, 不规则纵裂。**枝条**: 小枝细长, 下垂, 无毛。**叶**: 叶互生, 矩圆形或披针形, 边缘有细锯齿, 两面无毛, 背面带白色。**花**: 花序轴有短柔毛; 雄花序长 1.5~2cm; 苞片椭圆形, 有睫毛; 雄蕊 2, 有 2 腺体; 雌花序长达 5cm; 苞片狭椭圆形, 腹面有 1 腺体; 子房无毛, 柱头 2 裂。**果实及种子**: 蒴果长 3~4mm, 带黄褐色。**花果期**: 花期 3~4 月, 果期 4~5 月。**分布**: 产中国长江流域、黄河流域地区。亚洲、欧洲、美洲也有分布。**生境**: 生于道旁、水边, 海拔 20~3800m。**用途**: 观赏。

特征要点 乔木。小枝细长, 下垂, 无毛。叶矩圆形或披针形, 边缘有细锯齿, 两面无毛, 背面带白色。苞片狭椭圆形; 腺体 1; 雄蕊 2。蒴果二瓣裂开。

旱柳 **Salix matsudana** Koidz. 杨柳科 Salicaceae 柳属

生活型: 落叶乔木。**高度**: 8~15m。**株形**: 卵形。**树皮**: 暗灰色, 不规则纵裂。**枝条**: 小枝黄褐色, 光滑。**叶**: 叶互生, 披针形, 边缘具明显锯齿, 背面苍白色, 具伏生绢状毛。**花**: 花序被白色茸毛; 苞片卵形; 腺体 2; 雄花序长 1~1.5cm; 雄蕊 2; 雌花序长 12mm; 子房长椭圆形, 无毛, 无花柱或很短。**果实及种子**: 蒴果二瓣裂开。**花果期**: 花期 4 月, 果期 4~5 月。**分布**: 产中国东北、华北平原、西北黄土高原及甘肃、青海, 淮河流域及浙江、江苏等地。朝鲜、日本、远东地区也有分布。**生境**: 生于干旱地、水湿地, 海拔 10~3600m。**用途**: 观赏。

特征要点 乔木。树皮不规则纵裂。小枝黄褐色, 光滑。叶披针形, 边缘具明显锯齿, 背面苍白色, 具伏生绢状毛。苞片卵形; 腺体 2; 雄蕊 2。蒴果二瓣裂开。

蒿柳 **Salix viminalis** L. 杨柳科 Salicaceae 柳属

生活型: 落叶灌木或乔木。**高度**: 达 10m。**株形**: 宽卵形。**茎皮**: 暗褐色。**枝条**: 小枝灰色。**冬芽**: 有短柔毛。**叶**: 叶互生,条状披针形,近全缘,下面灰白色,密生丝状茸毛。**花**: 雄花序长 2~4cm;雄蕊 2,花丝离生,无毛;雌花序长 3~4cm;苞片卵形,两侧有疏长毛或短柔毛。**果实及种子**: 蒴果圆形,长 4~5mm,有绢状毛。**花果期**: 花期 4~5 月,果期 5~6 月。**分布**: 产黑龙江、吉林、辽宁、内蒙古、河北;朝鲜、日本、西伯利亚、欧洲也有分布。**生境**: 生河边、溪边,海拔 300~600m。**用途**: 观赏。

特征要点 灌木或小乔木。叶条状披针形,近全缘,下面灰白色,密生丝状茸毛。蒴果圆形,长 4-5mm,有绢状毛。

乌柳(沙柳) **Salix cheilophila** C. K. Schneid. 杨柳科 Salicaceae 柳属

生活型: 落叶灌木或小乔木。**高度**: 1~3m。**株形**: 卵形。**茎皮**: 黄白色。**枝条**: 小枝带紫色。**叶**: 叶互生,条形或条状倒披针形,边缘外卷,上半部疏生具腺细齿,下半部近全缘,背面具丝毛。**花**: 总花梗长 5~10mm;花序轴密生长柔毛;苞片倒卵状矩圆形;腹面有 1 腺体;雄花序长 1.5~2.3cm;雄蕊 2,花丝合生;雌花序长 1.5~2cm;子房密生短绢毛。**果实及种子**: 蒴果长 3mm,无梗。**花果期**: 花期 5 月,果期 6 月。**分布**: 产中国河北、山西、陕西、宁夏、甘肃、青海、河南、四川、云南、西藏。**生境**: 生于山河沟边,海拔 750~3000m。**用途**: 观赏。

特征要点 落叶灌木或小乔木。小枝带紫色。叶条形或条状倒披针形,边缘外卷,上半部疏生具腺细齿,背面具丝毛。蒴果长 3mm,无梗。

杞柳 **Salix integra** Thunb. 杨柳科 Salicaceae 柳属

生活型: 落叶灌木。**高度**: 1~3m。**株形**: 宽卵形。**茎皮**: 灰绿色。**枝条**: 小枝无毛,有光泽。**冬芽**: 卵形,尖。**叶**: 叶近对生,椭圆状长圆形,全缘或上部有尖齿,背面苍白色,两面无毛;叶柄短或近无柄而抱茎。**花**: 花先叶开放,花序长1~3cm,基部有小叶;腺体1,腹生;雄蕊2;子房长卵圆形,有柔毛,柱头2~4裂。**果实及种子**: 蒴果长2~3mm,有毛。**花果期**: 花期4月,果期4~5月。**分布**: 产中国河北、辽宁、吉林、黑龙江等地。俄罗斯、朝鲜、日本也有分布。**生境**: 生于山地河边、湿草地,海拔80~2100m。**用途**: 观赏。

特征要点 落叶灌木。小枝无毛,有光泽。叶椭圆状长圆形,背面苍白色,两面无毛。花先叶开放,基部有小叶;腺体1,腹生;雄蕊2。蒴果长2~3mm,有毛。

中国黄花柳 **Salix sinica** (K. S. Hao ex C. F. Fang & A. K. Skvortsov) G. H. Zhu 杨柳科 Salicaceae 柳属

生活型: 落叶灌木或小乔木。**高度**: 2~8m。**株形**: 宽卵形。**茎皮**: 暗褐色。**枝条**: 小枝红褐色。**叶**: 叶互生,形状多变,椭圆形至宽卵形,幼叶有毛,后无毛,背面发白色,多全缘。**花**: 花先叶开放;雄花序长2~2.5cm;雄蕊2,花药黄色;腺体1,腹生;雌花序长2.5~3.5cm;子房狭圆锥形,柱头2裂;仅1腹腺。**果实及种子**: 蒴果线状圆锥形,长达6mm。**花果期**: 花期4月,果期5月。**分布**: 产中国华北、西北、内蒙古。**生境**: 生于山坡、林中,海拔100~4200m。**用途**: 观赏。

特征要点 落叶灌木或小乔木。叶形状多变,椭圆形至宽卵形,背面发白色,多全缘。花先叶开放;雄花序雄蕊2,花药黄色。蒴果线状圆锥形,长达6mm。

兴安杜鹃 **Rhododendron dauricum** L. 杜鹃花科 Ericaceae 杜鹃花属

生活型：半常绿灌木。**高度**：0.5~2m。**株形**：宽卵形。**茎皮**：灰白色，平滑。**枝条**：小枝细而弯曲，被柔毛和鳞片。**叶**：叶互生，近革质，椭圆形或长圆形，两端钝，全缘或有细钝齿，背面密被褐色鳞片。**花**：花序腋生枝顶或假顶生，1~4 花，先叶开放，伞形着生；花萼小，5 裂；花冠宽漏斗状，径 1.5~2.5cm，粉红色或紫红色；雄蕊 10，短于花冠，花药紫红色；子房 5 室，密被鳞片，花柱紫红色，长于花冠。**果实及种子**：蒴果长圆形，长 1~1.5cm，径约 5mm，先端 5 瓣开裂。**花果期**：花期 5~6 月，果期 7 月。**分布**：产中国黑龙江、内蒙古、吉林。蒙古、日本、朝鲜、俄罗斯也有分布。**生境**：生于山地落叶松林、桦木林下或林缘。**用途**：观赏。

特征要点 叶近革质，椭圆形或长圆形，背面密被褐色鳞片。花先叶开放，伞形着生；花冠宽漏斗状，径 1.5~2.5cm，粉红色或紫红色。蒴果长圆形。

照山白 **Rhododendron micranthum** Turcz. 杜鹃花科 Ericaceae 杜鹃花属

生活型：常绿灌木。**高度**：达 2.5m。**株形**：卵形。**茎皮**：灰棕褐色，平滑。**枝条**：小枝被鳞片及细柔毛。**叶**：叶互生，近革质，倒披针形至披针形，顶端钝，基部狭楔形，背面被棕色鳞片。**花**：总状花序顶生，有花 10~28 朵，花密集；花小，乳白色；花萼深 5 裂，裂片披针形；花冠钟状，径 5~10mm，花裂片 5；雄蕊 10；子房 5~6 室，密被鳞片。**果实及种子**：蒴果长圆形，长 5~6mm，被疏鳞片。**花果期**：花期 5~6 月，果期 8~11 月。**分布**：产中国东北、华北、西北、山东、河南、湖北、湖南、四川。朝鲜也有分布。**生境**：生于山坡灌丛、山谷、峭壁及石岩上，海拔 1000~3000m。**用途**：观赏。

特征要点 叶近革质，倒披针形至披针形，基部狭楔形，背面被棕色鳞片。总状花序顶生，有花 10~28 朵，花密集；花小，乳白色。蒴果长圆形，被疏鳞片。

迎红杜鹃 **Rhododendron mucronulatum** Turcz. 杜鹃花科 Ericaceae 杜鹃花属

生活型: 落叶灌木。**高度**: 1~2m。**株形**: 宽卵形。**茎皮**: 灰白色，平滑。**枝条**: 小枝细长，疏生鳞片。**叶**: 叶互生，质薄，椭圆形或椭圆状披针形，全缘或有细圆齿，背面被褐色鳞片。**花**: 花序腋生枝顶或假顶生，1~3 花，先叶开放，伞形着生；花萼小，5 裂；花冠宽漏斗状，径 3~4cm，淡红紫色；雄蕊 10，不等长，稍短于花冠；子房 5 室，密被鳞片，花柱长于花冠。**果实及种子**: 蒴果长圆形，长 1~1.5cm，先端 5 瓣开裂。**花果期**: 花期 4~6 月，果期 5~7 月。**分布**: 产中国内蒙古、辽宁、河北、山东、江苏。蒙古、日本、朝鲜、俄罗斯也有分布。**生境**: 生于山地灌丛，海拔 270~1000m。**用途**: 观赏。

特征要点 叶质薄，椭圆形或椭圆状披针形，背面被褐色鳞片。花先叶开放，伞形着生；花冠宽漏斗状，径 3~4cm，淡红紫色。蒴果长圆形。

杜鹃 **Rhododendron simsii** Planch. 杜鹃花科 Ericaceae 杜鹃花属

生活型: 半常绿灌木。**高度**: 1~2m。**株形**: 宽卵形。**茎皮**: 暗灰色。**枝条**: 小枝坚硬，被红褐色糙伏毛。**叶**: 叶集生枝端，近革质，狭披针形或倒披针形，边缘疏具细圆齿，具糙伏毛。**花**: 花 1~3 朵生枝顶，被白色糙伏毛；花萼小，裂片 5；花冠鲜红色，阔漏斗形，直径 3~5cm，裂片 5，具深红色斑点；雄蕊 5，花药深紫褐色；子房密被亮褐色糙伏毛。**果实及种子**: 蒴果长圆状卵球形，长 6~8mm，密被红褐色平贴糙伏毛。**花果期**: 花期 5~6 月，果期 10 月。**分布**: 产中国江苏、安徽、浙江、江西、福建、台湾、湖北、湖南、广东、广西、四川、贵州、云南。泰国也有分布。**生境**: 生于山地疏灌丛或松林下，海拔 500~2500m。**用途**: 观赏。

特征要点 小枝被红褐色糙伏毛。叶集生枝端，近革质，披针形，两面散生红褐色糙伏毛。花 1~3 朵生枝顶；花冠鲜红色，阔漏斗形，直径 3~5cm。蒴果长圆状卵球形。

越橘（红豆） **Vaccinium vitis-idaea** L. 杜鹃花科 Ericaceae 越橘属

生活型: 落叶灌木。**高度**: 高 0.1~0.3m。**株形**: 宽卵形。**茎皮**: 褐色。**枝条**: 茎纤细，被灰白色短柔毛。地下具细长葡匐的根状茎。**叶**: 叶小，密生，革质，椭圆形或倒卵形，顶端圆，边缘反卷，网脉在两面不显。**花**: 花序短总状；花 2~8 朵；花冠白色或淡红色，钟状，4 裂，裂片三角状卵形，直立；雄蕊 8，药室背部无距；花柱稍超出花冠。**果实及种子**: 浆果球形，直径 5~10mm，紫红色。**花果期**: 花期 6~7月，果期 8~9月。**分布**: 产中国黑龙江、吉林、内蒙古、陕西、新疆。环北极分布广泛。**生境**: 生于高山沼地、石南灌丛、针叶林、亚高山牧场和北极地区的冻原上，海拔 900~3200m，常成片生长。**用途**: 食用，代茶，观赏。

特征要点 根状茎细长葡匐。叶密生，革质，椭圆形或倒卵形。花序短总状；花 2~8 朵，花冠白色或淡红色，钟状。浆果球形，直径 5~10mm，紫红色。

柿 **Diospyros kaki** Thunb. 柿科 / 柿树科 Ebenaceae 柿属

生活型: 落叶乔木。**高度**: 达 15m。**株形**: 宽卵形。**树皮**: 暗灰色，鳞片状开裂。**枝条**: 小枝褐色，光滑。**叶**: 叶互生，卵形，基部宽楔形或近圆形，背面淡绿色，有褐色柔毛。**花**: 花雌雄异株或同株；雄花成短聚伞花序，雌花单生叶腋；花萼 4 深裂，果熟时增大；花冠白色，4 裂，有毛；雌花中有 8 个退化雄蕊，子房上位。**果实及种子**: 浆果卵圆形或扁球形，直径 3.5~8cm，橙黄色或鲜黄色，花萼宿存。**花果期**: 花期 5~6月，果期 9~10月。**分布**: 原产中国长江流域，现中国华北以南地区广泛栽培。世界各地也常有栽培。**生境**: 生于路边、灌丛、山坡林中、果园或庭园中，海拔150~2400m。**用途**: 果食用，观赏。

特征要点 树皮鳞片状开裂。叶卵形，有褐色柔毛。雄花成短聚伞花序，雌花单生叶腋；花萼 4 深裂；花冠白色，4 裂。浆果直径 3.5~8cm，橙黄色或鲜黄色，花萼增大。

君迁子 **Diospyros lotus** L. 柿科 / 柿树科 Ebenaceae 柿属

生活型: 落叶乔木。**高度**: 达 14m。**株形**: 宽卵形。**树皮**: 暗灰色，鳞片状开裂。**枝条**: 小枝灰绿色，光滑。**叶**: 叶互生，椭圆形至矩圆形，正面密生柔毛，后脱落，背面近白色。**花**: 花单性，雌雄异株，簇生叶腋；花萼密生柔毛，3 裂；雌蕊由 2~3 个心皮合成，花柱分裂至基部。**果实及种子**: 浆果球形，直径 1~1.5cm，蓝黑色，有白蜡层。**花果期**: 花期 5~6 月，果期 10~11 月。**分布**: 产中国山东、辽宁、河南、河北、山西、陕西、甘肃、江苏、安徽、江西、湖南、湖北、贵州、四川、云南、西藏等地。亚洲其他地区也有分布。**生境**: 生于山地、山坡、山谷的灌丛中或林缘，海拔 500~2300m。**用途**: 果食用，观赏。

特征要点 叶椭圆形至矩圆形，正面密生柔毛。花单性，簇生叶腋。浆果球形，直径 1~1.5cm，蓝黑色，有白蜡层。

白檀 **Symplocos paniculata** (Thunb.) Miq. 山矾科 Symplocaceae 山矾属

生活型: 落叶灌木或小乔木。**高度**: 3~6m。**株形**: 宽卵形。**茎皮**: 灰白色。**枝条**: 小枝有灰白色柔毛。**叶**: 叶互生，膜质或薄纸质，阔倒卵形至卵形，边缘有细尖锯齿，叶背常有柔毛。**花**: 圆锥花序长 5~8cm，有柔毛；萼筒褐色，裂片 5，半圆形或卵形，淡黄色；花冠白色，5 深裂几达基部；雄蕊 40~60，子房 2 室，花盘具 5 凸起的腺点。**果实及种子**: 核果卵状球形，稍偏斜，长 5~8mm，熟时蓝色，顶端宿萼裂片直立。**花果期**: 花期 4~5 月，果期 9~10 月。**分布**: 产中国东北、华北、华中、华南、西南地区。朝鲜、日本、印度、北美也有分布。**生境**: 生于山坡、路边、疏林、密林中，海拔 760~2500m。**用途**: 观赏。

特征要点 小枝有灰白色柔毛。叶阔倒卵形至卵形，边缘有细尖锯齿。圆锥花序散开；花冠白色，5 深裂；雄蕊 40~60。核果卵状球形，稍偏斜，熟时蓝色。

华山矾 **Symplocos chinensis** (Lour.) Druce 【Symplocos paniculata Miq.】 山矾科 Symplocaceae 山矾属

生活型: 常绿灌木。**高度**: 2~5m。**株形**: 宽卵形。**茎皮**: 灰色。**枝条**: 小枝被灰黄色皱曲柔毛。**叶**: 叶互生，纸质，椭圆形或倒卵形，边缘有细尖锯齿，叶面有短柔毛，侧脉每边4~7条。**花**: 圆锥花序长4~7cm，密被灰黄色皱曲柔毛；花萼裂片5，长圆形；花冠白色，芳香，5深裂几达基部；雄蕊50~60，花丝基部合生成五体雄蕊；花盘无毛；子房下位，2室。**果实及种子**: 核果卵状圆球形，歪斜，长5~7mm，被柔毛，熟时蓝色，顶端宿萼裂片向内伏。**花果期**: 花期4~5月，果期8~9月。**分布**: 产中国浙江、福建、台湾、安徽、江西、湖南、广东、广西、云南、贵州、四川。**生境**: 生于丘陵、山坡、杂林中，海拔100~1000m。**用途**: 观赏。

特征要点 小枝密被灰黄色皱曲柔毛。叶椭圆形或倒卵形，边缘有细尖锯齿。圆锥花序狭长，密被灰黄色皱曲柔毛。核果卵状圆球形，熟时蓝色。

海桐(海桐花) **Pittosporum tobira** (Thunb.) W. T. Aiton
海桐科 / 海桐花科 Pittosporaceae 海桐属

生活型: 常绿灌木或小乔木。**高度**: 达6m。**株形**: 卵形。**茎皮**: 灰色。**枝条**: 小枝被褐色柔毛，有皮孔。**叶**: 叶聚生枝顶，革质，倒卵形或倒卵状披针形，先端圆形或钝，基部窄楔形，全缘。**花**: 伞形花序顶生，被柔毛；花白色，有芳香，后变黄色；萼片5；花瓣5；雄蕊5，花药长圆形，黄色，退化雄蕊短，花药不育；子房长卵形，侧膜胎座3个。**果实及种子**: 蒴果圆球形，有棱或呈三角形，直径12mm，3片裂开；种子多数，多角形，红色。**花果期**: 花期5月，果期10月。**分布**: 产中国长江以南。日本、朝鲜也有分布。**生境**: 生于路边、山坡灌丛、山坡林中、石缝，海拔200~4009m。**用途**: 观赏。

特征要点 叶聚生枝顶，革质，倒卵形或倒卵状披针形，全缘。伞形花序顶生；花白色，后变黄色，5数。蒴果圆球形，有棱或呈三角形，3片裂开。

大花溲疏 **Deutzia grandiflora** Bunge 绣球科 Hydrangeaceae 溲疏属

生活型：落叶灌木。**高度**：1~2m。**株形**：卵形。**茎皮**：灰白色。**枝条**：小枝被星状柔毛。**叶**：叶对生，卵形，基部圆形，先端急尖，边缘具小牙齿，背面密被白色星状短茸毛。**花**：聚伞花序生侧枝顶端，有1~3花；萼筒密生星状毛，裂片5，披针状条形；花瓣5，白色，矩圆形或狭倒卵形，长1~1.5cm；雄蕊10，花丝上部具2长齿；子房下位，花柱3。**果实及种子**：蒴果半球形，直径4~5mm。**花果期**：花期4月，果期6月。**分布**：产中国辽宁、内蒙古、河北、山西、陕西、甘肃、山东、江苏、河南、湖北。**生境**：生于山坡、山谷、路旁灌丛中，海拔800~1600m。**用途**：观赏。

特征要点　叶较小，边缘具小牙齿，背面密被白色星状短茸毛。聚伞花序生侧枝顶端，有1~3花；花瓣5，白色，长1~1.5cm；雄蕊10，花丝上部具2长齿。蒴果半球形。

小花溲疏 **Deutzia parviflora** Bunge 绣球科 Hydrangeaceae 溲疏属

生活型：落叶灌木。**高度**：1~2m。**株形**：卵形。**茎皮**：灰白色，块状剥落。**枝条**：小枝疏被星状毛。**叶**：叶对生，卵形或狭卵形，边缘具小锯齿，两面疏被星状毛。**花**：花序伞房状，具多数花；花萼密生星状毛，裂片5，宽卵形；花瓣5，覆瓦状排列，白色，倒卵形，长约6mm；雄蕊10，花丝无齿或上部具短钝齿；子房下位，花柱3。**果实及种子**：蒴果半球形，直径2~3mm。**花果期**：花期5~6月，果期8~10月。**分布**：产中国吉林、辽宁、内蒙古、河北、山西、陕西、甘肃、河南、湖北等地。朝鲜、俄罗斯也有分布。**生境**：生于山谷林缘，海拔1000~1500m。**用途**：观赏。

特征要点　叶较大，边缘具小锯齿，两面疏被星状毛。花序伞房状，具多数花；花瓣长约6mm；雄蕊10，花丝无齿或上部具短钝齿。

太平花 **Philadelphus pekinensis** Rupr. 绣球科 Hydrangeaceae 山梅花属

生活型: 落叶灌木。**高度**: 达 2m。**株形**: 宽卵形。**茎皮**: 灰白色。**枝条**: 小枝无毛，红褐色。**叶**: 叶对生，卵形，先端渐尖，边缘有小锯齿，两面无毛。**花**: 聚伞状总状花序，花序具 5~9 花；花序轴和花梗都无毛；萼筒无毛，裂片 4，宿存，三角状卵形，外面无毛；花瓣 4，白色，倒卵形；雄蕊多数；子房下位，4 室，花柱上部 4 裂，柱头近匙形。**果实及种子**: 蒴果球状倒圆锥形，直径 5~7mm。**花果期**: 花期 4~6 月，果期 8~10 月。**分布**: 产中国内蒙古、辽宁、河北、河南、山西、陕西、湖北等地。朝鲜、欧美也有分布。**生境**: 生于山坡杂木林中、灌丛中，海拔 700~900m。**用途**: 观赏。

特征要点 叶边缘有小锯齿，两面无毛。聚伞状总状花序，具 5~9 花；花萼外面无毛，萼裂片 4；花瓣 4，白色，倒卵形；雄蕊多数；子房下位。蒴果球状倒圆锥形。

山梅花 **Philadelphus incanus** Koehne 绣球科 Hydrangeaceae 山梅花属

生活型: 落叶灌木。**高度**: 1.5~3.5m。**株形**: 宽卵形。**茎皮**: 暗灰色。**枝条**: 小枝红褐色，无毛。**叶**: 叶对生，卵形，先端渐尖，边缘具小锯齿，两面疏被短伏毛。**花**: 聚伞状总状花序，具 7~11 花；花序轴无毛；花萼外面密被灰白色贴伏的柔毛，裂片 4，宿存，三角状卵形；花瓣 4，白色，倒卵形；雄蕊多数；子房下位，4 室，花柱上部 4 裂，柱头棒形。**果实及种子**: 蒴果倒卵形，长 7~9mm。**花果期**: 花期 5~月，果期 7~8 月。**分布**: 产中国山西、陕西、甘肃、河南、湖北、安徽、四川等地。**生境**: 生于林缘、灌丛中，海拔 1200~1700m。**用途**: 观赏。

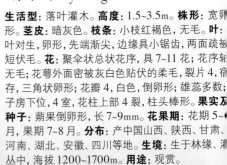

特征要点 叶两面疏被短伏毛。聚伞状总状花序，具 7~11 花；花萼外面密被灰白色贴伏的柔毛。

东陵绣球（东陵八仙花）Hydrangea bretschneideri Dipp.

绣球科 Hydrangeaceae 光绣球属 / 绣球属

生活型：落叶灌木。**高度**：1~3m。**株形**：宽卵形。**茎皮**：较薄，薄片状剥落。**枝条**：小枝栗褐色。**叶**：叶对生，纸质，卵形至长椭圆形，先端渐尖，边缘具粗齿，背面密被柔毛；叶柄短。**花**：伞房状聚伞花序，径 8~15cm；不育花萼片 4，大型，花瓣状，白色；孕性花萼筒杯状，萼齿三角形；花瓣白色，卵状披针形或长圆形，长 2.5~3mm；雄蕊 10；子房半下位，花柱 3，基部连合，柱头近头状。**果实及种子**：蒴果卵球形，突出部分圆锥形。**花果期**：花期 6~7 月，果期 9~10 月。**分布**：产中国河北、山西、陕西、宁夏、甘肃、青海、河南。**生境**：生于山谷溪边、山坡密林、疏林中，海拔 1200~2800m。**用途**：观赏。

特征要点 叶卵形至长椭圆形，先端渐尖，背面密被柔毛。伞房状聚伞花序大型；不育花萼片 4，大型，花瓣状，白色；孕性花小而多数，白色；子房半下位。蒴果卵球形。

绣球（八仙花）Hydrangea macrophylla (Thunb.) Ser.

绣球科 / 虎耳草科 Hydrangeaceae/Saxifragaceae 光绣球属 / 绣球属

生活型：落叶灌木。**高度**：0.5~2m。**株形**：宽卵形。**茎皮**：灰色。**枝条**：小枝粗壮，光滑。**叶**：叶对生，肉质，卵圆形，顶端钝，基部圆形，边缘具粗齿，无毛，网脉明显；叶柄粗壮。**花**：伞房状聚伞花序近球形，直径 8~20cm；不育花密集多数，萼片 4，大型，花瓣状，卵圆形，粉红色、淡蓝色或白色；孕性花极少数，萼筒倒圆锥状，萼齿卵状三角状形；花瓣长圆形；雄蕊 10 枚；子房大半下位，花柱 3。**果实及种子**：蒴果长陀螺状。**花果期**：花期 6~8 月。**分布**：产中国山东、江苏、安徽、浙江、福建、河南、湖北、湖南、广东、广西、四川、贵州。日本、朝鲜也有分布。**生境**：生于山谷溪旁、山顶疏林中，海拔 380~1700m。**用途**：观赏。

特征要点 小枝粗壮，光滑。叶肉质，卵圆形，顶端钝，无毛。伞房状聚伞花序近球形；不育花密集多数，萼片 4，大型，花瓣状，卵圆形，粉红色、淡蓝色或白色。

刺果茶藨子（刺梨）**Ribes burejense** Fr. Schmidt

茶藨子科 / 虎耳草科 Grossulariaceae/Saxifragaceae 茶藨子属

生活型：落叶灌木。**高度**：1~1.5m。**株形**：圆球形。**茎皮**：灰色。**枝条**：小枝灰棕色，具粗刺及细针刺。**冬芽**：长圆形。**叶**：叶互生，宽卵圆形，掌状 3~5 深裂，边缘具粗钝锯齿，幼时两面被短柔毛。**花**：花两性，常单生叶腋；萼筒宽钟形，萼片 5，花瓣状，浅红色；花瓣 5，短于萼片，白色；雄蕊 5；子房下位，梨形，具黄褐色小刺，柱头 2 浅裂。**果实及种子**：浆果圆球形，直径 1cm 以下，熟后黄褐色，具多数小刺。**花果期**：花期 5~6 月，果期 7~8 月。**分布**：产中国黑龙江、吉林、辽宁、内蒙古、河北、陕西、山西、河南、甘肃。蒙古、朝鲜、远东地区也有分布。**生境**：生于山坡灌丛、溪流旁、林缘、阔叶混交林下，海拔 900~2300m。**用途**：果用，观赏。

特征要点 小枝具粗刺及细针刺。叶掌状 3~5 深裂，边缘具粗钝锯齿。花两性，单生叶腋或 2~3 朵组成短总状花序，5 数，浅红色。浆果圆球形，具多数黄褐色小刺。

东北茶藨子 **Ribes mandshuricum** (Maxim.) Kom.

茶藨子科 / 虎耳草科 Grossulariaceae/Saxifragaceae 茶藨子属

生活型：落叶灌木。**高度**：1~3m。**株形**：宽卵形。**茎皮**：暗褐色。**枝条**：小枝灰褐色，无刺。**冬芽**：冬芽卵圆形。**叶**：叶互生，宽大，掌状 3 裂，裂片卵状三角形，边缘具粗锯齿，幼时两面被灰白色平贴短柔毛。**花**：花两性，总状花序腋生；萼筒盆形，萼片 5，花瓣状，浅绿色；花瓣小，近匙形，浅黄绿色；雄蕊稍长于萼片，花药白色；子房无毛，柱头 2 裂。**果实及种子**：浆果球形，直径 7~9mm，红色，无毛，味酸可食。**花果期**：花期 4~6 月，果期 7~8 月。**分布**：产中国黑龙江、吉林、辽宁、内蒙古、河北、山西、陕西、甘肃、河南等地。朝鲜、西伯利亚也有分布。**生境**：生于山坡和山谷阔叶混交林下、杂木林内，海拔 300~1800m。**用途**：果食用，观赏。

特征要点 小枝无刺。叶掌状 3 裂，边缘具粗锯齿。花两性，排成腋生总状花序，浅黄绿色。浆果球形，红色。

白鹃梅 **Exochorda racemosa** (Lindl.) Rehder 蔷薇科 Rosaceae 白鹃梅属

生活型: 落叶灌木。**高度**: 3~5m。**株形**: 宽卵形。**茎皮**: 灰白色, 具浅纵裂。**枝条**: 小枝圆柱形, 微有棱角, 无毛。**冬芽**: 三角卵形, 暗紫红色。**叶**: 叶互生, 椭圆形至长圆倒卵形, 先端常圆钝, 基部楔形, 全缘, 无毛; 叶柄短或近于无柄。**花**: 总状花序顶生, 有花 6~10 朵, 无毛; 花直径 2.5~3.5cm; 萼筒浅钟状, 萼片 5, 宽三角形; 花瓣 5, 倒卵形, 基部有短爪, 白色; 雄蕊 15~20, 3~4 枚一束; 心皮 5, 花柱分离。**果实及种子**: 蒴果倒圆锥形, 无毛, 有 5 脊。**花果期**: 花期 5 月, 果期 6~8 月。**分布**: 产中国河南、江西、江苏、浙江。**生境**: 生于山坡阴地, 海拔 250~500m。**用途**: 观赏。

特征要点 叶椭圆形至长圆倒卵形, 全缘, 无毛。总状花序顶生, 有花 6~10 朵; 花瓣 5, 白色; 雄蕊 3~4 枚一束。蒴果倒圆锥形, 有显著 5 脊。

珍珠梅 **Sorbaria sorbifolia** (L.) A. Braun 蔷薇科 Rosaceae 珍珠梅属

生活型: 落叶灌木。**高度**: 达 2m。**株形**: 宽卵形。**茎皮**: 暗灰色。**枝条**: 小枝圆柱形, 稍屈曲。**冬芽**: 卵形。**叶**: 羽状复叶互生, 叶轴微被短柔毛, 小叶 11~17, 对生, 披针形, 边缘有尖锐重锯齿, 无毛。**花**: 大型密集圆锥花序顶生, 被毛; 花梗长 5~8mm; 花直径 10~12mm; 萼筒钟状; 萼片 5, 三角卵形; 花瓣 5, 长圆形, 白色; 雄蕊 40~50; 心皮 5, 无毛或稍具柔毛。**果实及种子**: 蓇葖果长圆形, 长约 3mm, 萼片宿存。**花果期**: 花期 7~8 月, 果期 9 月。**分布**: 产中国辽宁、吉林、黑龙江、内蒙古。俄罗斯、朝鲜、日本、蒙古也有分布。**生境**: 生于山坡疏林中, 海拔 250~1500m。**用途**: 观赏。

特征要点 羽状复叶互生, 小叶对生, 披针形, 边缘有尖锐重锯齿。大型密集圆锥花序顶生, 被毛; 花白色; 雄蕊 40~50, 长于花瓣; 花柱顶生。蓇葖果长圆形。

华北珍珠梅 **Sorbaria kirilowii** (Regel) Maxim. 蔷薇科 Rosaceae 珍珠梅属

生活型：落叶灌木。**高度**：达 3m。**株形**：宽卵形。**茎皮**：暗灰色。**枝条**：小枝光滑无毛。**冬芽**：卵形。**叶**：羽状复叶互生，光滑无毛，小叶 13~21，对生，披针形，边缘有尖锐重锯齿。**花**：大型密集圆锥花序顶生；花梗长 3~4mm；花直径 5~7mm；萼筒浅钟状；萼片 5，长圆形；花瓣 5，倒卵形，白色；雄蕊 20；花盘圆杯状；心皮 5，无毛。**果实及种子**：蓇葖果长圆柱形，无毛，长约 3mm，萼片宿存。**花果期**：花期 6~7 月，果期 9~10 月。**分布**：产中国河北、河南、山东、山西、陕西、甘肃、青海、内蒙古。**生境**：生于山坡阳处、杂木林中，海拔 200~1300m。**用途**：观赏。

特征要点　雄蕊 20，与花瓣等长或稍短；花柱稍侧生。

三裂绣线菊 **Spiraea trilobata** L. 蔷薇科 Rosaceae 绣线菊属

生活型：落叶灌木。**高度**：1~2m。**株形**：宽卵形。**茎皮**：灰色。**枝条**：小枝褐色，无毛。**叶**：叶互生，近圆形，常三裂，边缘上部具少数圆钝锯齿，两面无毛，基部具显著 3~5 脉。**花**：伞形花序具总花梗，无毛，花 15~30 朵；花直径 6~8mm；萼筒钟状，外面无毛；萼片 5，三角形；花瓣 5，宽倒卵形，白色；雄蕊 18~20；子房无毛。**果实及种子**：蓇葖果开张，仅沿腹缝微具短柔毛或无毛。**花果期**：花期 5~6 月，果期 7~8 月。**分布**：产中国黑龙江、辽宁、内蒙古、山东、山西、河北、河南、安徽、陕西、甘肃。俄罗斯也有分布。**生境**：生于多岩石向阳坡地或灌木丛中，海拔 450~2400m。**用途**：观赏。

特征要点　叶近圆形，常三裂，具圆钝锯齿，无毛。伞形花序；花 15~30 朵，白色。蓇葖果开张。

毛花绣线菊（绒毛绣线菊） **Spiraea dasyantha** Bunge
蔷薇科 Rosaceae 绣线菊属

生活型: 落叶灌木。**高度:** 2~3m。**株形:** 宽卵形。**茎皮:** 灰色。**枝条:** 小枝幼时密生茸毛。**叶:** 叶互生，菱状卵形，边缘上部具深锯齿或裂片，正面疏生短柔毛，背面密被白色茸毛。**花:** 伞形花序有总花梗，密被灰白色茸毛，具花 10~20 朵；花白色，直径 4~8mm；萼片 5，三角形；花瓣 5，近圆形，白色；雄蕊 20~25；花盘波状圆环形；子房具短柔毛。**果实及种子:** 蓇葖果开张，被茸毛。**花果期:** 花期 5~6 月，果期 7~8 月。**分布:** 产中国内蒙古、辽宁、河北、山西、湖北、江苏、江西等地。**生境:** 生于向阳干燥坡地，海拔 400~1150m。**用途:** 观赏。

特征要点 叶菱状卵形，边缘上部具深锯齿或裂片，背面密被白色茸毛。伞形花序密被灰白色茸毛；花白色。蓇葖果开张，被茸毛。

粉花绣线菊 **Spiraea japonica** L. f. 蔷薇科 Rosaceae 绣线菊属

生活型: 落叶直立灌木。**高度:** 达 1.5m。**株形:** 宽卵形。**茎皮:** 褐色。**枝条:** 小枝细长，开展。**冬芽:** 冬芽卵形。**叶:** 叶互生，卵形至卵状椭圆形，先端尖，基部楔形，边缘具缺刻状重锯齿或单锯齿，背面通常沿叶脉有短柔毛。**花:** 复伞房花序顶生，密被短柔毛；花直径 4~7mm；萼筒钟状；萼片 5，三角形；花瓣 5，卵形至圆形，粉红色；雄蕊 25~30；花盘圆环形，约有 10 个不整齐的裂片；子房近无毛。**果实及种子:** 蓇葖果半开张，无毛。**花果期:** 花期 6~7 月，果期 8~9 月。**分布:** 原产朝鲜、日本。中国安徽、北京、辽宁、河北、河南、山西、山东、陕西、甘肃、四川、湖北、湖南、江西、福建、江苏、浙江、广东、广西、贵州、云南、海南、台湾栽培。**生境:** 生于灌丛、河谷、荒地、林缘、林中、路边、山坡或庭园中，海拔 400~4000m。**用途:** 观赏。

特征要点 叶互生，卵形至卵状椭圆形，边缘具缺刻状重锯齿或单锯齿。复伞房花序顶生；花瓣 5，粉红色。蓇葖果半开张，无毛。

土庄绣线菊 **Spiraea pubescens** Turcz. 蔷薇科 Rosaceae 绣线菊属

生活型：落叶灌木。**高度**：1~2m。**株形**：宽卵形。**茎皮**：灰色。**枝条**：小枝褐黄色，幼时有短柔毛。**叶**：叶互生，菱状卵形至椭圆形，边缘上部具深刻锯齿，有时3裂，正面具稀疏柔毛，背面被短柔毛。**花**：伞形花序具总花梗，花15~20朵；花直径5~7mm；萼片5，三角形；花瓣5，近圆形，白色；雄蕊20~25；花盘波状圆环形；子房近无毛。**果实及种子**：蓇葖果开张，仅在腹缝微有短柔毛。**花果期**：花期5~6月，果期7~8月。**分布**：产中国黑龙江、吉林、辽宁、内蒙古、河北、河南、山西、陕西、甘肃、山东、湖北、安徽。**生境**：生于干燥岩石坡地、向阳或半阴处、杂木林内，海拔200~2500m。**用途**：观赏。

特征要点 叶菱状卵形至椭圆形，边缘上部具深刻锯齿，有时3裂，背面被短柔毛。蓇葖果开张，仅在腹缝微有短柔毛。

华北绣线菊 **Spiraea fritschiana** C. K. Schneid. 蔷薇科 Rosaceae 绣线菊属

生活型：落叶灌木。**高度**：1~2m。**株形**：宽卵形。**茎皮**：灰色。**枝条**：小枝粗壮，小枝具明显棱角。**冬芽**：卵形。**叶**：叶互生，卵形至长圆形，先端尖，基部宽楔形，边缘有锯齿，近无毛。**花**：复伞房花序顶生，多花，无毛；苞片披针形或线形；萼筒钟状；萼片三角形；花瓣卵形，白色；雄蕊25~30，长于花瓣；花盘圆环状；子房具短柔毛。**果实及种子**：蓇葖果几直立，开张，花柱顶生。**花果期**：花期6月，果期7~8月。**分布**：产中国河南、陕西、山东、江苏、浙江等地。朝鲜也有分布。**生境**：生于岩石坡地、山谷丛林间，海拔100~1000m。**用途**：观赏。

特征要点 小枝棱角显著。叶卵形至长圆形，边缘有锯齿，近无毛。复伞房花序顶生，多花，无毛。蓇葖果几直立，开张。

绣线菊 **Spiraea salicifolia** L. 蔷薇科 Rosaceae 绣线菊属

生活型：落叶灌木。**高度**：1~2m。**株形**：宽卵形。**茎皮**：灰色。**枝条**：小枝褐色。**叶**：叶互生，卵形，先端急尖或圆钝，基部宽楔形，正面无毛，背面幼时稍有茸毛。**花**：花多数成疏松的聚伞花序，无毛；萼筒钟状，萼片5，三角形，无毛；花瓣5，平展，近圆形；雄蕊约20；花柱通常2，离生。**果实及种子**：蓇葖果直立，无毛或沿腹缝有短柔毛。**花果期**：花期6~8月，果期8~9月。**分布**：产中国黑龙江、吉林、辽宁、内蒙古、河北。蒙古、日本、朝鲜、俄罗斯、欧洲也有分布。**生境**：生于河流沿岸、湿草原、空旷地和山沟中，海拔200~900m。**用途**：观赏。

特征要点 叶长圆披针形至披针形，边缘密生锐锯齿，两面无毛。圆锥花序长圆形或金字塔形；花粉红色。蓇葖果直立。

水栒子 **Cotoneaster multiflorus** Bunge 蔷薇科 Rosaceae 栒子属

生活型：落叶灌木。**高度**：达4m。**株形**：宽卵形。**茎皮**：灰白色，平滑。**枝条**：小枝褐色，无毛。**叶**：叶互生，卵形，先端急尖或圆钝，基部宽楔形，正面无毛，背面幼时稍有茸毛。**花**：花多数成疏松的聚伞花序，无毛；花直径1~1.2cm；萼筒钟状，萼片5，三角形，无毛；花瓣5，平展，近圆形；雄蕊约20；花柱通常2，离生，子房先端有柔毛。**果实及种子**：梨果近球形或倒卵形，直径8mm，红色，有1个由2心皮合生而成的小核。**花果期**：花期5~6月，果期8~9月。**分布**：产中国黑龙江、辽宁、内蒙古、河北、山西、河南、陕西、甘肃、青海、新疆、四川、云南、西藏等地。俄罗斯、亚洲北部地区也有分布。**生境**：普遍生于沟谷、山坡杂木林中，海拔1200~3500m。**用途**：观赏。

特征要点 叶卵形，先端急尖或圆钝，正面无毛，背面幼时稍有茸毛。花多数成疏松的聚伞花序；花白色。梨果近球形或倒卵形，红色，有1个由2心皮合生而成的小核。

灰栒子 Cotoneaster acutifolius Turcz. 蔷薇科 Rosaceae 栒子属

生活型: 落叶灌木。**高度**: 2~4m。**株形**: 宽卵形。**茎皮**: 红褐色,平滑。**枝条**: 小枝细瘦,圆柱形,棕褐色。**叶**: 叶互生,圆卵形,先端急尖,基部宽楔形,全缘,幼时两面均被长柔毛,后近无毛。**花**: 花2~5朵成聚伞花序,被长柔毛;花直径7~8mm;萼筒钟状,萼片5,三角形;花瓣5,直立,宽倒卵形,白色外带红晕;雄蕊10~15;花柱通常2,子房先端密被短柔毛。**果实及种子**: 梨果椭圆形,直径7~8mm,黑色,内有小核2~3个。**花果期**: 花期5~6月,果期9~10月。**分布**: 产中国内蒙古、河北、山西、河南、湖北、陕西、甘肃、青海、西藏等地。蒙古也有分布。**生境**: 生于山坡、山麓、山沟及丛林中,海拔1400~3700m。**用途**: 观赏。

特征要点　叶互生,圆卵形,先端急尖,幼时两面均被长柔毛。花2~5朵成聚伞花序,被长柔毛;花白色外带红晕。梨果椭圆形,黑色,内有小核2~3个。

平枝栒子 Cotoneaster horizontalis Decne. 蔷薇科 Rosaceae 栒子属

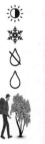

生活型: 落叶匍匐灌木。**高度**: 达1.5m。**株形**: 宽卵形。**茎皮**: 灰白色。**枝条**: 小枝圆柱形,黑褐色。**叶**: 叶互生,近圆形或宽椭圆形,先端急尖,基部楔形,全缘,正面无毛,背面有稀疏平贴柔毛。**花**: 花1~2朵簇生,近无梗;花直径5~7mm;萼筒钟状,萼片5,三角形,花瓣5,直立,倒卵形,先端圆钝,粉红色;雄蕊约12,短于花瓣;花柱常为3,离生,子房顶端有柔毛。**果实及种子**: 梨果近球形,直径4~6mm,鲜红色,常具3小核。**花果期**: 花期5~6月,果期9~10月。**分布**: 产中国陕西、甘肃、湖北、湖南、四川、贵州、云南等地。尼泊尔也有分布。**生境**: 生于灌木丛中或岩石坡上,海拔2000~3500m。**用途**: 观赏。

特征要点　分枝平展。叶近圆形或宽椭圆形,先端急尖,背面有稀疏平贴柔毛。花1~2朵簇生,近无梗;花瓣粉红色。梨果近球形,鲜红色,常具3小核。

火棘 **Pyracantha fortuneana** (Maxim.) H. L. Li 蔷薇科 Rosaceae 火棘属

生活型: 常绿灌木。**高度**: 达 3m。**株形**: 宽卵形。**树皮**: 暗灰色。**枝条**: 小枝短, 先端成刺状。**冬芽**: 芽小。**叶**: 叶互生或簇生, 倒卵形或倒卵状长圆形, 无毛, 先端圆钝或微凹, 基部楔形, 边缘有钝锯齿。**花**: 花集成复伞房花序, 直径 3~4cm; 花直径约 1cm; 萼筒钟状, 萼片 5, 三角状卵形; 花瓣 5, 白色, 近圆形; 雄蕊 20, 花药黄色; 花柱 5, 离生。**果实及种子**: 梨果近球形, 直径约 5mm, 橘红色或深红色。**花果期**: 花期 3~5 月, 果期 8~11 月。**分布**: 产中国陕西、河南、江苏、浙江、福建、湖北、湖南、广西、贵州、云南、四川、西藏。**生境**: 生于山地、丘陵地、阳坡灌丛、草地及河沟路旁, 海拔500~2800m。**用途**: 果食用, 观赏。

特征要点 小枝先端成刺状。叶互生或簇生, 倒卵形或倒卵状长圆形, 边缘有钝锯齿。花集成复伞房花序; 花白色。梨果近球形, 橘红色或深红色。

山楂 **Crataegus pinnatifida** Bunge 蔷薇科 Rosaceae 山楂属

生活型: 落叶乔木。**高度**: 达 6m。**株形**: 卵形。**树皮**: 粗糙, 暗灰色, 块状分裂。**枝条**: 小枝紫褐色, 无毛。**冬芽**: 冬芽三角状卵形, 紫色。**叶**: 叶互生, 卵形, 通常有 3~5 对羽状深裂片, 裂片卵状披针形或带形, 先端短渐尖, 边缘具重锯齿。**花**: 伞房花序顶生, 被柔毛; 萼筒钟状, 萼片 5, 三角状卵形; 花瓣 5, 倒卵形, 白色; 雄蕊 20, 花药粉红色; 花柱 3~5。**果实及种子**: 梨果近球形或梨形, 深红色, 有浅色斑点; 小核 3~5。**花果期**: 花期 5~6 月, 果期 9~10 月。**分布**: 产中国黑龙江、吉林、辽宁、内蒙古、河北、河南、山东、山西、陕西、江苏。朝鲜、俄罗斯也有分布。**生境**: 生于山坡林边或灌木丛中, 海拔 100~1500m。**用途**: 果食用, 观赏。

特征要点 小枝紫褐色, 常具刺。叶宽卵形, 常有 3~5 对羽状深裂片, 边缘具重锯齿; 托叶显著。伞房花序顶生; 花白色; 子房下位。梨果近球形或梨形, 深红色, 有浅色斑点; 小核 3~5。

甘肃山楂 **Crataegus kansuensis** E. H. Wilson　蔷薇科 Rosaceae 山楂属

生活型: 落叶灌木或乔木。**高度**: 2.5~8m。**株形**: 卵形。**茎皮**: 灰白色, 具纵条纹状分裂。**枝条**: 小枝细, 无毛。**冬芽**: 近圆形, 紫褐色。**叶**: 叶互生, 宽卵形, 先端急尖, 边缘有尖锐重锯齿和5~7对不规则羽状浅裂片; 叶柄细; 托叶膜质。**花**: 伞房花序顶生, 直径3~4cm; 花直径8~10mm; 萼筒钟状, 萼片5; 花瓣5, 白色; 雄蕊15~20; 花柱2~3, 子房顶端被茸毛, 柱头头状。**果实及种子**: 梨果近球形, 直径8~10mm, 红色或橘黄色, 萼片宿存, 小核2~3。**花果期**: 花期5月, 果期7~9月。**分布**: 产中国甘肃、山西、河北、陕西、贵州、四川。**生境**: 生于杂木林中及山沟旁, 海拔1000~3000m。**用途**: 果食用, 观赏。

快速识别要点

叶宽卵形, 先端急尖, 边缘有尖锐重锯齿和5~7对不规则羽状浅裂片; 托叶膜质。梨果近球形, 直径8~10mm, 红色或橘黄色, 萼片宿存; 小核2~3。

枇杷　**Eriobotrya japonica** (Thunb.) Lindl.　蔷薇科 Rosaceae 枇杷属

生活型: 常绿小乔木。**高度**: 达10m。**株形**: 卵形。**树皮**: 灰白色, 平滑。**枝条**: 小枝粗壮, 密被茸毛。**叶**: 叶互生, 革质, 披针形或至椭圆状长圆形, 上部边缘有疏锯齿, 背面密生灰棕色茸毛。**花**: 圆锥花序顶生, 密生锈色茸毛; 萼筒浅杯状, 萼片5; 花瓣5, 白色, 长圆形或卵形; 雄蕊20; 花柱5, 离生, 柱头头状, 子房顶端被锈色柔毛。**果实及种子**: 梨果球形或长圆形, 直径2~5cm, 黄色, 外有锈色柔毛; 种子1~5, 球形或扁球形, 光亮。**花果期**: 花期10~12月, 果期翌年5~6月。**分布**: 产中国黄河以南地区。日本、印度及东南亚也有分布。**生境**: 生于村边、山谷、山坡路边疏林中、山坡杂木林中, 海拔250~2300m。**用途**: 果食用, 观赏。

特征要点　叶大, 革质, 披针形至椭圆状长圆形, 具疏锯齿, 背面密生灰棕色茸毛。圆锥花序顶生; 花白色。梨果球形或长圆形, 直径2~5cm, 种子1~5, 光亮。

石楠 **Photinia serratifolia** (Desf.) Kalkman 蔷薇科 Rosaceae 石楠属

生活型: 常绿灌木或小乔木。高度: 4~6m。株形: 卵形。茎皮: 褐色。枝条: 小枝褐灰色，无毛。叶: 叶互生，革质，长椭圆形，先端尾尖，边缘疏生带腺细锯齿，无毛。花: 复伞房花序顶生，无毛，直径 10~16cm; 花直径 6~8mm; 萼筒杯状，萼片 5; 花瓣 5，白色，近圆形；雄蕊 20，花药带紫色；花柱 2 或 3，基部合生。果实及种子: 梨果球形，直径 5~6mm，红色或褐紫色。花果期: 花期 4~5月，果期 10 月。分布: 产中国陕西、甘肃、河南、江苏、安徽、浙江、江西、湖南、湖北、福建、台湾、广东、广西、四川、云南、贵州。印度尼西亚、日本也有分布。生境: 生于杂木林中，海拔1000~2500m。用途: 观赏。

快速识别要点

叶革质，长椭圆形，先端尾尖，边缘疏生带腺细锯齿。复伞房花序顶生；花白色。梨果球形，直径5~6mm，红色或褐紫色。

花楸树 **Sorbus aucuparia** subsp. **pohuashanensis** (Hance) McAll.
【Sorbus pohuashanensis (Hance) Hedl.】蔷薇科 Rosaceae 花楸属

生活型: 落叶乔木。高度: 达 8m。株形: 卵形。树皮: 灰色，平滑。枝条: 小枝粗壮，具灰白色细小皮孔。冬芽: 密被灰白色茸毛。叶: 奇数羽状复叶互生，小叶 5~7 对，披针形，边缘有细锐锯齿，背面苍白色，被茸毛。花: 复伞房花序具多花，被白色茸毛；花梗长3~4mm; 花直径 6~8mm; 萼筒钟状；萼片 5，三角形；花瓣 5，宽卵形或近圆形，白色；雄蕊 20; 花柱 3，基部具短柔毛。果实及种子: 梨果近球形，直径6~8mm，红色或橘红色，具宿存闭合萼片。花果期: 花期 6 月，果期 9~10 月。分布: 产中国黑龙江、吉林、辽宁、内蒙古、河北、山西、甘肃、山东。生境: 常生于山坡或山谷杂木林内，海拔 900~2500m。用途: 观赏。

特征要点 冬芽密被灰白色茸毛。奇数羽状复叶，小叶 5~7 对，披针形，边缘有细锐锯齿。复伞房花序具多花；花白色。梨果近球形，红色或橘红色，具宿存闭合萼片。

水榆花楸 Micromeles alnifolia (Siebold & Zucc.) Koehne 【Sorbus alnifolia (Siebold & Zucc.) K. Koch】 蔷薇科 Rosaceae 水榆属 / 花楸属

生活型：落叶乔木。**高度**：达 20m。**株形**：宽卵形。**树皮**：灰色，平滑。**枝条**：小枝无毛，具灰白色皮孔。**冬芽**：冬芽卵形。**叶**：单叶互生，卵形至椭圆状卵形，边缘有不整齐的尖锐重锯齿，无毛，侧脉 6~10 对，直达叶边齿尖。**花**：复伞房花序较疏松；花直径 10~14mm；萼筒钟状；萼片 5，三角形；花瓣 5，白色；雄蕊 20；花柱 2，光滑无毛，短于雄蕊。**果实及种子**：梨果椭圆形或卵形，直径 7~10mm，红色或黄色，萼片脱落。**花果期**：花期 5 月，果期 8~9 月。**分布**：产中国黑龙江、吉林、辽宁、河北、北京、山东、山西、陕西、甘肃、四川、重庆、湖北、安徽、江苏、浙江、江西、福建、湖南、台湾地区。朝鲜、日本也有分布。**生境**：生于山坡、山沟、山顶混交林或灌木丛中，海拔 500~2300m。**用途**：观赏。

特征要点　冬芽卵形，无毛。单叶，卵形至椭圆状卵形，边缘有不整齐的尖锐重锯齿，无毛，侧脉直达叶边齿尖。复伞房花序较疏松；花白色。梨果椭圆形或卵形，萼片脱落。

北京花楸 Sorbus discolor (Maxim.) Maxim. 蔷薇科 Rosaceae 花楸属

生活型：落叶乔木。**高度**：达 10m。**株形**：宽卵形。**树皮**：灰色，平滑。**枝条**：小枝圆柱形，具稀疏皮孔。**冬芽**：长圆卵形。**叶**：奇数羽状复叶互生，小叶 5~7 对，长圆形，边缘有细锐锯齿，无毛。**花**：复伞房花序较疏松；花梗长 2~3mm；萼筒钟状；萼片 5，三角形；花瓣 5，卵形，白色；雄蕊 15~20；花柱 3~4，基部有稀疏柔毛。**果实及种子**：梨果卵形，直径 6~8mm，白色或黄色，先端具宿存闭合萼片。**花果期**：花期 5 月，果期 8~9 月。**分布**：产中国河北、河南、山西、山东、甘肃、内蒙古。**生境**：生于山地阳坡阔叶混交林中，海拔 1500~2500m。**用途**：观赏。

特征要点　冬芽长圆卵形。奇数羽状复叶，小叶 5~7 对，长圆形，边缘有细锐锯齿。复伞房花序较疏松；花白色。梨果卵形，白色或黄色，先端具宿存闭合萼片。

石灰花楸 **Micromeles folgneri** C. K. Schneid.【Sorbus folgneri (Schneid.) Rehder】蔷薇科 Rosaceae 水榆属 / 花楸属

生活型：落叶乔木。**高度**：达 10m。**株形**：宽卵形。**树皮**：灰色，平滑。**枝条**：小枝圆柱形，具少数皮孔。**冬芽**：冬芽卵形。**叶**：单叶互生，卵形至椭圆状卵形，边缘有锯齿或浅裂片，背面密被白色茸毛，侧脉常 8~15 对，直达叶边齿尖。**花**：复伞房花序具多花，被白色茸毛；花梗长 5~8mm；花直径 7~10mm；萼筒钟状；萼片 5，三角状卵形；花瓣 5，卵形，白色；雄蕊 18~20；花柱 2~3，有茸毛。**果实及种子**：梨果椭圆形，直径 6~7mm，红色，萼片脱落。**花果期**：花期 4~5 月，果期 7~8 月。**分布**：产中国陕西、甘肃、河南、湖北、湖南、江西、安徽、广东、广西、贵州、四川、云南。**生境**：生于山坡杂木林中，海拔 800~2000m。**用途**：观赏。

特征要点　冬芽卵形。单叶互生，卵形至椭圆状卵形，边缘有锯齿或浅裂片，背面密被白色茸毛。梨果椭圆形，直径 6~7mm，红色，萼片脱落。

木瓜 **Pseudocydonia sinensis** (Dum. Cours.) C. K. Schneid.【Chaenomeles sinensis (Thouin) Koehne】蔷薇科 Rosaceae 木瓜属 / 木瓜海棠属

生活型：落叶灌木或小乔木。**高度**：达 5~10m。**株形**：宽卵形。**树皮**：光滑，薄片状脱落。**枝条**：小枝无刺，圆柱形，紫红色。**冬芽**：冬芽半圆形，紫褐色。**叶**：叶互生，椭圆形，边缘有刺芒状尖锐锯齿；叶柄微被柔毛，有腺齿；托叶膜质，卵状披针形。**花**：花单生叶腋，具短梗；花直径 2.5~3cm；萼筒钟状，萼片 5，边缘有腺齿，反折；花瓣 5，淡粉红色；雄蕊多数；花柱 3~5，被柔毛。**果实及种子**：梨果长椭圆形，熟时暗黄色，长 10~15cm，木质，味芳香，果梗短。**花果期**：花期 4 月，果期 9~10 月。**分布**：产中国山东、陕西、湖北、江西、安徽、江苏、浙江、广东、广西、贵州。**生境**：生于村边、山谷，海拔 190~1200m。**用途**：果食用，观赏。

特征要点　树皮光滑。小枝无刺。叶椭圆形，边缘有刺芒状尖锐锯齿；托叶膜质。花单生叶腋，淡粉红色。梨果长椭圆形，长 10~15cm，木质，味芳香。

皱皮木瓜（贴梗海棠）**Chaenomeles lagenaria** (Loisel.) Koidz.
【**Chaenomeles speciosa** (Sweet) Nakai】蔷薇科 Rosaceae 木瓜海棠属 / 木瓜属

生活型：落叶灌木。小枝常具刺。**高度**：达 2m。**株形**：宽卵形。**茎皮**：光滑，暗灰色。**枝条**：小枝无毛，褐色，皮孔显著。**冬芽**：冬芽三角状卵形，紫褐色。**叶**：叶互生，卵形至椭圆形，边缘具尖锐锯齿；托叶大形，草质，肾形或半圆形。**花**：花 3~5 朵簇生于老枝上，近无梗，先叶开放；花直径 3~5cm；萼筒钟状，萼片 5；花瓣 5，猩红色；雄蕊 45~50；花柱 5，柱头头状。**果实及种子**：梨果球形或卵球形，熟时黄色或带黄绿色，直径 4~6cm，味芳香。**花果期**：花期 3~5 月，果期 9~10 月。**分布**：产中国陕西、甘肃、四川、重庆、贵州、云南、广东。缅甸也有分布。**生境**：生于村边、路边、山坡、山坡灌丛、宅边，海拔 600~3300m。**用途**：果食用，观赏。

特征要点 小枝常具刺。叶卵形至椭圆形，边缘具尖锐锯齿；托叶大形，肾形或半圆形。花 3~5 朵簇生，近无梗；花冠猩红色。梨果球形或卵球形，直径 4~6cm。

杜梨 **Pyrus betulifolia** Bunge 蔷薇科 Rosaceae 梨属

生活型：落叶乔木。**高度**：达 10m。**株形**：卵形。**树皮**：暗灰色，鱼鳞状分裂。**枝条**：小枝紫褐色。**冬芽**：卵形。**叶**：叶互生或簇生，菱状卵形至长圆卵形，边缘有粗锐锯齿，幼叶两面均密被灰白色茸毛。**花**：伞形总状花序，被灰白色茸毛；花梗长 2~2.5cm；花直径 1.5~2cm；萼片 5，三角卵形；花瓣 5，宽卵形，白色；雄蕊 20，花药紫色；花柱 2~3，基部微具毛。**果实及种子**：梨果近球形，直径 5~10mm，褐色，有淡色斑点，萼片脱落。**花果期**：花期 4 月，果期 8~9 月。**分布**：产中国辽宁、河北、河南、山东、山西、陕西、甘肃、湖北、江苏、安徽、江西等地。**生境**：生于平原或山坡阳处，海拔 50~1800m。**用途**：观赏。

特征要点 叶菱状卵形至长圆卵形，边缘有粗锐锯齿，幼叶被灰白色茸毛。伞形总状花序；花白色；花药紫色。梨果近球形，直径 5~10mm，褐色，萼片脱落。

白梨 **Pyrus bretschneideri** Rehder 蔷薇科 Rosaceae 梨属

生活型: 落叶乔木。**高度**: 5~8m。**株形**: 宽卵形。**树皮**: 黑色, 纵裂。**枝条**: 小枝粗壮, 紫褐色。**冬芽**: 冬芽卵形, 暗紫色。**叶**: 叶互生或簇生, 卵形或椭圆状卵形, 边缘有尖锐锯齿, 齿尖有刺芒, 两面幼时均有茸毛, 老叶无毛。**花**: 伞形总状花序, 嫩时有茸毛; 花直径2~3.5cm; 萼片5, 三角形, 边缘有腺齿; 花瓣5, 卵形, 白色; 雄蕊20, 花药紫色; 花柱5或4, 无毛。**果实及种子**: 梨果卵形或近球形, 直径2~2.5cm, 黄色, 有细密斑点, 先端萼片脱落。**花果期**: 花期4月, 果期8~9月。**分布**: 产中国河北、河南、山东、山西、陕西、甘肃、青海、新疆。**生境**: 适宜生长在干旱寒冷的地区或山坡阳处, 海拔100~2000m。**用途**: 果食用, 观赏。

特征要点 叶卵形或椭圆状卵形, 边缘有尖锐锯齿, 齿尖有刺芒。花直径2~3.5cm; 花柱5或4。梨果卵形或近球形, 直径2~2.5cm, 黄色, 先端萼片脱落。

西洋梨 **Pyrus communis** L. 蔷薇科 Rosaceae 梨属

生活型: 落叶乔木。**高度**: 达15m。**株形**: 宽卵形。**树皮**: 暗灰色。**枝条**: 小枝褐色。**冬芽**: 卵形。**叶**: 叶互生或簇生, 卵形至椭圆形, 边缘有圆钝锯齿, 稀全缘, 幼嫩时有蛛丝状柔毛。**花**: 伞形总状花序, 具花6~9朵; 花梗长2~3.5cm; 花直径2.5~3cm; 萼片5, 三角披针形; 花瓣5, 倒卵形, 白色; 雄蕊20, 长约花瓣之半; 花柱5, 基部有柔毛。**果实及种子**: 梨果倒卵形或近球形, 长3~5cm, 宽1.5~2cm, 绿色或黄色, 稀带红晕, 具斑点, 萼片宿存。**花果期**: 花期4月, 果期7~9月。**分布**: 原产欧洲、亚洲西部。中国各地栽培。**生境**: 生于果园中。**用途**: 果食用, 观赏。

特征要点 叶卵形至椭圆形, 边缘有圆钝锯齿, 幼嫩时有蛛丝状柔毛。花梗长2~3.5cm; 花直径2.5~3cm; 花柱5。梨果倒卵形或近球形, 黄色, 长3~5cm, 萼片宿存。

133

川梨 **Pyrus pashia** Buch.-Ham. ex D. Don 蔷薇科 Rosaceae 梨属

生活型：落叶乔木。**高度**：达 12m。**株形**：宽卵形。**树皮**：暗灰色。**枝条**：小枝褐色。**冬芽**：卵形。**叶**：叶互生或簇生，卵形至长卵形，边缘有钝锯齿，幼嫩时有茸毛。**花**：伞形总状花序，密被茸毛；花梗长 2~3cm；花直径 2~2.5cm；萼筒杯状，萼片 5，三角形，全缘；花瓣 5，倒卵形，白色；雄蕊 25~30，稍短于花瓣；花柱 3~5，无毛。**果实及种子**：梨果近球形，直径 1~1.5cm，褐色，有斑点，萼片早落。**花果期**：花期 3~4 月，果期 8~9 月。**分布**：产中国四川、云南、贵州等地。印度、缅甸、不丹、尼泊尔、老挝、越南、泰国也有分布。**生境**：生于山谷斜坡、丛林中，海拔 650~3000m。**用途**：观赏。

特征要点 叶卵形至长卵形，边缘有钝锯齿，幼嫩时有茸毛。伞形总状花序，密被茸毛；花直径 2~2.5cm；花柱 3~5，无毛。梨果近球形，褐色，直径 1~1.5cm，萼片早落。

秋子梨（楸子梨） **Pyrus ussuriensis** Maxim. 蔷薇科 Rosaceae 梨属

生活型：落叶乔木。**高度**：达 15m。**株形**：宽卵形。**树皮**：暗灰色，块状分裂。**枝条**：小枝褐色。**冬芽**：卵形。**叶**：叶互生或簇生，卵形至宽卵形，边缘具有带刺芒状尖锐锯齿，幼嫩时有疏茸毛。**花**：伞形总状花序密集，幼嫩时被茸毛；花梗长 2~5cm；花直径 3~3.5cm；萼片 5，三角披针形，边缘有腺齿；花瓣 5，卵形，白色；雄蕊 20，花药紫色；花柱 5，离生。**果实及种子**：梨果近球形，黄色，直径 2~6cm，萼片宿存。**花果期**：花期 5 月，果期 8~10 月。**分布**：产中国黑龙江、吉林、辽宁、内蒙古、河北、山东、山西、陕西、甘肃。亚洲、朝鲜也有分布。**生境**：适于生长在寒冷而干燥的山区，海拔 100~2000m。**用途**：果食用，观赏。

特征要点 叶卵形至宽卵形，边缘具有带刺芒状尖锐锯齿。伞形总状花序密集；花直径 3~3.5cm；花柱 5，离生。梨果近球形，黄色，直径 2~6cm，萼片宿存。

木梨 **Pyrus xerophila** T. T. Yu 薔薇科 Rosaceae 梨属

生活型：落叶乔木。**高度**：8~10m。**株形**：宽卵形。**树皮**：灰色，粗糙，微裂。**枝条**：小枝灰色，粗壮。**冬芽**：卵形。**叶**：叶互生或簇生，卵形至长卵形，边缘有钝锯齿，正背两面均无毛。**花**：伞形总状花序，幼时被稀疏柔毛；花梗长 2~3cm；花直径 2~2.5cm；萼片 5，三角卵形，边缘有腺齿；花瓣 5，宽卵形，白色；雄蕊 20，稍短于花瓣；花柱 5 稀 4，被毛。**果实及种子**：梨果卵球形或椭圆形，直径 1~1.5cm，褐色，有斑点，萼片宿存。**花果期**：花期 4 月，果期 8~9 月。**分布**：产中国山西、陕西、河南、甘肃等地。**生境**：生于山坡、灌木丛中，海拔 500~2000m。**用途**：观赏。

特征要点 叶卵形至长卵形，边缘有钝锯齿，正背两面均无毛。花直径 2~2.5cm；花柱 5 稀 4，被毛。梨果卵球形或椭圆形，直径 1~1.5cm，褐色，萼片宿存。

花红（沙果） **Malus asiatica** Nakai 薔薇科 Rosaceae 苹果属

生活型：落叶小乔木。**高度**：4~6m。**株形**：宽卵形。**树皮**：暗紫褐色，有稀疏浅色皮孔。**枝条**：小枝粗壮，嫩枝密被柔毛。**冬芽**：卵形，先端急尖。**叶**：叶片卵形或椭圆形，边缘有细锐锯齿，背面密被短柔毛；托叶小。**花**：伞房花序，具花 4~7 朵；花直径 3~4cm；萼片 5；花瓣 5，倒卵形，淡粉色；雄蕊 17~20；花柱 4~5，基部具长茸毛。**果实及种子**：梨果卵形或近球形，直径 4~5cm，先端渐狭，基部陷入，宿存萼肥厚隆起。**花果期**：花期 4~5 月，果期 8~9 月。**分布**：产中国内蒙古、辽宁、河北、河南、山东、山西、陕西、甘肃、湖北、四川、贵州、云南、新疆。**生境**：生于山坡阳处、平原沙地，海拔 50~2800m。**用途**：果食用。

特征要点 叶卵形或椭圆形，先端急尖或渐尖，边缘有细锐锯齿，背面密被短柔毛。花直径 3~4cm，花瓣淡粉色。果实具短梗，卵形或近球形，直径 4~5cm。

苹果 **Malus domestica** (Suckow) Borkh. 【Malus pumila Mill.】
蔷薇科 Rosaceae 苹果属

生活型: 落叶乔木。**高度**: 达 15m。**株形**: 宽卵形。**树皮**: 暗褐色, 浅裂。**枝条**: 小枝短粗, 紫褐色。**冬芽**: 冬芽卵形。**叶**: 叶互生, 椭圆形, 先端急尖, 边缘具有圆钝锯齿; 叶柄粗壮, 长约 1.5~3cm。**花**: 伞房花序顶生, 具花 3~7 朵, 密被茸毛; 花直径 3~4cm; 萼筒外面密被茸毛, 萼片 5, 三角状披针形; 花瓣 5, 倒卵形, 白色, 含苞未放时带粉红色; 雄蕊 20; 花柱 5。**果实及种子**: 梨果扁球形, 直径在 2cm 以上, 萼片宿存。**花果期**: 花期 5 月, 果期 7~10 月。**分布**: 产中国辽宁、河北、山西、山东、陕西、甘肃、四川、云南、西藏。欧洲、亚洲也有分布。**生境**: 适生于山坡梯田、旷野以及黄土丘陵等处, 海拔 50~2500m。**用途**: 果食用, 观赏。

特征要点 叶椭圆形, 先端急尖, 边缘具有圆钝锯齿。伞房花序, 花 3~7 朵, 密被茸毛; 花白色。梨果扁球形, 直径在 2cm 以上, 萼片宿存。

西府海棠(小果海棠) **Malus × micromalus** Makino 蔷薇科 Rosaceae 苹果属

生活型: 落叶小乔木。**高度**: 达 2.5~5m。**株形**: 宽卵形。**树皮**: 灰白色, 平滑。**枝条**: 小枝细弱, 暗褐色。**冬芽**: 卵形。**叶**: 叶互生, 椭圆形, 边缘有尖锐锯齿; 叶柄长 2~3.5cm。**花**: 伞形总状花序顶生, 有花 4~7 朵; 花直径约 4cm; 萼筒外面密被白色长茸毛, 萼片 5, 三角卵形, 全缘; 花瓣 5, 近圆形或长椭圆形, 粉红色; 雄蕊约 20; 花柱 5。**果实及种子**: 梨果近球形, 直径 1~1.5cm, 红色。**花果期**: 花期 4~5 月, 果期 8~9 月。**分布**: 产中国辽宁、河北、山西、山东、陕西、甘肃、云南等地。**生境**: 生于庭园中, 海拔 50~2400m。**用途**: 观赏。

特征要点 叶椭圆形, 边缘有尖锐锯齿, 无毛。伞形总状花序, 花 4~7 朵, 径约 4cm, 花冠粉红色。梨果近球形, 直径 1~1.5cm, 红色。

山荆子 **Malus baccata** (L.) Borkh. 蔷薇科 Rosaceae 苹果属

生活型: 落叶乔木。**高度**: 达 10~14m。**株形**: 宽卵形。**树皮**: 灰白色，浅裂。**枝条**: 小枝细弱，微屈曲，红褐色。**冬芽**: 卵形。**叶**: 叶互生，椭圆形或卵形，先端渐尖，边缘有细锐锯齿；叶柄长 2~5cm。**花**: 伞形花序顶生，具花 4~6 朵；花直径 3~3.5cm；萼筒外面无毛，萼片 5，披针形；花瓣 5，倒卵形，白色；雄蕊 15~20；花柱 5 及 4。**果实及种子**: 梨果近球形，直径 8~10mm，红色或黄色，萼片脱落。**花果期**: 花期 4~6 月，果期 9~10 月。**分布**: 产中国辽宁、吉林、黑龙江、内蒙古、河北、山西、山东、陕西、甘肃等地。蒙古、朝鲜、俄罗斯也有分布。**生境**: 生于山坡杂木林中及山谷阴处灌木丛中，海拔 50~1500m。**用途**: 观赏。

特征要点 叶、叶柄或花序均无毛。叶椭圆形或卵形，先端渐尖。伞形花序；花白色，花药黄色，子房下位。梨果小，具长柄，红色或黄色，萼片脱落。

楸子 **Malus prunifolia** (Willd.) Borkh. 蔷薇科 Rosaceae 苹果属

生活型: 落叶小乔木。**高度**: 达 3~8m。**株形**: 宽卵形。**树皮**: 灰白色。**枝条**: 小枝粗壮，灰褐色。**冬芽**: 卵形。**叶**: 叶互生，卵形或椭圆形，边缘有细锐锯齿；叶柄长 1~5cm。**花**: 花序近伞形，具花 4~10 朵；花直径 4~5cm；萼筒外面被柔毛，萼片 5，披针形；花瓣 5，倒卵形或椭圆形，白色，含苞未放时粉红色；雄蕊 20；花柱 4~5。**果实及种子**: 梨果卵形，直径 2~2.5cm，红色，萼片宿存肥厚。**花果期**: 花期 4~5 月，果期 8~9 月。**分布**: 产中国河北、山东、山西、河南、陕西、甘肃、辽宁、内蒙古等地。**生境**: 生于山坡、平地或山谷梯田边，海拔 50~1300m。**用途**: 果食用，观赏。

特征要点 叶卵形或椭圆形，边缘有细锐锯齿。花序近伞形，具花 4~10 朵；花瓣 5，白色，含苞未放时粉红色。梨果卵形，直径 2~2.5cm，红色，萼片宿存肥厚。

海棠花 **Malus spectabilis** (Aiton) Borkh. 蔷薇科 Rosaceae 苹果属

生活型: 落叶乔木。**高度**: 达 8m。**株形**: 宽卵形。**树皮**: 灰白色, 块状剥落。**枝条**: 小枝粗壮, 褐色。**冬芽**: 卵形。**叶**: 叶互生, 椭圆形至长椭圆形, 先端短渐尖或圆钝, 边缘具锯齿; 叶柄纤细。**花**: 花序近伞形, 有花 4~6 朵, 具柔毛; 花直径 4~5cm; 萼筒外面无毛, 萼片 5, 三角卵形; 花瓣 5, 卵形, 白色, 含苞未放时呈粉红色; 雄蕊 20~25; 花柱 5, 稀 4。**果实及种子**: 梨果近球形, 直径 2cm, 黄色, 萼片宿存。**花果期**: 花期 4~5 月, 果期 8~9 月。**分布**: 产中国河北、山东、陕西、江苏、浙江、云南等地。**生境**: 生于平原或山地, 海拔 50~2000m。**用途**: 观赏。

特征要点 叶椭圆形至长椭圆形, 边缘具锯齿。花序近伞形, 有花 4~6 朵, 具柔毛; 花瓣 5, 白色, 含苞未放时呈粉红色。梨果近球形, 直径 2cm, 黄色, 萼片宿存。

玫瑰 **Rosa rugosa** Thunb. 蔷薇科 Rosaceae 蔷薇属

生活型: 落叶直立灌木。**高度**: 达 2m。**株形**: 蔓生形。**茎皮**: 红褐色。**枝条**: 小枝密被茸毛, 具皮刺。**叶**: 羽状复叶互生, 小叶 5~9, 椭圆形, 边缘有尖锐锯齿, 正面褶皱, 背面密被茸毛和腺毛; 叶轴密被茸毛和腺毛。**花**: 花单生叶腋, 或数朵簇生; 花直径 4~5.5cm; 萼片 5, 卵状披针形, 常有羽状裂片而扩展成叶状; 花瓣重瓣至半重瓣, 芳香, 紫红色至白色; 花柱离生。**果实及种子**: 蔷薇果扁球形, 直径 2~2.5cm, 砖红色, 肉质, 平滑, 萼片宿存。**花果期**: 花期 5~6 月, 果期 8~9 月。**分布**: 产中国华北。日本、朝鲜也有分布。**生境**: 生于海岸低地、海岛、路边, 海拔 100~2900m。**用途**: 花食用, 观赏。

特征要点 小枝密被茸毛, 具皮刺。羽状复叶, 小叶 5~9, 被毛。花单生叶腋; 萼片顶端常有羽状裂片而扩展成叶状; 花瓣重瓣至半重瓣, 芳香, 紫红色至白色。蔷薇果扁球形。

月季花 **Rosa chinensis** Jacq. 蔷薇科 Rosaceae 蔷薇属

生活型: 落叶直立灌木。**高度**: 1~2m。**株形**: 宽卵形。**茎皮**: 黑褐色。**枝条**: 小枝粗壮,具皮刺。**叶**: 羽状复叶互生,小叶常 3~5,宽卵形至披针状长圆形,边缘有锐锯齿,两面近无毛;叶轴具散生皮刺和腺毛。**花**: 花几朵集生,稀单生,直径 4~5cm;花梗长 2.5~6cm,近无毛;萼片 5,卵形,先端尾状渐尖,有时呈叶状,边缘常有羽状裂片;花瓣重瓣至半重瓣,红色、粉红色至白色;雄蕊多数;花柱离生。**果实及种子**: 蔷薇果卵球形或梨形,长 1~2cm,红色,萼片脱落。**花果期**: 花期 4~9月,果期 6~11月。**分布**: 原产中国贵州、湖北、四川。中国各地栽培。世界各地广泛栽培。**生境**: 生于丘陵向阳地、山谷边、山坡路边,海拔 400~3550m。**用途**: 观赏。

特征要点　小枝无毛,具皮刺。羽状复叶,小叶常 3~5,近无毛。花大,几朵集生;花瓣重瓣至半重瓣,红色、粉红色至白色。蔷薇果卵球形或梨形。

山刺玫 **Rosa davurica** Pall. 蔷薇科 Rosaceae 蔷薇属

生活型: 落叶直立灌木。**高度**: 约 1.5m。**株形**: 卵形。**茎皮**: 红褐色。**枝条**: 小枝褐色,具皮刺。**叶**: 羽状复叶互生,小叶 7~9,长圆形或阔披针形,边缘具锯齿,背面有腺点;叶轴有稀疏皮刺。**花**: 花单生叶腋,或 2~3 朵簇生;苞片卵形;花直径 3~4cm;萼片 5,披针形,先端扩展成叶状,具齿和腺毛;花瓣 5,粉红色;雄蕊多数;花柱离生,被毛。**果实及种子**: 蔷薇果近球形或卵球形,直径 1~1.5cm,红色,光滑,萼片宿存,直立。**花果期**: 花期 6~7月,果期 8~9月。**分布**: 产中国东北和华北地区。朝鲜、俄罗斯、西伯利亚、蒙古也有分布。**生境**: 生于山坡向阳处、杂木林边、丘陵草地,海拔 430~2500m。**用途**: 观赏。

特征要点　小枝褐色,具黄色皮刺。羽状复叶,小叶 7~9,长圆形或阔披针形,被柔毛。花单生叶腋;萼片先端扩展成叶状;花瓣 5,粉红色。蔷薇果近球形,萼片宿存,直立。

野蔷薇 **Rosa multiflora** Thunb. 蔷薇科 Rosaceae 蔷薇属

生活型: 落叶攀缘灌木。**高度**: 2~5m。**株形**: 蔓生形。**茎皮**: 黑褐色。**枝条**: 小枝圆柱形,具弯曲皮刺。**叶**: 羽状复叶互生,小叶 5~9,倒卵形或长圆形,边缘有尖锐单锯齿,背面有柔毛;托叶篦齿状。**花**: 花多朵,排成圆锥状花序;花梗长 1.5~2.5cm;花直径 1.5~2cm;萼片 5,披针形;花瓣 5,白色;雄蕊多数;花柱结合成束。**果实及种子**: 蔷薇果近球形,直径 6~8mm,褐色,有光泽,无毛,萼片脱落。**花果期**: 花期 5~7月,果期 10月。**分布**: 产中国河北、河南、山东、安徽、浙江、甘肃、陕西、江西、湖北、湖南、广东、贵州、福建、台湾等地。日本、朝鲜也有分布。**生境**: 生于山坡或庭园中,海拔 200~2900m。**用途**: 观赏。

特征要点 小枝具弯曲皮刺。羽状复叶互生,小叶 5~9,边缘有尖锐单锯齿,背面有柔毛;托叶篦齿状。圆锥状花序具多花;花瓣 5,白色。蔷薇果近球形,褐色,无毛,萼片脱落。

黄刺玫 **Rosa xanthina** Lindl. 蔷薇科 Rosaceae 蔷薇属

生活型: 落叶灌木。**高度**: 1~3m。**株形**: 蔓生形。**茎皮**: 暗灰色。**枝条**: 小枝褐色,具硬皮刺。**叶**: 羽状复叶互生,小叶 7~13,宽卵形或近圆形,边缘有钝锯齿,背面幼时微生柔毛;叶轴疏生小皮刺。**花**: 花单生叶腋,无苞片;花梗长 1~2mm,无毛;花直径约 4cm;萼片 5,披针形,全缘,宿存;花瓣黄色,重瓣或单瓣;雄蕊多数;花柱离生。**果实及种子**: 蔷薇果近球形,直径约 1cm,红褐色,萼片宿存。**花果期**: 花期 5~6月,果期 7~8月。**分布**: 产中国东北、华北各地。**生境**: 生于庭园或山坡上。**用途**: 果食用,观赏。

特征要点 小枝具硬皮刺。羽状复叶互生,小叶 7~13,边缘有钝锯齿,背面幼时微生柔毛。花单生叶腋;花瓣黄色,重瓣或单瓣。蔷薇果近球形,红褐色,萼片宿存。

棣棠花 **Kerria japonica** (L.) DC. 蔷薇科 Rosaceae 棣棠属

生活型: 落叶灌木。**高度:** 1~2m。**株形:** 宽卵形。**茎皮:** 绿色,光滑。**枝条:** 小枝绿色,圆柱形,无毛。**叶:** 叶互生,三角状卵形或卵圆形,顶端长渐尖,边缘有尖锐重锯齿,背面有柔毛。**花:** 单花生于当年生侧枝顶端,花梗无毛;花直径2.5~6cm;萼片5,全缘,宿存;花瓣5,黄色,宽椭圆形,顶端下凹;雄蕊多数;花盘环状;雌蕊5~8,分离,花柱细长。**果实及种子:** 瘦果倒卵形至半球形,褐色,表面无毛,有皱褶。**花果期:** 花期4~6月,果期6~8月。**分布:** 产中国甘肃、陕西、山东、河南、江苏、安徽、浙江、福建、江西、湖南、四川、贵州、云南。日本也有分布。**生境:** 生于灌丛中,海拔200~3000m。**用途:** 观赏。

特征要点 枝条绿色,光滑。叶三角状卵圆形,顶端长渐尖,有尖锐重锯齿。单花生侧枝顶端;花瓣黄色;雌蕊5~8,分离。

鸡麻 **Rhodotypos scandens** (Thunb.) Makino 蔷薇科 Rosaceae 鸡麻属

生活型: 落叶灌木。**高度:** 0.5~2m。**株形:** 圆球形。**茎皮:** 灰色。**枝条:** 小枝紫褐色,光滑。**叶:** 叶对生,卵形,顶端渐尖,基部圆形至微心形,边缘有尖锐重锯齿,侧脉显著。**花:** 单花顶生于新梢上;花直径3~5cm;萼片4,大,卵状椭圆形,绿色,具锐锯齿,副萼片细小,狭带形;花瓣4,白色,倒卵形;雄蕊多数,花盘肥厚;雌蕊4,花柱细长。**果实及种子:** 核果1~4,熟时黑色,斜椭圆形,长约8mm,光滑。**花果期:** 花期4~5月,果期6~9月。**分布:** 产中国辽宁、陕西、甘肃、山东、河南、江苏、安徽、浙江、湖北。日本、朝鲜也有分布。**生境:** 生于山坡疏林中、山谷林下阴处。海拔100~800m。**用途:** 观赏。

特征要点 叶对生,卵形,基部圆形至微心形,边缘有尖锐重锯齿,侧脉显著。单花顶生;花4数;花瓣白色。核果1~4,熟时黑色,斜椭圆形,光滑。

插田泡 **Rubus coreanus** Miq. 蔷薇科 Rosaceae 悬钩子属

生活型: 落叶灌木。**高度**: 1~3m。**株形**: 蔓生形。**茎皮**: 灰白色。**枝条**: 小枝红褐色，被白粉，具扁平皮刺。**叶**: 羽状复叶互生，小叶通常5枚，卵形，背面被短柔毛，边缘有粗锯齿，有时3浅裂；叶轴疏生钩状小皮刺。**花**: 伞房花序顶生，被灰白色短柔毛；花直径7~10mm；萼片5，长卵形；花瓣5，倒卵形，淡红色至深红色；雄蕊多数，花丝带粉红色；雌蕊多数。**果实及种子**: 聚合果近球形，直径5~8mm，深红色至紫黑色。**花果期**: 花期4~6月，果期6~8月。**分布**: 产中国西南、华中和华东地区。朝鲜和日本也有分布。**生境**: 生于山坡灌丛或山谷、河边、路旁，海拔100~1700m。**用途**: 果食用，观赏。

特征要点 小枝被白粉，具扁平皮刺。羽状复叶，小叶通常5枚，卵形，背面被短柔毛，边缘有粗锯齿。伞房花序顶生；花淡红色至深红色。聚合果近球形，深红色至紫黑色。

牛叠肚 **Rubus crataegifolius** Bunge 蔷薇科 Rosaceae 悬钩子属

生活型: 落叶灌木。**高度**: 1~2m。**株形**: 丛生形。**茎皮**: 红褐色。**枝条**: 小枝具皮刺。**叶**: 单叶互生，卵形，3~5掌状分裂，边缘具不规则缺刻状锯齿，背面脉上有柔毛和小皮刺。**花**: 花数朵簇生或成短总状花序，常顶生；花直径1~1.5cm；萼片5；花瓣5，椭圆形或长圆形，白色；雄蕊多数，直立，花丝宽扁；雌蕊多数，子房无毛。**果实及种子**: 聚合果近球形，直径约1cm，暗红色，无毛，有光泽。**花果期**: 花期5~6月，果期7~9月。**分布**: 产中国黑龙江、辽宁、吉林、河北、河南、山西、山东等地。朝鲜、日本、俄罗斯也有分布。**生境**: 生于向阳山坡灌木丛中、林缘、山沟、路边成群生长，海拔300~2500m。**用途**: 果食用，观赏。

特征要点 小枝具皮刺。单叶互生，3~5掌状分裂，边缘具不规则缺刻状锯齿。花数朵簇生或成短总状花序；花白色。聚合果近球形，暗红色，无毛，有光泽。

覆盆子 **Rubus idaeus** L. 蔷薇科 Rosaceae 悬钩子属

生活型: 落叶灌木。**高度**: 1~2m。**株形**: 蔓生形。**茎皮**: 灰白色。**枝条**: 小枝, 被柔毛, 疏生皮刺。**叶**: 羽状复叶互生, 小叶 3~7, 长卵形或椭圆形, 背面密被灰白色茸毛, 边缘具不规则锯齿; 叶柄具稀疏小刺。**花**: 短总状花序, 被毛和针刺; 花直径 1~1.5cm; 萼片 5, 尾尖; 花瓣 5, 匙形, 白色; 雄蕊多数, 长于花柱; 雌蕊多数, 密被灰白色茸毛。**果实及种子**: 聚合果近球形, 直径 1~1.4cm, 红色或橙黄色, 密被短茸毛。**花果期**: 花期 5~6月, 果期 8~9月。**分布**: 产中国吉林、辽宁、河北、山西、新疆等地。日本、俄罗斯、北美、欧洲也有分布。**生境**: 生于山地杂木林边、灌丛、荒野, 海拔 500~2000m。**用途**: 果食用, 观赏。

特征要点 小枝疏生皮刺。羽状复叶, 小叶 3~7, 背面密被灰白色茸毛, 边缘具不规则锯齿。短总状花序或少花腋生; 花白色。聚合果近球形, 红色或橙黄色, 密被短茸毛。

高粱藨 **Rubus lambertianus** Ser. 蔷薇科 Rosaceae 悬钩子属

生活型: 半常绿藤状灌木。**高度**: 达 3m。**株形**: 蔓生形。**茎皮**: 灰白色。**枝条**: 小枝具微弯小皮刺。**叶**: 单叶互生, 宽卵形, 被疏柔毛, 中脉上常疏生小皮刺, 边缘明显 3~5裂或呈波状, 有细锯齿。**花**: 圆锥花序顶生, 被柔毛; 萼片 5, 被白色短柔毛; 花瓣 5, 倒卵形, 白色; 雄蕊多数; 雌蕊 15~20, 无毛。**果实及种子**: 聚合果近球形, 直径 6~8mm, 红色, 无毛。**花果期**: 花期 7~8月, 果期 9~11月。**分布**: 产中国河南、湖北、湖南、江西、江苏、浙江、福建、台湾、广东、广西、云南、四川、贵州。俄罗斯远东地区、日本也有分布。**生境**: 生于低海拔山坡、山谷、路旁灌木丛中阴湿处、林缘、草坪, 海拔 100~2500m。**用途**: 果食用, 观赏。

特征要点 小枝具微弯小皮刺。单叶互生, 宽卵形, 被疏柔毛, 边缘明显 3~5裂或呈波状。圆锥花序顶生; 花白色。聚合果近球形, 红色, 无毛。

茅莓 **Rubus parvifolius** L. 蔷薇科 Rosaceae 悬钩子属

生活型: 落叶灌木。**高度**: 1~2m。**株形**: 蔓生形。**茎皮**: 灰白色。**枝条**: 小枝被柔毛和稀疏钩状皮刺。**叶**: 羽状复叶互生，小叶3，菱状圆卵形，正面伏生疏柔毛，背面密被灰白色茸毛，边缘有不整齐锯齿和浅裂片。**花**: 伞房花序顶生或腋生；花直径约1cm；萼片5，披针形；花瓣5，卵圆形，粉红至紫红色，基部具爪；雄蕊花丝白色；子房具柔毛。**果实及种子**: 聚合果卵球形，直径1~1.5cm，红色，无毛。**花果期**: 花期5~6月，果期7~8月。**分布**: 产中国东北、华北、华中、华东、华南和西南地区。日本、朝鲜也有分布。**生境**: 生于山坡杂木林下、向阳山谷、路旁、荒野，海拔400~2600m。**用途**: 果食用，观赏。

特征要点 植株蔓生。小枝被柔毛。羽状复叶互生，小叶3，菱状圆形或倒卵形，背面密被灰白色茸毛。伞房花序顶生或腋生；花粉红至紫红色。聚合果卵球形，红色，无毛。

金露梅 **Dasiphora fruticosa** (L.) Rydb. 【**Potentilla fruticosa** L.】
蔷薇科 Rosaceae 金露梅属 / 委陵菜属

生活型: 落叶灌木。**高度**: 达1.5m。**株形**: 卵形。**茎皮**: 纵向剥落。**枝条**: 小枝褐色，被丝柔毛。**叶**: 羽状复叶互生，密集，小叶3~7，长椭圆形至披针形，全缘，疏被丝状长柔毛；托叶膜质。**花**: 花单生或数朵成伞房状；花梗有丝状柔毛；花黄色，直径2~3cm；副萼片5，披针形；萼裂片5，卵形；花瓣5，圆形；雄蕊多数；花柱近基生，棒形，柱头扩大。**果实及种子**: 瘦果近卵形，褐棕色，密生长柔毛。**花果期**: 花期5~7月，果期9~10月。**分布**: 产中国黑龙江、吉林、辽宁、内蒙古、河北、山西、陕西、甘肃、新疆、四川、云南、西藏。**生境**: 生于山坡草地、砾石坡、灌丛、林缘，海拔1000~4000m。**用途**: 观赏。

特征要点 羽状复叶密集，小叶3~7，长椭圆形至披针形，全缘；托叶膜质。花单生或数朵成伞房状；花黄色。瘦果近卵形，褐棕色，密生长柔毛。

银露梅 **Dasiphora glabra** (G. Lodd.) Soják 【*Potentilla glabra* G. Lodd.】

蔷薇科 Rosaceae 金露梅属 / 委陵菜属

生活型: 落叶灌木。**高度**: 0.3~2m。**株形**: 卵形。**茎皮**: 纵向剥落。**枝条**: 小枝褐色,被柔毛。**叶**: 羽状复叶互生,小叶常 2 对,椭圆形至卵状椭圆形,全缘,被疏柔毛或几无毛,托叶薄膜质。**花**: 单花或数花顶生;花梗细长,被疏柔毛,花白色,直径 1.5~2.5cm;副萼片 5,披针形;萼片 5,卵形;花瓣 5,白色,倒卵形;雄蕊多数;花柱近基生,棒状。**果实及种子**: 瘦果表面被毛。**花果期**: 花期 6~7 月,果期 10~11 月。**分布**: 产中国内蒙古、河北、山西、陕西、甘肃、青海、安徽、湖北、四川、云南等地。朝鲜、俄罗斯、蒙古也有分布。**生境**: 生于山坡草地、河谷岩石缝中、灌丛及林中,海拔 1400~4200m。**用途**: 观赏。

特征要点 羽状复叶互生,小叶常 2 对,椭圆形,全缘;托叶薄膜质。单花或数花顶生;花白色。瘦果表面被毛。

东北扁核木 **Prinsepia sinensis** (Oliv.) Oliv. ex Bean 蔷薇科 Rosaceae 扁核木属

生活型: 落叶小灌木。**高度**: 1~3m。**株形**: 卵形。**茎皮**: 暗灰色。**枝条**: 小枝有棱条,具枝刺。**冬芽**: 小,卵圆形。**叶**: 叶互生,披针形,全缘或具稀疏锯齿,两面无毛。**花**: 花 1~4 朵簇生叶腋;花梗长 1~1.8cm,无毛;花直径约 1.5cm;萼筒钟状,萼片 5,短三角状卵形;花瓣 5,黄色,倒卵形;雄蕊 10,花丝短;心皮 1,无毛,花柱侧生,柱头头状。**果实及种子**: 核果近球形或长圆形,直径 1~1.5cm,红紫色或紫褐色,光滑无毛,萼片宿存;核坚硬,卵球形,微扁,有皱纹。**花果期**: 花期 3~4 月,果期 8 月。**分布**: 产中国内蒙古、黑龙江、吉林、辽宁。**生境**: 生于山坡开阔处、河岸旁、杂木林中、阴山坡的林间,海拔 500~900m。**用途**: 观赏。

特征要点 小枝具枝刺。叶披针形,两面无毛。花 1~4 朵簇生叶腋;花下垂,黄色。核果近球形或长圆形,熟时红紫色或紫褐色;核坚硬,卵球形,微扁,有皱纹。

蕤核 **Prinsepia uniflora** Batalin 蔷薇科 Rosaceae 扁核木属

生活型：落叶灌木。**高度**：1~2m。**株形**：卵形。**茎皮**：灰白色，光滑。**枝条**：小枝具钻形枝刺。**冬芽**：冬芽卵圆形。**叶**：叶互生或丛生，近无柄，长圆披针形或狭长圆形，全缘，无毛。**花**：花单生或2~3朵簇生叶丛内；花直径8~10mm；萼筒陀螺状，萼片5；花瓣5，白色，有紫色脉纹；雄蕊10；心皮1，无毛，花柱侧生，柱头头状。**果实及种子**：核果球形，直径8~12mm，红褐色或黑褐色，无毛，有光泽，萼片宿存，反折；核卵球形，左右压扁，有沟纹。**花果期**：花期4~5月，果期8~9月。**分布**：产中国河南、山西、陕西、内蒙古、甘肃、四川。**生境**：生于山坡阳处、山脚下，海拔900~1100m。**用途**：观赏。

特征要点 小枝具钻形枝刺。叶长圆披针形或狭长圆形，全缘，无毛。花1~3朵簇生叶丛内；花白色。核果球形，熟时红褐色或黑褐色；核卵球形，左右压扁，有沟纹。

扁核木 **Prinsepia utilis** Royle 蔷薇科 Rosaceae 扁核木属

生活型：落叶灌木。**高度**：1~5m。**株形**：卵形。**茎皮**：绿色，光滑。**枝条**：小枝绿色，有棱条，具枝刺。**冬芽**：小，近无毛。**叶**：叶互生，长圆形或卵状披针形，全缘或有浅锯齿，无毛。**花**：花多数成总状花序，长3~6cm；萼筒杯状，萼片5；花瓣5，白色；雄蕊多数；花盘圆盘状，紫红色；心皮1，无毛，花柱短，侧生，柱头头状。**果实及种子**：核果长圆形，长1~1.5cm，紫褐色或黑紫色，平滑无毛，被白粉，萼片宿存；核平滑，紫红色。**花果期**：花期4~5月，果期8~9月。**分布**：产中国云南、贵州、四川、西藏。巴基斯坦、尼泊尔、不丹、印度也有分布。**生境**：生于山坡、荒地、山谷、路旁，海拔1000~2560m。**用途**：观赏。

特征要点 小枝绿色，具枝刺。叶长圆形或卵状披针形，无毛。花多数成总状花序；花白色。核果长圆形，熟时紫褐色或黑紫色，被白粉；核压扁，平滑，紫红色。

桃 Amygdalus persica L.【Prunus persica (L.) Batsch】

薔薇科 Rosaceae 桃属 / 李属

生活型：落叶小乔木。**高度**：3~8m。**株形**：宽卵形。**树皮**：平滑，具环纹，暗红褐色。**枝条**：小枝细长，无毛。**冬芽**：冬芽圆锥形，被毛。**叶**：叶互生，具柄，披针形，先端渐尖，基部宽楔形，背面稍具少数短柔毛或无毛，叶边具锯齿。**花**：花单生，先叶开放，花梗极短；萼筒钟形，裂片卵形；花瓣粉红色；雄蕊 20~30，花药绯红色；心皮1，被短柔毛。**果实及种子**：核果变异大，直径 3~12cm，向阳面常具红晕，腹缝明显；果肉多汁有香味；核大，两侧扁平，顶端渐尖，表面具纵、横沟纹和孔穴。**花果期**：花期 3~4 月，果期 8~9 月。**分布**：原产中国。中国各地广泛栽培。世界各地也有栽培。**生境**：生于果园或庭园中，海拔 200~2500m。**用途**：果食用，观赏。

特征要点　叶披针形，有锯齿。花单生，先叶开放；花粉红色。核果变异大，直径 3~12cm，果肉多汁可食；核大，两侧扁平，表面具沟纹和孔穴。

榆叶梅 Amygdalus triloba (Lindl.) Ricker【Prunus triloba Lindl.】

薔薇科 Rosaceae 桃属 / 李属

生活型：落叶灌木。**高度**：2~3m。**株形**：宽卵形。**茎皮**：粗糙，红褐色。**枝条**：小枝灰色，无毛。**冬芽**：短小。**叶**：叶互生或簇生，宽椭圆形至倒卵形，先端常 3 裂，基部宽楔形，背面被短柔毛，叶边具锯齿；叶柄被短柔毛。**花**：花簇生，先叶开放；花梗长或短；萼筒宽钟形，裂片卵形；花瓣粉红色；雄蕊约 25~30，短于花瓣；子房密被短柔毛。**果实及种子**：核果近球形，红色，被短柔毛；果肉薄，开裂；核近球形，厚硬，具网纹。**花果期**：花期 4~5 月，果期 5~7 月。**分布**：产中国黑龙江、吉林、辽宁、内蒙古、河北、山西、陕西、甘肃、山东、江苏、浙江、安徽等地。中亚也有分布。**生境**：生于坡地沟旁林下、林缘，海拔 400~400m。**用途**：观赏。

特征要点　叶宽椭圆形至倒卵形，先端常 3 裂，背面被短柔毛，叶边具锯齿。花单生或 2 朵簇生，先叶开放；花瓣粉红色。核果近球形；果肉薄，开裂；核近球形，厚硬，具网纹。

巴旦杏（扁桃）**Amygdalus communis** L.【Prunus communis (L.) Arcang.】蔷薇科 Rosaceae 桃属 / 李属

生活型：落叶灌木或小乔木。**高度**：3~6m。**株形**：圆球形。**树皮**：平滑，褐色。**枝条**：小枝浅褐色，无刺。**冬芽**：卵形，棕褐色。**叶**：叶互生或簇生，披针形，先端尖，边缘具浅钝锯齿；叶柄常具腺体。**花**：花单生，先叶开放；花梗长 3~4mm；萼筒圆筒形，无毛；萼片5；花瓣5，长圆形，白色至粉红色；雄蕊长短不齐；花柱长于雄蕊，子房密被茸毛状毛。**果实及种子**：核果斜卵形，扁平，长 3~4.3cm，顶端尖，基部近截形，外面密被短柔毛，果肉薄，开裂；核卵圆形，黄褐色，近光滑，具蜂窝状孔穴。**花果期**：花期 3~4 月，果期 7~8 月。**分布**：产中国新疆、陕西、甘肃等地。亚洲也有分布。**生境**：生于多石砾的干旱坡地。**用途**：种仁食用，观赏。

特征要点 叶披针形，先端尖，边缘具浅钝锯齿。花单生，先叶开放；花白色至粉红色。核果斜卵形，扁平，长 3~4.3cm；果肉薄，开裂；核卵圆形，近光滑，具蜂窝状孔穴。

山桃 **Amygdalus davidiana** (Carrière) de Vos ex Henry【Prunus davidiana (Carrière) Franch.】 蔷薇科 Rosaceae 桃属 / 李属

生活型：落叶乔木。**高度**：达 10m。**株形**：宽卵形。**树皮**：平滑，具环纹，常暗紫色。**枝条**：小枝纤细，无毛。**冬芽**：2~3 个并立。**叶**：叶互生，卵状披针形，先端长渐尖，基部宽楔形，边缘具细锐锯齿，两面无毛；叶柄短。**花**：花单生，先叶开放，近无梗，直径 2~3cm；萼筒钟状，无毛；花瓣粉红色或白色；雄蕊多数，离生，约与花瓣等长；心皮1，稀2，有短柔毛。**果实及种子**：核果球形，直径约 3cm，有沟，有毛，果肉干燥，离核；核小，球形，有沟。**花果期**：花期 3~4 月，果期 7~8 月。**分布**：产中国山东、河北、河南、山西、陕西、甘肃、四川、云南等地。**生境**：生于山坡、山谷底、荒野疏林、灌丛内，海拔 800~3200m。**用途**：观赏。

特征要点 树皮具环纹。叶卵状披针形，边缘具细锐锯齿。花单生，先叶开放；花粉红色或白色。核果球形，有沟；果肉干燥，离核；核小，球形，有沟。

山杏 **Armeniaca sibirica** (L.) Lam.【Prunus sibirica L.】

蔷薇科 Rosaceae 杏属 / 李属

生活型: 落叶灌木或小乔木。**高度**: 2~5m。**株形**: 宽卵形。**树皮**: 粗糙，纵裂，暗灰色。**枝条**: 小枝红褐色，无毛。**叶**: 叶互生，卵形或近圆形，先端长渐尖至尾尖，基部圆形至近心形，叶边有细钝锯齿，两面无毛。**花**: 花单生，5 数，先叶开放；花梗短；萼筒钟形，紫红色，裂片尖，花后反折；花瓣近圆形，白色或粉红色；雄蕊多数；心皮 1，密被柔毛。**果实及种子**: 核果扁球形，熟时黄色或橘红色，被毛；果肉味酸涩，较薄而干燥，熟时开裂；核扁球形，基部偏斜，表面平滑。**花果期**: 花期 3~4 月，果期 6~7 月。**分布**: 产中国东北及华北地区。蒙古、远东地区、西伯利亚也有分布。**生境**: 生于干燥向阳山坡上、丘陵草原，海拔 700~2000m。**用途**: 观赏。

特征要点 叶卵形或近圆形，先端长渐尖至尾尖，叶边有细钝锯齿。花单生，先叶开放；花白色或粉红色。核果扁球形；果肉薄而干燥，开裂；核扁球形，基部偏斜，表面平滑。

杏 **Armeniaca vulgaris** Lam.【Prunus armeniaca L.】 蔷薇科 Rosaceae 杏属 / 李属

生活型: 落叶乔木。**高度**: 5~8m。**株形**: 宽卵形。**树皮**: 灰褐色，纵裂。**枝条**: 小枝浅红褐色，无毛。**叶**: 叶互生，宽卵形，先端尖，基部圆形至近心形，叶边有圆钝锯齿。**花**: 花单生，先叶开放，直径 2~3cm；花梗短；萼筒圆筒形，裂片卵形至圆形，花后反折；花瓣圆形至倒卵形，白色或带红色；雄蕊多数；心皮 1，密被柔毛。**果实及种子**: 核果球形，直径约 2.5cm 以上，常具红晕，微被短柔毛；果肉多汁，不开裂；核卵形或椭圆形，两侧扁平，表面稍粗糙或平滑。**花果期**: 花期 3~4 月，果期 6~7 月。**分布**: 产中国北部地区。世界各地也有分布。**生境**: 与野苹果林混生，海拔 900~3000m。**用途**: 果食用，观赏。

特征要点 叶宽卵形，先端尖，叶边有圆钝锯齿。核果球形，直径约 2.5cm 以上；果肉多汁，不开裂；核卵形或椭圆形，两侧扁平，基部对称，表面稍粗糙或平滑。

野杏 **Armeniaca vulgaris** var. **ansu** (Maxim.) T. T. Yü & L. T. Lu 【Prunus armeniaca L.】蔷薇科 Rosaceae 杏属 / 李属

生活型: 落叶乔木。**高度**: 5~8m。**株形**: 宽卵形。**树皮**: 灰褐色, 纵裂。**枝条**: 小枝浅红褐色, 无毛。**叶**: 叶片基部楔形或宽楔形。**花**: 花常 2 朵, 淡红色。**果实及种子**: 核果近球形, 红色; 核卵球形, 离肉, 表面粗糙而有网纹, 腹棱常锐利。**花果期**: 花期 3~4 月, 果期 6~7 月。**分布**: 产中国河北、山西、山东、江苏等地。日本、朝鲜有分布。**生境**: 与野苹果林混生, 海拔 900~3000m。**用途**: 果食用, 观赏。

特征要点 叶基部楔形或宽楔形; 花常 2 朵, 淡红色; 核果近球形, 红色; 核卵球形, 离肉, 表面粗糙而有网纹, 腹棱常锐利。

梅 **Armeniaca mume** Siebold 【Prunus mume (Siebold) Siebold & Zucc.】
蔷薇科 Rosaceae 杏属 / 李属

生活型: 落叶小乔木。**高度**: 4~10m。**株形**: 宽卵形。**树皮**: 平滑, 浅灰色或带绿色。**枝条**: 小枝绿色, 无毛。**叶**: 叶互生, 卵形或椭圆形, 先端尾尖, 基部宽楔形至圆形, 边缘常具小锐锯齿。**花**: 花单生或 2 朵簇生, 先叶开放, 直径 2~2.5cm, 香味浓; 萼筒宽钟形, 红褐色, 裂片卵圆形; 花瓣倒卵形, 白色至粉红色; 雄蕊多数; 心皮 1, 密被柔毛。**果实及种子**: 核果近球形, 直径 2~3cm, 黄色或绿白色, 被柔毛; 果肉味酸, 与核黏贴; 核椭圆形, 具蜂窝状孔穴。**花果期**: 花期 3~4 月, 果期 5~6 月。**分布**: 原产中国西南地区(云南、四川)。中国各地有栽培, 以长江以南为多。朝鲜、日本也有分布。**生境**: 生于果园或庭园中, 海拔 550~3000m。**用途**: 果食用, 观赏。

特征要点 小枝绿色。叶卵形或椭圆形, 先端尾尖。花先叶开放, 香味浓; 花白色至粉红色。核近球形; 果肉味酸, 与核黏贴; 核椭圆形, 有沟, 具蜂窝状孔穴。

150

李 **Prunus salicina** Lindl. 蔷薇科 Rosaceae 李属

生活型: 落叶乔木。**高度:** 9~12m。**株形:** 宽卵形。**树皮:** 灰褐色。**枝条:** 小枝无毛。**冬芽:** 冬芽卵圆形, 紫红色。**叶:** 叶互生, 长圆状倒卵形, 边缘有圆钝重锯齿, 无毛; 叶柄顶端有 2 个腺体或无。**花:** 花通常 3 朵并生, 具梗; 萼筒钟状, 萼片 5, 长圆卵形, 无毛; 花瓣 5, 白色, 带紫色脉纹; 雄蕊多数; 心皮 1, 无毛。**果实及种子:** 核果球形至近圆锥形, 直径 3.5~5cm, 外被蜡粉; 核卵圆形或长圆形, 有皱纹。**花果期:** 花期 4 月, 果期 7~8 月。**分布:** 产中国陕西、甘肃、四川、重庆、云南、贵州、湖南、湖北、江苏、浙江、江西、福建、广东、广西、台湾。世界各地也有分布。**生境:** 生于山坡灌丛中、山谷疏林中, 海拔 400~2600m。**用途:** 果食用, 观赏。

特征要点 叶长圆状倒卵形或长椭圆形, 边缘有圆钝重锯齿。花通常 3 朵并生, 有梗; 花白色。核果球形至近圆锥形, 外被蜡粉; 核卵圆形或长圆形, 有皱纹。

樱桃 **Cerasus pseudocerasus** (Lindl.) Anon. 【*Prunus pseudocerasus* Lindl.】 蔷薇科 Rosaceae 樱属 / 李属

生活型: 落叶乔木。**高度:** 2~6m。**株形:** 宽卵形。**树皮:** 灰白色。**枝条:** 小枝灰褐色, 无毛。**冬芽:** 冬芽卵形, 无毛。**叶:** 叶互生, 卵形或长圆状卵形, 边有尖锐重锯齿, 齿端有小腺体; 叶柄先端有 1 或 2 个大腺体; 托叶具羽裂腺齿。**花:** 伞房状或近伞形花序簇生, 有花 3~6 朵, 先叶开放; 萼筒钟状, 萼片 5, 三角状卵圆形; 花瓣 5, 白色, 卵圆形, 先端下凹; 雄蕊 30~35; 花柱与雄蕊近等长, 无毛。**果实及种子:** 核果近球形, 熟时红色, 直径 0.9~1.3cm; 核表面光滑。**花果期:** 花期 3~4 月, 果期 5~6 月。**分布:** 产中国辽宁、河北、陕西、甘肃、山东、河南、江苏、浙江、江西、四川、云南、贵州、湖南、湖北。**生境:** 生于山坡阳处、沟边, 海拔 300~600m。**用途:** 果食用, 观赏。

特征要点 卵形或长圆状卵形, 边有尖锐重锯齿; 叶柄先端有 1 或 2 个大腺体; 托叶具羽裂腺齿。伞房状或近伞形花序簇生; 花白色。核果显著具梗, 近球形, 熟时红色; 核表面光滑。

欧李 Cerasus humilis (Bunge) S. Ya. Sokolov【Prunus humilis Bunge】
蔷薇科 Rosaceae 樱属 / 李属

生活型: 落叶灌木。**高度**: 1.5~4m。**株形**: 宽卵形。**茎皮**: 灰色。**枝条**: 小枝灰褐色，被短柔毛。**冬芽**: 卵形。**叶**: 叶互生，倒卵状长椭圆形或倒卵状披针形，中部以上最宽，先端急尖，基部楔形，边有锯齿；托叶线形。**花**: 花单生或 2~3 花簇生，花叶同开；花梗长 5~10mm；萼片 5，三角卵圆形；花瓣 5，白色或粉红色，长圆形或倒卵形；雄蕊 30~35；花柱与雄蕊近等长，无毛。**果实及种子**: 核果近球形，熟时红色，直径 1.5~1.8cm；核表面除背部两侧外无棱纹。**花果期**: 花期 4~5 月，果期 6~10 月。**分布**: 产中国黑龙江、吉林、辽宁、内蒙古、河北、山东、河南等地。**生境**: 生于阳坡沙地、山地灌丛中，海拔 100~1800m。**用途**: 果食用，观赏。

特征要点 叶倒卵状长椭圆形或倒卵状披针形，边有锯齿；托叶线形。花单生或 2~3 花簇生；花白色或粉红色。核果具长梗，近球形；核表面除背部两侧外无棱纹。

山樱花 Cerasus serrulata (Lindl.) Loudon【Prunus serrulata Lindl.】
蔷薇科 Rosaceae 樱属 / 李属

生活型: 落叶乔木。**高度**: 3~8m。**株形**: 宽卵形。**树皮**: 灰褐色或灰黑色。**枝条**: 小枝灰白色，无毛。**冬芽**: 冬芽卵圆形。**叶**: 叶互生，椭圆形，边有渐尖单锯齿及重锯齿，齿尖有小腺体；叶柄先端有 1~3 圆形腺体；托叶线形，边有腺齿。**花**: 伞房总状或近伞形花序腋生，有花 2~3 朵；萼筒管状，萼片 5；花瓣 5，白色，稀粉红色，倒卵形，先端下凹；雄蕊约 38 枚；花柱无毛。**果实及种子**: 核果球形或卵球形，熟时紫黑色，直径 8~10mm；核表面光滑。**花果期**: 花期 4~5 月，果期 6~7 月。**分布**: 产中国黑龙江、河北、山东、江苏、浙江、安徽、江西、湖南、贵州等地。日本、朝鲜也有分布。**生境**: 生于山谷林中，海拔 500~1500m。**用途**: 观赏。

特征要点 叶椭圆形，边有渐尖单锯齿及重锯齿；叶柄先端有 1~3 圆形腺体；托叶线形。伞房总状腋生，花 2~3 朵，白色，稀粉红色。核果卵球形，熟时紫黑色；核表面光滑。

毛樱桃 **Cerasus tomentosa** (Thunb.) Loisel. 【Prunus tomentosa Thunb.】

蔷薇科 Rosaceae 樱属 / 李属

生活型: 落叶灌木。**高度**: 0.3~1m。**株形**: 宽卵形。**茎皮**: 暗褐色。**枝条**: 小枝紫褐色或灰褐色。**冬芽**: 卵形。**叶**: 叶互生, 椭圆形, 边有急尖或粗锐锯齿, 背面密被灰色茸毛; 托叶线形。**花**: 花单生或2朵簇生, 花叶同开; 花近无梗; 萼筒管状或杯状, 萼片5; 花瓣5, 白色或粉红色; 雄蕊20~25; 子房全部被毛, 花柱伸出。**果实及种子**: 核果近球形, 熟时红色, 直径0.5~1.2cm; 核表面无棱纹。**花果期**: 花期4~5月, 果期6~9月。**分布**: 产中国黑龙江、吉林、辽宁、内蒙古、河北、山西、陕西、甘肃、宁夏、青海、山东、四川、云南、西藏。**生境**: 生于山坡林中、林缘、灌丛中、草地, 海拔100~3200m。**用途**: 果食用, 观赏。

特征要点 叶椭圆形, 边有急尖或粗锐锯齿, 背面密被灰色茸毛; 托叶线形。花簇生, 近无梗, 白色或粉红色。核果近球形, 熟时红色; 核表面无棱纹。

东京樱花 **Cerasus × yedoensis** (Matsum.) A. N. Vassiljeva 【Prunus × yedoensis Matsum.】 蔷薇科 Rosaceae 樱属 / 李属

生活型: 落叶乔木。**高度**: 4~16m。**株形**: 宽卵形。**树皮**: 灰褐色, 皮孔明显。**枝条**: 小枝紫褐色或灰褐色。**冬芽**: 冬芽卵形。**叶**: 叶互生, 椭圆状卵形或倒卵形, 边有尖锐重锯齿, 齿端有小腺体; 叶柄密被柔毛; 托叶具羽裂腺齿。**花**: 伞形总状花序腋生, 有花3~4朵, 先叶开放; 花直径3~3.5cm; 总苞片褐色; 萼筒管状, 萼片5, 三角状长卵形, 边有腺齿; 花瓣5, 白色或粉红色, 椭圆状卵形, 先端下凹; 雄蕊约32; 花柱基部有疏柔毛。**果实及种子**: 核果近球形, 熟时黑色, 直径0.7~1cm; 核表面略具棱纹。**花果期**: 花期4月, 果期5月。**分布**: 原产日本。中国陕西、山东、江苏、江西等地栽培。**生境**: 生于庭园中。**用途**: 观赏。

特征要点 叶椭圆状卵形或倒卵形, 边有尖锐重锯齿; 托叶具羽裂腺齿。伞形总状花序腋生, 花3~4朵, 白色或粉红色。核果近球形, 熟时黑色; 核表面略具棱纹。

郁李 Cerasus japonica (Thunb.) Loisel. 【Prunus japonica Thunb.】

蔷薇科 Rosaceae 樱属 / 李属

生活型: 落叶灌木。**高度**: 1~0.5m。**株形**: 宽卵形。**茎皮**: 暗褐色，皮孔显著。**枝条**: 小枝灰褐色，无毛。**冬芽**: 卵形，无毛。**叶**: 叶互生，卵形或卵状披针形，先端渐尖，基部圆形，边有缺刻状尖锐重锯齿；托叶线形。**花**: 花1~3朵簇生，花叶同开或先叶开放；花梗长5~10mm；萼片5，椭圆形，边有细齿；花瓣5，白色或粉红色，倒卵状椭圆形；雄蕊约32；花柱与蕊近等长，无毛。**果实及种子**: 核果近球形，熟时深红色，直径约1cm；核表面光滑。**花果期**: 花期4~5月，果期7~8月。**分布**: 产中国黑龙江、吉林、辽宁、河北、山东、浙江等地。日本、朝鲜也有分布。**生境**: 生于山坡林下、灌丛中、草地，海拔100~3200m。**用途**: 果食用，观赏。

特征要点 叶卵形或卵状披针形，先端渐尖，边有缺刻状尖锐重锯齿；托叶线形。花1~3朵簇生，花白色或粉红色。核果显著具梗，近球形，熟时深红色，核表面光滑。

稠李 Padus avium Mill. 【Prunus padus L.】 蔷薇科 Rosaceae 稠李属 / 李属

生活型: 落叶乔木。**高度**: 达15m。**株形**: 宽卵形。**树皮**: 暗褐色，皮孔显著。**枝条**: 小枝有棱，紫褐色。**叶**: 叶互生，椭圆形至倒卵形，边缘有锐锯齿；叶柄近顶端有2腺体。**花**: 总状花序下垂；花梗长7~13mm；花直径1~1.5cm；萼筒杯状，无毛，裂片5，卵形，花后反折；花瓣5，白色，有香味，倒卵形；雄蕊多数，比花瓣短；心皮1，花柱比雄蕊短。**果实及种子**: 核果球形或卵球形，直径6~8mm，黑色，有光泽；核有显明皱纹。**花果期**: 花期4~5月，果期9~10月。**分布**: 产中国黑龙江、吉林、辽宁、内蒙古、河北、山西、河南、山东等地。朝鲜、日本、俄罗斯也有分布。**生境**: 生于山坡、山谷、灌丛中，海拔880~2500m。**用途**: 观赏。

特征要点 叶椭圆形至倒卵形，边缘有锐锯齿；叶柄近顶端有2腺体。总状花序下垂；花白色。核果球形或卵球形，熟时黑色，有光泽；核有显明皱纹。

细齿稠李 **Padus obtusata** (Koehne) T. T. Yu & L. C. Ku 【Prunus obtusata Koehne】 蔷薇科 Rosaceae 稠李属 / 李属

生活型: 落叶乔木。**高度**: 6~20m。**株形**: 宽卵形。**树皮**: 暗褐色, 皮孔显著。**枝条**: 小枝褐色, 无毛。**冬芽**: 冬芽卵圆形。**叶**: 叶互生, 窄长圆形至倒卵形, 边缘具细密锯齿, 网脉明显; 叶柄顶端具 2 腺体。**花**: 总状花序具多花, 长 10~15cm; 萼筒钟状, 萼片 5; 花瓣 5, 白色, 近圆形或长圆形; 雄蕊多数, 长花丝和花瓣近等长; 雌蕊 1, 花柱比雄蕊稍短。**果实及种子**: 核果卵球形, 直径 6~8mm, 黑色, 无毛。**花果期**: 花期 4~5 月, 果期 9~10 月。**分布**: 产中国甘肃、陕西、河南、安徽、浙江、台湾、江西、湖北、湖南、贵州、云南、四川。**生境**: 生于山坡杂木林内、密林中、疏林下、山谷、沟底、溪边, 海拔 840~3600m。**用途**: 观赏。

特征要点 叶窄长圆形至倒卵形, 边缘具细密锯齿, 网脉明显; 叶柄顶端具 2 腺体。总状花序具多花, 不下垂; 花白色。核果卵球形, 熟时黑色, 无毛。

合欢 **Albizia julibrissin** Durazz.

豆科 / 含羞草科 Fabaceae/Leguminosae/Mimosaceae 合欢属

生活型: 落叶乔木。**高度**: 达 16m。**株形**: 宽卵形。**树皮**: 平滑, 褐色, 具多数小皮孔。**枝条**: 小枝有棱角, 被茸毛。**叶**: 二回羽状复叶互生, 羽片 4~12 对, 小叶 10~30 对, 线形至长圆形, 具缘毛。**花**: 头状花序于枝顶排成圆锥花序; 花粉红色; 花萼管状; 花冠长 8mm, 裂片三角形, 花萼、花冠外均被短柔毛; 花丝长 2.5cm, 粉红色。**果实及种子**: 荚果带状, 长 9~15cm, 嫩荚有柔毛, 老荚无毛。**花果期**: 花期 6~7 月, 果期 8~10 月。**分布**: 产中国东北、华南、西南、华北、华中、华东地区。非洲、中亚、东亚也有分布。**生境**: 生于山坡或庭园中, 海拔 100~2200m。**用途**: 观赏。

特征要点 二回羽状复叶互生, 小叶 10~30 对, 具缘毛。头状花序于枝顶排成圆锥花序; 花萼管状; 花丝长达 2.5cm, 粉红色。荚果带状。

155

山槐 **Albizia kalkora** (Roxb.) Prain

豆科 / 含羞草科 Fabaceae/Leguminosae/Mimosaceae 合欢属

生活型：落叶小乔木或灌木。**高度**：3~8m。**株形**：宽卵形。**树皮**：粗糙，具深纵裂。**枝条**：小枝暗褐色，具显著皮孔。**叶**：二回羽状复叶互生，羽片 2~4 对，小叶 5~14 对，长圆形或长圆状卵形，两面均被短柔毛。**花**：头状花序腋生或顶生；花初白色，后变黄，密被长柔毛；花萼管状，5 齿裂；花冠中部以下连合呈管状，裂片披针形；雄蕊长 2.5~3.5cm，基部连合呈管状。**果实及种子**：荚果带状，长 7~17cm，嫩荚密被短柔毛；种子 4~12 颗，倒卵形。**花果期**：花期 5~6 月，果期 8~10 月。**分布**：产中国西南、华北、西北、华东、华南地区。越南、缅甸、印度也有分布。**生境**：生于山坡灌丛中、疏林中，海拔 300~2200m。**用途**：观赏。

特征要点 二回羽状复叶互生，小叶 5~14 对，被短柔毛。头状花序腋生或顶生；花初白色，后变黄，密被长柔毛。荚果带状，嫩荚密被短柔毛。

台湾相思 **Acacia confusa** Merr.

豆科 / 含羞草科 Fabaceae/Leguminosae/Mimosaceae 相思树属 / 金合欢属

生活型：常绿乔木。**高度**：6~15m。**株形**：宽卵形。**树皮**：粗糙，褐色。**枝条**：小枝纤细。**叶**：叶状柄互生，革质，披针形，直或微呈弯镰状，两端渐狭，先端略钝，两面无毛，纵脉 3~8 条。**花**：头状花序腋生，球形，直径约 1cm；总花梗纤弱；花金黄色，有微香；花萼及花瓣短小；雄蕊多数，明显超出花冠之外。**果实及种子**：荚果扁平，长 4~9cm，干时深褐色，有光泽；种子 2~8 颗，椭圆形，压扁。**花果期**：花期 3~10 月，果期 8~12 月。**分布**：产中国台湾、福建、广东、广西、云南、四川、海南、江西。菲律宾、印度尼西亚、斐济也有分布。**生境**：生于山坡上，海拔 400~1180m。**用途**：观赏。

特征要点 叶状柄披针形，纵脉 3~8 条。头状花序腋生，球形；花金黄色；雄蕊多数，明显超出花冠之外。荚果扁平。

马占相思 Acacia mangium Willd.

豆科 / 含羞草科 Fabaceae/Leguminosae/Mimosaceae 相思树属 / 金合欢属

生活型: 常绿乔木。**高度**: 达 18m。**株形**: 宽卵形。**树皮**: 粗糙, 褐色。**枝条**: 小枝有棱。**叶**: 叶状柄互生, 纺锤形, 大型, 长达 12~15cm, 中部宽, 两端收窄, 纵脉 4 条。**花**: 穗状花序腋生, 短于叶状柄; 花淡黄白色; 花萼及花瓣短小; 雄蕊多数, 明显超出花冠之外。**果实及种子**: 荚果扁平, 扭曲。**花果期**: 花期 3~10 月, 果期 8~12 月。**分布**: 原产澳大利亚、巴布亚新几内亚、印度尼西亚。中国海南、广东、广西、福建等地栽培。**生境**: 生于山坡林地上。**用途**: 观赏。

特征要点 叶状柄纺锤形, 大型, 长达 12~15cm, 纵脉 4 条。穗状花序腋生, 短于叶状柄; 花淡黄白色。荚果扁平, 扭曲。

羊蹄甲 Bauhinia purpurea L.

豆科 / 云实科 Fabaceae/Leguminosae/Caesalpiniaceae 羊蹄甲属

生活型: 常绿乔木或直立灌木。**高度**: 7~10m。**株形**: 卵形。**树皮**: 厚, 近光滑, 灰色至暗褐色。**枝条**: 小枝细长。**叶**: 叶互生, 硬纸质, 近圆形, 基部浅心形, 先端二裂, 两面无毛, 基出脉 9~11 条; 叶柄长 3~4cm。**花**: 总状花序顶生或侧生, 少花, 被褐色绢毛; 花蕾纺锤形, 具棱; 萼佛焰状, 一侧开裂; 花瓣桃红色, 倒披针形, 长 4~5cm, 具脉纹和长的瓣柄; 能育雄蕊 3, 花丝与花瓣等长; 退化雄蕊 5~6 枚; 子房具长柄, 被黄褐色绢毛。**果实及种子**: 荚果带状, 扁平, 长 12~25cm, 无毛。**花果期**: 花期 9~11 月, 果期翌年 2~3 月。**分布**: 产中国广西、云南、台湾、广东。印度也有分布。**生境**: 生于路边或庭园中。**用途**: 观赏。

特征要点 叶厚纸质, 近圆形, 基部浅心形, 先端二裂, 两面无毛。总状花序少花; 萼佛焰状; 花瓣桃红色, 倒披针形; 能育雄蕊 3; 退化雄蕊 5~6。荚果带状, 扁平。

红花羊蹄甲 **Bauhinia × blakeana** Dunn

豆科 / 云实科 Fabaceae/Leguminosae/Caesalpiniaceae 羊蹄甲属

生活型：落叶乔木。**高度**：6~10m。**株形**：卵形。**树皮**：平滑，皮孔细密，灰色。**枝条**：小枝细长，被毛。**叶**：叶互生，革质，近圆形或阔心形，基部心形，先端2裂，背面疏被短柔毛，基出脉11~13条；叶柄纤细。**花**：总状花序顶生或侧生，被短柔毛；花大，美丽，花蕾纺锤形；花萼佛焰状；花瓣紫红色，具短柄，倒披针形，长5~8cm，近轴的1片中间至基部呈深紫红色；能育雄蕊5枚，其中3枚较长；退化雄蕊2~5枚，丝状，极细；子房具长柄，被短柔毛。**果实及种子**：常不结果。**花果期**：花期全年，常不结果。**分布**：世界各地热带地区广泛栽培。中国广东、福建、广西、云南、海南等地广泛栽培。**生境**：生于庭园或路边。**用途**：观赏。

特征要点 叶革质，基部心形，先端2裂，背面疏被短柔毛。花大；花瓣紫红色，近轴的1片中间至基部呈深紫红色；能育雄蕊5；退化雄蕊2~5。常不结果。

紫荆 **Cercis chinensis** Bunge

豆科 / 云实科 Fabaceae/Leguminosae/Caesalpiniaceae 紫荆属

生活型：落叶乔木。**高度**：达15m。**株形**：宽卵形。**树皮**：灰白色，皮孔显著。**枝条**：小枝纤细，无毛。**叶**：叶互生，近圆形，先端急尖或骤尖，基部深心形，两面无毛。**花**：花先叶开放，4~10朵簇生于老枝上；花玫瑰红色；花梗纤细；花萼短钟状，微歪斜，红色，5浅裂；花瓣5，近蝶形，不等大；雄蕊10枚，分离；子房具短柄，有胚珠6~7颗。**果实及种子**：荚果条形，扁平，长5~14cm，被毛。**花果期**：花期3~4月，果期8~10月。**分布**：产中国河北、广东、广西、云南、四川、重庆、陕西、浙江、江苏、山东、湖南、湖北、安徽。**生境**：生于庭园、路边、屋边，海拔150~1400m。**用途**：观赏。

特征要点 皮孔显著。叶近圆形，先端尖，两面无毛。花先叶开放，簇生于老枝上；花玫瑰红色；花萼5浅裂；花瓣5，近蝶形，不等大；雄蕊10枚，分离。荚果条形，扁平。

云实 **Biancaea decapetala** (Roth) O. Deg.【Caesalpinia decapetala (Roth) Alston】豆科 / 云实科 Fabaceae/Leguminosae/Caesalpiniaceae 云实属

生活型: 木质藤本。**高度**: 3~10m。**株形**: 宽卵形。**茎皮**: 暗红色，皮孔显著。**枝条**: 小枝被柔毛和钩刺。**叶**: 二回羽状复叶互生，羽片 3~10 对，对生，具柄，小叶八至十二对，膜质，长圆形，被短柔毛。**花**: 总状花序顶生，直立，长 15~30cm；总花梗多刺；花梗具关节；萼片 5；花瓣 5，黄色，膜质；雄蕊 10；子房无毛。**果实及种子**: 荚果长圆状舌形，无毛，熟时开裂。**花果期**: 花期 5 月，果期 8~10 月。**分布**: 产中国广东、广西、云南、四川、重庆、贵州、湖南、湖北、江西、福建、浙江、江苏、安徽、河南、河北、陕西、甘肃。亚洲热带、温带地区也有分布。**生境**: 生于山坡灌丛中、平原、丘陵、河旁，海拔 150~2100m。**用途**: 观赏。

特征要点 木质藤本。小枝被柔毛和钩刺。二回羽状复叶互生。总状花序顶生，直立；萼片 5；花瓣 5，黄色；雄蕊 10，离生。荚果长圆状舌形。

野皂荚 **Gleditsia microphylla** D. A. Gordon ex Y. T. Lee
豆科 / 云实科 Fabaceae/Leguminosae/Caesalpiniaceae 皂荚属

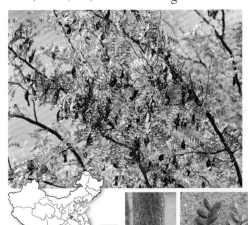

生活型: 落叶灌木或小乔木。**高度**: 2~4m。**株形**: 宽卵形。**树皮**: 灰褐色，平滑。**枝条**: 小枝灰色，枝刺细长针形。**叶**: 偶数羽状复叶互生或簇生，小叶 5~12 对，薄革质，斜卵形至长椭圆形，全缘，背面被短柔毛。**花**: 穗状花序侧生或圆锥花序顶生；花杂性，绿白色，近无梗，簇生；雄花钟状，花瓣 3~4，雄蕊 6~8；两性花萼裂片 4，花瓣 4，雄蕊 4，子房具长柄，无毛。**果实及种子**: 荚果斜椭圆形，扁薄，长 3~6cm，棕褐色，无毛；种子 1~3 颗，扁卵形或长圆形，光滑。**花果期**: 花期 6~7 月，果期 7~10 月。**分布**: 产中国河北、山东、河南、山西、陕西、江苏、安徽。**生境**: 生于山坡阳处路边，海拔 130~1300m。**用途**: 观赏。

特征要点 枝刺细长针形。偶数羽状复叶，小叶斜卵形至长椭圆形，全缘。穗状花序侧生或圆锥花序顶生；花杂性，绿白色。荚果斜椭圆形，扁薄，长 3~6cm，棕褐色。

皂荚 **Gleditsia sinensis** Lam.

豆科 / 云实科 Fabaceae/Leguminosae/Caesalpiniaceae 皂荚属

生活型: 落叶乔木。**高度**: 达 30m。**株形**: 宽卵形。**树皮**: 灰褐色, 平滑, 具刺。**枝条**: 小枝灰褐色, 枝刺粗壮分枝。**叶**: 偶数羽状复叶互生或簇生, 小叶 3~9 对, 纸质, 卵状披针形至长圆形, 边缘具细锯齿, 稍被柔毛。**花**: 穗状花序, 被短柔毛; 花杂性, 黄白色; 雄花花托钟状, 萼片 4, 花瓣 4, 雄蕊 8; 两性花子房发育, 柱头浅二裂。**果实及种子**: 荚果带形, 常稍厚而鼓起, 劲直, 褐棕色, 被粉霜; 种子长圆形, 光亮。**花果期**: 花期 3~5 月, 果期 5~12 月。**分布**: 产中国华北、华东、华中、华南和西南地区。**生境**: 生于山坡林中、谷地、路旁, 海拔 650~2500m。**用途**: 观赏。

特征要点 枝刺粗壮分枝。偶数羽状复叶, 小叶卵状披针形至长圆形, 边缘具细锯齿。穗状花序; 花杂性, 黄白色。荚果带形, 常稍厚而鼓起, 长 12~37cm, 劲直。

山皂荚 **Gleditsia japonica** Miq.

豆科 / 云实科 Fabaceae/Leguminosae/Caesalpiniaceae 皂荚属

生活型: 落叶乔木。**高度**: 达 14m。**株形**: 宽卵形。**树皮**: 灰褐色, 平滑, 具刺。**枝条**: 小枝无毛, 枝刺粗壮分枝。**叶**: 偶数羽状复叶互生或簇生, 小叶 6~20, 卵状矩圆形, 先端钝, 边缘有细圆锯齿, 无毛。**花**: 穗状花序, 被短柔毛; 花黄绿色; 雌雄异株; 雄花花托钟状, 萼片 3~4, 花瓣 4, 雄蕊 6~8; 雌花不育雄蕊 4~8, 子房无毛, 花柱短, 柱头膨大, 2 裂。**果实及种子**: 荚果条形, 扁薄, 长 20~30cm, 棕黑色, 常扭转。**花果期**: 花期 5~6 月, 果期 9~11 月。**分布**: 产中国辽宁、河北、山东、河南、江苏、浙江、安徽、江西、湖南等地。日本、朝鲜也有分布。**生境**: 生于向阳山坡、谷地、溪边路旁, 海拔 100~1000m。**用途**: 观赏。

特征要点 枝刺粗壮分枝。偶数羽状复叶, 小叶卵状矩圆形或卵状披针形, 边缘有细圆锯齿。穗状花序; 花雌雄异株。荚果条形, 扁薄, 长 20~30cm, 常扭转。

北美肥皂荚 **Gymnocladus dioica** (L.) K. Koch

豆科 / 云实科 Fabaceae/Leguminosae/Caesalpiniaceae 肥皂荚属

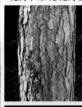

生活型: 落叶乔木。**高度**: 达 30m。**株形**: 卵形。**树皮**: 厚, 灰色, 薄片状开裂。**枝条**: 小枝红褐色, 粗壮。**冬芽**: 小, 常叠生。**叶**: 二回偶数羽状复叶互生, 大型, 羽片 5~7 对, 每羽片小叶 6~14 枚, 卵形或长圆形, 全缘, 先端尖。**花**: 花单性或杂性; 雌花组成顶生圆锥花序, 雄花花序簇生叶腋; 花绿白色; 萼筒圆柱形, 有纵肋 10 条, 萼齿 5, 被毛; 花瓣 5, 被毛; 雄蕊 10 枚, 2 体, 5 长 5 短; 子房无毛。**果实及种子**: 荚果长圆状变镰形, 长 15~25cm, 肥厚膨胀, 厚革质, 无毛; 种子扁圆形。**花果期**: 花期 5~6 月, 果熟 9~10 月。**分布**: 原产加拿大、美国。中国北京、江苏、浙江、山东栽培。**生境**: 生于河边、池畔、路边等处。**用途**: 观赏。

特征要点 大型二回偶数羽状复叶互生, 小叶卵形或长圆形, 全缘。花单性或杂性; 雌花组成顶生圆锥花序, 雄花花序簇生叶腋; 花绿白色。荚果长圆状变镰形, 肥厚膨胀。

白刺花 **Sophora davidii** (Franch.) Skeels

豆科 / 蝶形花科 Fabaceae/Leguminosae/Papilionaceae 苦参属 / 槐属

生活型: 落叶灌木或小乔木。**高度**: 1~2m。**株形**: 卵形。**树皮**: 暗黑色, 深纵裂。**枝条**: 小枝细瘦, 具刺。**叶**: 羽状复叶互生, 小叶 5~9 对, 卵圆形, 先端具芒尖; 托叶钻状, 部分变成刺, 宿存。**花**: 总状花序着生于小枝顶端; 花萼钟状, 稍歪斜, 蓝紫色, 萼齿 5; 花冠蝶形, 白色或淡黄色; 雄蕊 10, 等长, 基部连合; 子房密被黄褐色柔毛。**果实及种子**: 荚果串珠状, 干燥, 稍压扁, 长 6~8cm, 熟时开裂, 种子 3~5。**花果期**: 花期 3~8 月, 果期 6~10 月。**分布**: 产中国河北、山西、陕西、甘肃、河南、江苏、浙江、湖北、湖南、广西、四川、贵州、云南、西藏。**生境**: 生于河谷沙丘和山坡路边的灌木丛中, 海拔可至 2500m。**用途**: 观赏。

特征要点 小枝细瘦, 具刺。羽状复叶, 小叶卵圆形, 背面疏被长柔毛。总状花序; 花萼蓝紫色; 花冠蝶形, 白色或淡黄色。荚果串珠状, 干燥, 熟时开裂。

槐（国槐）**Styphnolobium japonicum** (L.) Schott 【Sophora japonica L.】
豆科 / 蝶形花科 Fabaceae/Leguminosae/Papilionaceae 槐属

生活型：落叶乔木。**高度**：15~25m。**株形**：广卵形。**树皮**：暗灰色，纵裂。**枝条**：小枝绿色，皮孔显著。**叶**：羽状复叶互生，叶轴基部膨大，小叶 9~15，卵状矩圆形，背面灰白色，疏生短柔毛。**花**：圆锥花序顶生；萼钟状，具 5 小齿，疏被毛；花冠蝶形，乳白色，旗瓣阔心形，具短爪，有紫脉；雄蕊 10，不等长；子房无毛。**果实及种子**：荚果串珠状，肉质，长 2.5~5cm，无毛，不裂；种子 1~6，肾形。**花果期**：花期 6~8月，果期 9~10月。**分布**：普遍栽培于中国南北各地，尤以黄土高原及华北平原最常见；越南、朝鲜、日本也有。**生境**：生于庭园中、路边或村边。**用途**：观赏。

特征要点 乔木。小枝绿色，皮孔显著。羽状复叶，小叶卵状矩圆形。圆锥花序顶生；花冠蝶形，乳白色。荚果串珠状，肉质，无毛，不裂。

羊柴（山竹岩黄芪）**Corethrodendron fruticosum** (Pall.) B. H. Choi & H. Ohashi 【Hedysarum fruticosum Pall.】豆科 / 蝶形花科 Fabaceae/Leguminosae/Papilionaceae 羊柴属 / 岩黄芪属

生活型：落叶灌木。**高度**：0.6~1.5m。**株形**：卵形。**茎皮**：灰白色。**枝条**：小枝光滑无毛。**叶**：羽状复叶互生，小叶 13~21，披针形，背面被短柔毛；叶轴绿色；托叶三角形，膜质。**花**：总状花序腋生，花疏生；花萼钟状，萼齿 5，三角形，短于萼筒，有白色柔毛；花冠蝶形，红色，旗瓣倒卵形，无爪，长约 1.5cm；雄蕊二体（9+1）；子房有柔毛。**果实及种子**：荚果 2~3 节，荚节椭圆形，无刺，有横肋纹。**花果期**：花期 7~8月，果期 8~9月。**分布**：产中国内蒙古；俄罗斯、蒙古也有分布。**生境**：生于草原带沿河、湖沙地、沙丘、古河床沙地，海拔 100~1300m。**用途**：观赏。

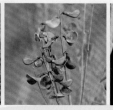

特征要点 亚灌木。羽状复叶，小叶披针形；叶轴绿色。总状花序；花冠蝶形，红色，旗瓣倒卵形，无爪；雄蕊二体（9+1）。荚果 2~3 节，荚节椭圆形，无刺，有横肋纹。

细枝羊柴（细枝岩黄芪）　**Corethrodendron scoparium** (Fisch. & C. A. Mey.) Fisch. & Basiner 【Hedysarum scoparium Fisch. & C. A. Mey.】

豆科 / 蝶形花科 Fabaceae/Leguminosae/Papilionaceae 羊柴属 / 岩黄芪属

生活型：落叶半灌木。**高度**：1~4m。**株形**：卵形。**茎皮**：红褐色，薄片状脱落。**枝条**：小枝纤细，光滑无毛。**叶**：羽状复叶互生，小叶常不存在而仅存绿色叶轴，小叶少数，狭披针形，背面有短柔毛。**花**：总状花序腋生，花疏生；花萼筒状，萼齿5，三角形，有柔毛；花冠蝶形，紫红色，旗瓣倒卵形，无爪，长约1.5cm；雄蕊二体(9+1)；子房有毛。**果实及种子**：荚果1~4节，荚节膨胀，近卵球形，有明显网状肋，密生白色长柔毛。**花果期**：花期6~9月，果期8~10月。**分布**：产中国新疆、青海、甘肃、内蒙古、宁夏。哈萨克斯坦、蒙古也有分布。**生境**：生于半荒漠的沙丘、沙地、荒漠前山冲沟中的沙地。**用途**：观赏。

特征要点　灌木。小枝纤细。羽状复叶，小叶常不存在而仅存绿色叶轴，小叶少数，狭披针形。总状花序少花；花冠蝶形，紫红色。荚果1~4节，荚节膨胀，近卵球形。

小花香槐　**Cladrastis delavayi** (Franch.) Prain

豆科 / 蝶形花科 Fabaceae/Leguminosae/Papilionaceae 香槐属

生活型：落叶乔木。**高度**：达20m。**株形**：宽卵形。**树皮**：灰色，皮孔突出，细密。**枝条**：小枝被灰褐色或锈色柔毛。**叶**：奇数羽状复叶互生，小叶4~7对，披针形，背面苍白色，被灰白色柔毛。**花**：圆锥花序顶生，长15~30cm；花萼钟状，萼齿5，半圆形；花冠蝶形，白色或淡黄色；雄蕊10，分离；子房线形，被淡黄色疏柔毛，胚珠6~8粒。**果实及种子**：荚果扁平，椭圆形，长3~8cm，种子1~3粒。**花果期**：花期6~8月，果期8~10月。**分布**：产中国陕西、甘肃、福建、湖北、广西、四川、贵州、云南。**生境**：多生于较温暖的山区杂木林中，海拔1000~2500m。**用途**：观赏。

特征要点　小枝被柔毛。奇数羽状复叶，小叶披针形，背面被灰白色柔毛。圆锥花序顶生；花冠蝶形，白色或淡黄色；雄蕊10，分离。荚果扁平，椭圆形。

黄檀 **Dalbergia hupeana** Hance

豆科 / 蝶形花科 Fabaceae/Leguminosae/Papilionaceae 黄檀属

生活型：落叶乔木。**高度**：10~20m。**株形**：宽卵形。**树皮**：暗灰色，薄片状剥落。**枝条**：小枝淡绿色。**叶**：偶数羽状复叶互生，小叶 3~5 对，近革质，椭圆形，先端钝，无毛。**花**：圆锥花序长 15~20cm，疏被锈色短柔毛；花萼钟状，萼齿 5，不等大；花冠蝶形，白色或淡紫色；雄蕊 10，成 5+5 的二体；子房具短柄，无毛。**果实及种子**：荚果长圆形或阔舌状，长 4~7cm，果瓣薄革质，种子 1~2 粒。**花果期**：花期 5~7 月，果期 8~10 月。**分布**：产中国山东、江苏、安徽、浙江、江西、福建、湖北、湖南、广东、广西、四川、重庆、贵州、云南。**生境**：生于山地林中或灌丛中、山沟溪旁及有小树林的坡地，海拔 600~1400m。**用途**：观赏。

特征要点　小枝淡绿色。偶数羽状复叶，小叶近革质，椭圆形。圆锥花序；花冠蝶形，白色或淡紫色；雄蕊 10，成 5+5 的二体。荚果长圆形或阔舌状，薄革质，种子 1~2。

刺槐（洋槐）**Robinia pseudoacacia** L.

豆科 / 蝶形花科 Fabaceae/Leguminosae/Papilionaceae 刺槐属

生活型：落叶乔木。**高度**：10~25m。**株形**：狭卵形。**树皮**：黑褐色，深纵裂。**枝条**：小枝灰褐色，具托叶刺。**冬芽**：冬芽小，被毛。**叶**：羽状复叶互生，小叶 2~12 对，椭圆形至卵形，两端圆，先端芒尖。**花**：总状花序腋生，长 10~20cm，下垂；花多数，芳香；花萼斜钟状，萼齿 5，三角状形；花冠蝶形，白色，旗瓣近圆形，长 16mm；雄蕊二体（9+1）；子房线形，无毛。**果实及种子**：荚果线状长圆形，长 5~12cm，褐色，扁平，种子 2~15 粒。**花果期**：花期 4~6 月，果期 8~9 月。**分布**：原产美国，欧洲、非洲栽培。中国华北、西北地区栽培。**生境**：生于山坡、荒地或庭园中。**用途**：观赏。

特征要点　小枝灰褐色，具托叶刺。羽状复叶。总状花序腋生，下垂；花冠蝶形，白色；雄蕊二体（9+1）。荚果线状长圆形，褐色，扁平，开裂。

毛刺槐（毛洋槐） **Robinia hispida** L.

豆科 / 蝶形花科 Fabaceae/Leguminosae/Papilionaceae 刺槐属

生活型：落叶灌木。**高度**：1~3m。**株形**：宽卵形。**茎皮**：暗褐色，纵裂。**枝条**：小枝密被紫红色长刺毛。**叶**：羽状复叶互生，小叶 5~8 对，椭圆形至近圆形，两端圆，先端芒尖。**花**：总状花序腋生，被紫红色腺毛，花 3~8 朵；花萼紫红色，斜钟形，萼齿 5，卵状三角形；花冠蝶形，红色，旗瓣近肾形；雄蕊二体（9+1）；子房近圆柱形，密布腺状突起。**果实及种子**：荚果线形，长 5~8cm，扁平，密被腺刚毛，种子 3~5 粒。**花果期**：花期 5~6 月，果期 7~10 月。**分布**：原产北美。中国北京、天津、陕西、江苏、辽宁等地栽培。**生境**：生于山坡、路边或庭园中。**用途**：观赏。

特征要点 小枝密被紫红色长刺毛。羽状复叶。总状花序腋生，花 3~8 朵；花萼紫红色；花冠蝶形，红色。荚果线形，扁平，密被腺刚毛。

紫穗槐 **Amorpha fruticosa** L.

豆科 / 蝶形花科 Fabaceae/Leguminosae/Papilionaceae 紫穗槐属

生活型：落叶灌木。**高度**：1~4m。**株形**：宽卵形。**树皮**：粗糙，褐色。**枝条**：小枝灰褐色。**叶**：奇数羽状复叶互生，小叶 11~25，卵形或椭圆形，先端具短尖刺，叶背有白色短柔毛。**花**：穗状花序常 1 至数个顶生和枝端腋生，长 7~15cm，密被短柔毛；花萼长 2~3mm，萼齿三角形；旗瓣心形，紫色，无翼瓣和龙骨瓣；雄蕊 10，下部合生成鞘，上部分裂，包于旗瓣之中，伸出花冠外。**果实及种子**：荚果下垂，长 6~10mm，微弯曲，棕褐色。**花果期**：花期 5~6 月，果期 9~10 月。**分布**：原产美国。中国东北、华北、西北地区及山东、安徽、江苏、河南、湖北、广西、四川等地栽培。**生境**：生于山坡、路边或庭园中。**用途**：观赏。

特征要点 奇数羽状复叶，叶背有白色短柔毛。穗状花序，密被短柔毛；旗瓣心形，紫色，无翼瓣和龙骨瓣；雄蕊 10。荚果下垂，微弯曲，棕褐色。

多花木蓝 **Indigofera amblyantha** Craib

豆科 / 蝶形花科 Fabaceae/Leguminosae/Papilionaceae 木蓝属

生活型: 落叶直立灌木。**高度**: 0.8~2m。**株形**: 宽卵形。**茎皮**: 褐色。**枝条**: 小枝纤细，具棱。**叶**: 羽状复叶互生，小叶 3~4 对，对生，卵状椭圆形，背面苍白色，被毛较密。**花**: 总状花序腋生，长达 10cm；花萼钟状，萼齿 5；花冠蝶形，淡红色，旗瓣倒阔卵形，长 6~6.5mm；雄蕊二体(9+1)，花药球形；子房线形，被毛，胚珠 17~18 粒。**果实及种子**: 荚果线状圆柱形，长 3.5~6cm，熟时棕褐色。**花果期**: 花期 5~7 月，果期 9~11 月。**分布**: 产中国山西、陕西、甘肃、河南、河北、安徽、江苏、浙江、湖南、湖北、贵州、四川。**生境**: 生于山坡草地、沟边、路旁灌丛中及林缘，海拔 600~1600m。**用途**: 观赏。

特征要点 羽状复叶，小叶对生，卵状椭圆形。总状花序腋生；花较大，花冠蝶形，淡红色；雄蕊二体(9+1)。荚果线状圆柱形，熟时棕褐色。

花木蓝 **Indigofera kirilowii** Maxim. ex Palibin

豆科 / 蝶形花科 Fabaceae/Leguminosae/Papilionaceae 木蓝属

生活型: 落叶小灌木。**高度**: 0.3~1m。**株形**: 宽卵形。**茎皮**: 暗褐色。**枝条**: 小枝纤细，具棱。**叶**: 羽状复叶互生，小叶 3~5 对，对生，阔卵形至椭圆形，背面粉绿色，两面散生白色丁字毛。**花**: 总状花序腋生，长 5~12cm，疏花；花萼杯状，萼齿 5，披针状三角形；花冠蝶形，淡红色，旗瓣椭圆形，长 12~15mm；雄蕊二体(9+1)，花药阔卵形；子房无毛。**果实及种子**: 荚果圆柱形，长 3.5~7cm，熟时棕褐色。**花果期**: 花期 5~7 月，果期 8 月。**分布**: 产中国吉林、辽宁、河北、山东、江苏等地。朝鲜、日本也有分布。**生境**: 生于山坡灌丛及疏林内或岩缝中，海拔 300~1800m。**用途**: 观赏。

特征要点 羽状复叶，小叶对生，阔卵形至椭圆形。总状花序腋生；花较大，花冠蝶形，淡红色；雄蕊二体(9+1)。荚果圆柱形，熟时棕褐色。

紫檀 **Pterocarpus indicus** Willd.

豆科 / 蝶形花科 Fabaceae/Leguminosae/Papilionaceae 紫檀属

生活型: 常绿乔木。**高度**: 15~25m。**株形**: 宽卵形。**树皮**: 灰色。**枝条**: 小枝灰色, 粗糙。**叶**: 奇数羽状复叶互生, 小叶 3~5 对, 互生, 卵形, 全缘, 先端渐尖, 基部圆形, 两面无毛, 叶脉纤细。**花**: 圆锥花序顶生或腋生, 多花, 被褐色短柔毛; 花萼钟状, 萼齿 5, 阔三角状形; 花冠蝶形, 黄色, 花瓣有长柄, 旗瓣宽 10~13mm; 雄蕊 10, 单体, 最后分为 5+5 的二体; 子房具短柄, 密被柔毛。**果实及种子**: 荚果圆形, 扁平, 偏斜, 宽约 5cm, 具宽翅, 种子 1~2 粒。**花果期**: 花期 11~12 月, 果期翌年 4~5 月。**分布**: 产中国台湾、广东、云南。**生境**: 生于坡地疏林中或庭园。**用途**: 观赏。

特征要点　奇数羽状复叶互生, 小叶 3~5 对, 卵形, 无毛。圆锥花序多花; 花冠蝶形, 黄色, 花瓣有长柄; 雄蕊 10, 单体, 最后分为 (5+5) 的二体。荚果圆形, 扁平, 偏斜, 具宽翅, 种子 1~2。

马鞍树 **Maackia hupehensis** Takeda

豆科 / 蝶形花科 Fabaceae/Leguminosae/Papilionaceae 马鞍树属

生活型: 落叶乔木。**高度**: 5~23m。**株形**: 狭卵形。**树皮**: 绿灰色或灰黑褐色, 平滑。**枝条**: 小枝被灰白色柔毛。**叶**: 羽状复叶互生, 小叶 4~6 对, 卵形至椭圆形, 背面密被平伏褐色短柔毛。**花**: 总状花序 2~6 个集生, 长 3.5~8cm, 密被淡黄褐色柔毛; 花萼钟状, 萼齿 5; 花冠蝶形, 白色, 旗瓣圆形; 雄蕊 10, 花丝基部稍连合; 子房密被白色长柔毛, 胚珠 6。**果实及种子**: 荚果椭圆形, 扁平, 褐色, 长 4.5~8.4cm, 翅宽约占 2~5mm。**花果期**: 花期 6~7 月, 果期 8~9 月。**分布**: 产中国陕西、安徽、浙江、江西、河南、湖北、湖南。**生境**: 生于山坡、溪边、谷地, 海拔 550~2300m。**用途**: 观赏。

特征要点　羽状复叶互生, 小叶 4~6 对。总状花序 2~6 个集生, 密被淡黄褐色柔毛; 花冠蝶形, 白色; 雄蕊 10, 花丝基部稍连合。荚果椭圆形, 扁平, 褐色, 具翅。

朝鲜槐（怀槐） **Maackia amurensis** Rupr.

豆科 / 蝶形花科 Fabaceae/Leguminosae/Papilionaceae 马鞍树属

生活型: 落叶乔木。**高度**: 达 15m。**株形**: 狭卵形。**树皮**: 淡绿褐色，薄片剥裂。**枝条**: 小枝紫褐色。**冬芽**: 稍扁。**叶**: 羽状复叶互生，小叶 3~4 对，对生，纸质，卵形，先端钝，短渐尖，基部阔楔形或圆形。**花**: 总状花序 3~4 个集生，长 5~9cm，密被锈褐色柔毛；花萼钟状，具 5 浅齿；花冠蝶形，白色，长约 7~9mm，旗瓣倒卵形；雄蕊 10，花丝基部稍连合；子房线形，密被黄褐色毛。**果实及种子**: 荚果扁平，长 3~7.2cm，暗褐色。**花果期**: 花期 6~7 月，果期 9~10 月。**分布**: 产中国黑龙江、吉林、辽宁、内蒙古、河北、山东。俄罗斯、朝鲜也有分布。**生境**: 生于山坡杂木林内、林缘及溪流附近，喜湿润肥沃土壤，海拔 300~900m。**用途**: 观赏。

特征要点 羽状复叶，小叶 3~4 对。总状花序 3~4 个集生，密被锈褐色柔毛；花冠蝶形，白色；雄蕊 10，花丝基部稍连合。荚果扁平，暗褐色。

鬼箭锦鸡儿 **Caragana jubata** (Pall.) Poir.

豆科 / 蝶形花科 Fabaceae/Leguminosae/Papilionaceae 锦鸡儿属

生活型: 落叶多刺矮灌木。**高度**: 1~3m。**株形**: 圆球形。**茎皮**: 深灰色或黑色。**枝条**: 小枝粗壮。**叶**: 一回羽状复叶互生，叶轴全部宿存并硬化成针刺状，小叶 8~12，长椭圆形，两面疏生长柔毛。**花**: 单生，长 2.5~3.2cm；花梗极短，基部有关节；花萼筒状，密生长柔毛，萼齿披针形；花冠蝶形，浅红色；雄蕊二体 (9+1)；子房长椭圆形，密生长柔毛。**果实及种子**: 荚果长椭圆形，长约 3cm，密生丝状长柔毛。**花果期**: 花期 6~7 月，果期 8~9 月。**分布**: 产中国内蒙古、河北、山西、新疆等地。俄罗斯、蒙古也有分布。**生境**: 生于山坡、林缘，海拔 2400~3000m。**用途**: 观赏。

特征要点 多刺矮灌木。羽状复叶，叶轴全部宿存并硬化成针刺状，小叶 8~12。花单生；花冠蝶形，浅红色；雄蕊二体 (9+1)。荚果短，密生丝状长柔毛。

红花锦鸡儿 **Caragana rosea** Turcz. ex Maxim.

豆科 / 蝶形花科 Fabaceae/Leguminosae/Papilionaceae 锦鸡儿属

生活型: 落叶多枝直立灌木。**高度**: 1~2m。**株形**: 圆球形。**茎皮**: 平滑, 暗褐色。**枝条**: 小枝有棱, 无毛。**叶**: 假掌状复叶互生, 托叶硬化成细针刺伏, 小叶 4, 长椭圆形状倒卵形, 先端圆或微凹, 基部楔形, 无毛。**花**: 花单生, 长 2.5~2.8cm; 花梗无毛, 中部有关节; 花萼近筒状, 无毛; 花冠蝶形, 黄色, 龙骨瓣橙红色; 雄蕊二体 (9+1); 子房条形, 无毛。**果实及种子**: 荚果近圆筒形, 无毛, 长达 6cm。**花果期**: 花期 5~6 月, 果期 6~8 月。**分布**: 产中国东北、华北、华东、河南、甘肃。**生境**: 生于山坡及沟谷, 海拔 100~3200m。**用途**: 观赏。

特征要点 直立灌木。假掌状复叶, 托叶硬化成细针刺状, 小叶 4。花单生; 花冠蝶形, 黄色, 龙骨瓣橙红色; 雄蕊二体 (9+1)。荚果近圆筒形, 无毛。

拧条锦鸡儿(柠条) **Caragana korshinskii** Kom.

豆科 / 蝶形花科 Fabaceae/Leguminosae/Papilionaceae 锦鸡儿属

生活型: 落叶灌木。**高度**: 1~3m。**株形**: 宽卵形。**茎皮**: 暗绿色。**枝条**: 小枝黄绿色, 粗壮, 光滑。**叶**: 一回羽状复叶互生, 托叶宿存并硬化成针刺, 小叶 6~8 对, 披针形或狭长圆形, 灰绿色, 两面密被白色伏贴柔毛。**花**: 花单生; 花梗密被柔毛, 关节在中上部; 花萼管状钟形, 密被伏贴短柔毛, 萼齿三角形; 花冠蝶形, 黄色; 雄蕊二体 (9+1); 子房披针形, 无毛。**果实及种子**: 荚果披针形, 扁, 长 2~2.5cm。**花果期**: 花期 5 月, 果期 6 月。**分布**: 产中国内蒙古、宁夏、甘肃等地。**生境**: 生于半固定和固定沙地, 海拔 2200m 以下。**用途**: 观赏。

特征要点 一回羽状复叶, 托叶宿存并硬化成针刺, 小叶 6~8 对, 灰绿色, 两面密被白色伏贴柔毛。花单生; 花冠蝶形, 黄色; 雄蕊二体 (9+1)。荚果披针形, 扁。

小叶锦鸡儿 **Caragana microphylla** Lam.

豆科 / 蝶形花科 Fabaceae/Leguminosae/Papilionaceae 锦鸡儿属

生活型: 落叶灌木。**高度**: 1~3m。**株形**: 宽卵形。**茎皮**: 暗绿色。**枝条**: 小枝黄绿色，粗壮，光滑。**叶**: 一回羽状复叶互生，托叶宿存并硬化成针刺，小叶5~10对，倒卵形或近椭圆形，细小，两面密被平伏丝质短柔毛。**花**: 花单生，长2~2.5cm；花梗密生丝质短柔毛，近中部有关节；花萼钟状，密生短柔毛，萼齿阔三角形；花冠蝶形，黄色；雄蕊二体(9+1)；子房疏生短柔毛。**果实及种子**: 荚果条形，扁，长4~5cm，无毛。**花果期**: 花期5~6月，果期7~8月。**分布**: 产中国东北、华北、山东、陕西、甘肃。蒙古、俄罗斯也有分布。**生境**: 生于固定、半固定沙地，海拔1000~2000m。**用途**: 观赏。

特征要点 一回羽状复叶，托叶宿存并硬化成针刺，小叶5~10对，两面密被平伏丝质短柔毛。花单生；花冠蝶形，黄色；雄蕊二体(9+1)。荚果条形，扁，无毛。

沙冬青 **Ammopiptanthus mongolicus** (Maxim. ex Kom.) S. H. Cheng

豆科 / 蝶形花科 Fabaceae/Leguminosae/Papilionaceae 沙冬青属

生活型: 常绿灌木。**高度**: 1.5~2m。**株形**: 宽卵形。**茎皮**: 平滑，黄绿色。**枝条**: 小枝圆柱形，具沟棱。**叶**: 3小叶或为单叶；小叶菱状椭圆形或阔披针形，两面密被银白色茸毛，全缘，侧脉不明显；叶柄密被毛。**花**: 总状花序顶生；花互生，8~12朵密集；苞片卵形；萼钟形，萼齿5，阔三角形，上方2齿合生为一较大的齿；花冠黄色，花瓣均具长瓣柄，旗瓣倒卵形，长约2cm，翼瓣比龙骨瓣短，长圆形，龙骨瓣分离，基部有耳；子房具柄，线形，无毛。**果实及种子**: 荚果扁平，线形，长5~8cm，无毛，种子2~5粒，圆肾形。**花果期**: 花期4~7月，果期5~6月。**分布**: 产中国内蒙古、宁夏、甘肃、新疆。蒙古也有分布。**生境**: 生于沙丘、河滩边台地。**用途**: 观赏。

特征要点 3小叶或为单叶；小叶灰绿色，两面密被银白色茸毛，全缘，侧脉不明显。总状花序顶生；花密集，蝶形，黄色。荚果扁平，线形。

野葛（葛藤、葛根）**Pueraria montana** var. **lobata** (Willd.) Maesen & S. M. Almeida ex Sanjappa & Predeep 豆科 / 蝶形花科 Fabaceae/Leguminosae/ Papilionaceae 葛属

生活型：落叶藤本。**高度**：2~6m。**株形**：蔓生形。**茎皮**：灰色。**根**：块根肥厚。**枝条**：茎被黄色长硬毛。**叶**：羽状复叶互生，小叶 3，菱状卵形或宽卵形，先端渐尖，基部圆形，有时浅裂，两面被毛。**花**：总状花序腋生，花密；小苞片卵形或披针形；萼钟形，萼齿 5，披针形，不等长；花冠蝶形，紫红色，长约 1.5cm；雄蕊二体（9+1）；子房线形，被毛。**果实及种子**：荚果条形，长 5~10cm，扁平，密生黄色长硬毛。**花果期**：花期 6~9月，果期 8~10月。**分布**：产中国南北各地。东南亚、澳大利亚也有分布。**生境**：生于山地疏、密林中，海拔 500~3200m。**用途**：淀粉，药用，观赏。

特征要点　木质藤本。块根肥厚。羽状复叶互生，小叶 3，被粗毛。总状花序腋生；花冠蝶形，紫红色；雄蕊二体（9+1）。荚果条形，扁平，密生黄色长硬毛。

胡枝子 **Lespedeza bicolor** Turcz.
豆科 / 蝶形花科 Fabaceae/Leguminosae/Papilionaceae 胡枝子属

生活型：落叶直立灌木。**高度**：1~3m。**株形**：宽卵形。**茎皮**：褐色，皮孔显著。**枝条**：小枝具条棱，被疏短毛。**冬芽**：芽卵形。**叶**：羽状复叶互生，小叶 3，质薄，卵形，全缘，背面被疏柔毛；叶柄显著。**花**：总状花序腋生，比叶长；花萼钟形，5 浅裂；花冠蝶形，红紫色，长约 1cm；雄蕊二体（9+1）；子房被毛。**果实及种子**：荚果斜倒卵形，稍扁，表面具网纹，密被短柔毛，种子 1 颗。**花果期**：花期 7~9月，果期 9~10月。**分布**：产中国东北、华北、华东和华南地区。朝鲜、日本、西伯利亚也有分布。**生境**：生于山坡、林缘、路旁、灌丛、杂木林间，海拔 150~1000m。**用途**：观赏。

特征要点　羽状复叶，小叶 3，全缘，背面被疏柔毛。总状花序腋生；花冠蝶形，红紫色；雄蕊二体（9+1）。荚果斜倒卵形，表面具网纹，种子 1 颗。

截叶铁扫帚 **Lespedeza cuneata** (Dum.-Cours.) G. Don

豆科 / 蝶形花科 Fabaceae/Leguminosae/Papilionaceae 胡枝子属

生活型：落叶小灌木。**高度**：达 1m。**株形**：宽卵形。**茎皮**：红褐色。**枝条**：小枝纤细，被短毛。**叶**：羽状复叶互生，密集，小叶 3，楔形，先端截形，基部楔形，背面密被伏毛；叶柄短。**花**：总状花序腋生，2~4 花；总花梗极短；花萼狭钟形，5 深裂；花冠蝶形，黄白色，有紫斑；雄蕊二体(9+1)；子房被毛；闭锁花簇生，无花冠，结实。**果实及种子**：荚果宽卵形或近球形，被伏毛，种子 1 颗。**花果期**：花期 7~8 月，果期 9~10 月。**分布**：产中国陕西、甘肃、山东、台湾、河南、湖北、湖南、广东、四川、云南、西藏等地。朝鲜、日本、印度、巴基斯坦、阿富汗、澳大利亚也有分布。**生境**：生于山坡路旁，海拔 2500~2500m。**用途**：观赏。

特征要点　羽状复叶，小叶 3，楔形，先端截形。总状花序腋生；花冠蝶形，淡黄色或白色，旗瓣基部有紫斑；雄蕊二体(9+1)；闭锁花簇生叶腋。荚果宽卵形或近球形。

短梗胡枝子 **Lespedeza cyrtobotrya** Miq.

豆科 / 蝶形花科 Fabaceae/Leguminosae/Papilionaceae 胡枝子属

生活型：落叶直立灌木。**高度**：1~3m。**株形**：宽卵形。**茎皮**：黄灰色，平滑。**枝条**：小枝具棱。**叶**：羽状复叶互生，小叶 3，宽卵形或卵状椭圆形，先端圆或微凹，背面贴生疏柔毛；叶柄短。**花**：总状花序腋生，比叶短；总花梗短缩；花萼筒状钟形，5 裂至中部，裂片披针形；花冠蝶形，红紫色，旗瓣倒卵形；雄蕊二体(9+1)；子房被毛。**果实及种子**：荚果斜卵形，稍扁，长 6~7mm，表面具网纹，且密被毛，种子 1 颗。**花果期**：花期 7~8 月，果期 9 月。**分布**：产中国黑龙江、吉林、辽宁、河北、山西、陕西、甘肃、浙江、江西、河南、广东。朝鲜、日本、俄罗斯也有分布。**生境**：生于山坡、灌丛、杂木林下，海拔 800~1500m。**用途**：观赏。

特征要点　羽状复叶，小叶 3，宽卵形。总状花序腋生；花冠蝶形，红紫色；雄蕊二体(9+1)。荚果斜卵形，表面具网纹，密被毛，种子 1 颗。

美丽胡枝子 Lespedeza thunbergii subsp. **formosa** (Vogel) H. Ohashi

豆科 / 蝶形花科 Fabaceae/Leguminosae/Papilionaceae 胡枝子属

生活型: 落叶直立灌木。**高度**: 1~2m。**株形**: 宽卵形。**茎皮**: 暗褐色。**枝条**: 小枝伸展, 被疏柔毛。**叶**: 羽状复叶互生, 具托叶, 小叶 3, 椭圆形至卵形, 全缘, 被短柔毛, 两端稍尖或稍钝。**花**: 羽状复叶互生, 具托叶, 小叶 3, 椭圆形至卵形, 全缘, 被短柔毛。**花**: 总状花序腋生, 超出叶; 小苞片卵形; 花萼钟状, 5 裂; 花冠蝶形, 紫红色, 长 1~1.5cm; 雄蕊二体 (9+1); 子房被疏毛, 有柄。**果实及种子**: 荚果斜卵形, 长 8~10mm, 锐尖头, 贴生密柔毛。**花果期**: 花期 7~9 月, 果期 9~10 月。**分布**: 产中国河北、陕西、甘肃、山东、江苏、安徽、浙江、江西、福建、河南、湖北、湖南、广东、广西、四川、重庆、云南。朝鲜、日本、印度也有分布。**生境**: 生于山坡、路旁、林缘、灌丛中, 海拔 150~2800m。**用途**: 观赏。

特征要点 羽状复叶, 小叶 3, 椭圆形至卵形。总状花序超出叶; 花冠蝶形, 紫红色; 雄蕊二体 (9+1)。荚果斜卵形。

尖叶铁扫帚 Lespedeza juncea (L. f.) Pers.

豆科 / 蝶形花科 Fabaceae/Leguminosae/Papilionaceae 胡枝子属

生活型: 落叶小灌木。**高度**: 达 1m。**株形**: 宽卵形。**茎皮**: 绿色。**枝条**: 小枝密集, 被伏毛。**叶**: 羽状复叶互生, 小叶 3, 倒披针形至狭长圆形, 先端稍尖或钝尖, 有小刺尖, 下面密被伏毛。**花**: 总状花序腋生, 花 3~7 朵; 花萼狭钟状, 5 深裂; 花冠蝶形, 白色或淡黄色, 旗瓣基部带紫斑; 雄蕊二体 (9+1); 子房被毛; 闭锁花簇生叶腋, 近无梗, 结实。**果实及种子**: 荚果宽卵形, 两面被白色伏毛, 稍超出宿存萼。**花果期**: 花期 7~9 月, 果期 9~10 月。**分布**: 产中国黑龙江、吉林、辽宁、内蒙古、山西、甘肃、山东等地。朝鲜、日本、蒙古、西伯利亚也有分布。**生境**: 生于山坡灌丛间, 海拔 100~1500m。**用途**: 观赏。

特征要点 羽状复叶, 小叶 3, 倒披针形至狭长圆形, 先端稍尖或钝圆。总状花序; 花冠蝶形, 白色或淡黄色, 带紫斑; 闭锁花簇生叶腋。荚果宽卵形。

笐子梢 **Campylotropis macrocarpa** (Bunge) Rehder
豆科 / 蝶形花科 Fabaceae/Leguminosae/Papilionaceae 笐子梢属

生活型: 落叶灌木。**高度**: 达 2.5m。**株形**: 宽卵形。**茎皮**: 暗褐色。**枝条**: 小枝密生白色短柔毛。**叶**: 羽状复叶互生，小叶 3，矩圆形或椭圆形，先端圆或微凹，基部圆形，背面有淡黄色柔毛；叶柄纤细。**花**: 总状花序腋生；花梗细长，有关节，具绢毛；花萼宽钟状，萼齿 4，有疏柔毛；花冠蝶形，紫色；雄蕊二体 (9+1)；子房被毛。**果实及种子**: 荚果斜椭圆形，膜质，长约 1.2cm，具明显脉网。**花果期**: 花期 9~11 月，果期 11~12 月。**分布**: 产中国华北、华东、华中和西南地区；朝鲜也有分布。**生境**: 生于山坡、灌丛、林缘、山谷沟边、林中，海拔 150~2000m。**用途**: 观赏。

特征要点 羽状复叶，小叶 3，矩圆形或椭圆形。总状花序腋生；花冠蝶形，紫色；雄蕊二体 (9+1)。荚果斜椭圆形，膜质，具明显脉网。

沙枣 **Elaeagnus angustifolia** L. 胡颓子科 Elaeagnaceae 胡颓子属

生活型: 落叶乔木。**高度**: 5~20m。**株形**: 卵形。**树皮**: 灰褐色，长条状纵裂。**枝条**: 小枝圆柱形，红褐色。老枝具细长刺。**叶**: 叶互生，纸质，窄矩圆形至线状披针形，边缘浅波状，微反卷，背面银白色，两面均密被银白色鳞片。**花**: 花常 1~3 朵簇生叶腋；花白色，略带黄色，4 数；萼筒漏斗形或钟形，裂片长卵形，内面黄色，疏生白色星状柔毛；雄蕊 4；花柱圆柱形；花盘发达，长圆锥形。**果实及种子**: 核果状坚果球形或近椭圆形，长 9~10mm，乳黄色至橙黄色，具白色鳞片；果核骨质，椭圆形，具 8 条肋纹。**花果期**: 花期 5~6 月，果期 9~10 月。**分布**: 产中国华北地区、东北地区和西北地区。俄罗斯、中东、近东、欧洲也有分布。**生境**: 本种适应力强，山地、平原、沙滩、荒漠均能生长，海拔 100~1000m。**用途**: 果食用，观赏。

特征要点 老枝具细长刺。叶窄矩圆形至线状披针形，密被银白色鳞片。花簇生叶腋，白色带黄色，4 数。核果状坚果，具白色鳞片；果核骨质，具 8 条肋纹。

翅果油树 **Elaeagnus mollis** Diels 胡颓子科 Elaeagnaceae 胡颓子属

生活型: 落叶小乔木或灌木。**高度**: 2~10m。**株形**: 宽卵形**茎皮**: 暗灰色，纵裂。**枝条**: 小枝栗褐色。**冬芽**: 冬芽球形，黄褐色。**叶**: 叶互生，纸质，卵形或卵状椭圆形，顶端钝尖，基部钝或圆形，背面密被淡灰白色星状茸毛。**花**: 花常 1~5 花簇生幼枝叶腋；花 4 数，灰绿色，下垂，芳香；萼筒钟状，上部裂片近三角形，具明显 8 肋；雄蕊 4；花柱直立，上部稍弯曲，下部密生茸毛。**果实及种子**: 核果状坚果近圆形或阔椭圆形，长 13mm，具明显 8 棱脊，翅状，果肉棉质；果核纺锤形，栗褐色。**花果期**: 花期 4~5 月，果期 8~9 月。**分布**: 产中国陕西、山西。**生境**: 生于阳坡和半阴坡的山沟谷地和潮湿地区，海拔 700~1300m。**用途**: 果榨油，观赏。

特征要点 叶卵圆形，背面密被淡灰白色星状茸毛。花簇生幼枝叶腋，4 数，灰绿色，下垂，密被灰白色星状茸毛。核果状坚果具 8 棱脊，翅状，果肉棉质；果核纺锤形。

牛奶子（伞花胡颓子） **Elaeagnus umbellata** Thunb.
胡颓子科 Elaeagnaceae 胡颓子属

生活型: 落叶灌木。**高度**: 1~4m。**株形**: 宽卵形。**茎皮**: 灰色，平滑，皮孔显著。**枝条**: 小枝灰黑色，具刺。**冬芽**: 银白色至锈色。**叶**: 叶互生，纸质或膜质，椭圆形至倒卵状披针形，背面密被银白色和散生少数褐色鳞片。**花**: 花先叶开放，1~7 朵簇生新枝基部，黄白色，芳香；花梗长 3~6mm；萼筒圆筒状漏斗形，裂片卵状三角形；雄蕊 4；花柱直立，柱头侧生。**果实及种子**: 核果状坚果几球形或卵圆形，长 5~7mm，被鳞片，成熟时红色。**花果期**: 花期 4~5 月，果期 7~8 月。**分布**: 产中国陕西、甘肃、青海、辽宁、湖北、华北、华东、西南等地。东亚至南亚地区也有分布。**生境**: 生于沟边、灌丛中、林缘，海拔 20~3000m。**用途**: 果食用，观赏。

特征要点 枝具刺。叶椭圆形至倒卵状披针形，背面密被银白色鳞片。花密集簇生，黄白色。核果状坚果，被鳞片，成熟时红色。

沙棘 **Hippophae rhamnoides** L. 胡颓子科 Elaeagnaceae 沙棘属

生活型: 落叶灌木或乔木。**高度**: 1~5m。**株形**: 卵形。**茎皮**: 暗灰色, 条状浅纵裂。**枝条**: 小枝灰褐色, 棘刺粗壮。**冬芽**: 大。**叶**: 叶近对生, 纸质, 披针形, 背面银白色或淡白色, 被鳞片; 叶柄极短。**花**: 花单性, 雌雄异株; 雄花先叶开放, 无梗, 花萼2裂, 雄蕊4; 雌花单生叶腋, 具短梗, 花萼囊状, 顶端2齿裂, 子房上位, 1室, 1胚珠, 花柱短。**果实及种子**: 核果状坚果圆球形, 直径4~6mm, 橙黄色或橘红色。**花果期**: 花期4~5月, 果期9~10月。**分布**: 产中国河北、内蒙古、山西、陕西、甘肃、青海、四川等地。**生境**: 生于山脊、谷地、干涸河床、山坡上, 海拔800~3600m。**用途**: 果食用, 观赏。

特征要点 棘刺粗壮。叶近对生, 披针形, 背面银白色, 被鳞片。雌雄异株; 雄花先叶开放, 花萼2裂, 雄蕊4; 雌花单生叶腋。核果状坚果圆球形, 浆果状, 橙黄色或橘红色。

紫薇(痒痒树、百日红) **Lagerstroemia indica** L. 千屈菜科 Lythraceae 紫薇属

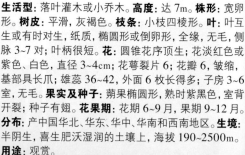

生活型: 落叶灌木或小乔木。**高度**: 达7m。**株形**: 宽卵形。**树皮**: 平滑, 灰褐色。**枝条**: 小枝四棱形。**叶**: 叶互生或有时对生, 纸质, 椭圆形或倒卵形, 全缘, 无毛, 侧脉3~7对; 叶柄很短。**花**: 圆锥花序顶生; 花淡红色或紫色、白色, 直径3~4cm; 花萼裂片6; 花瓣6, 皱缩, 基部具长爪; 雄蕊36~42, 外面6枚长得多; 子房3~6室, 无毛。**果实及种子**: 蒴果椭圆形, 熟时紫黑色, 室背开裂; 种子有翅。**花果期**: 花期6~9月, 果期9~12月。**分布**: 产中国华北、华东、华中、华南和西南地区。**生境**: 半阴生, 喜生肥沃湿润的土壤上, 海拔190~2500m。**用途**: 观赏。

特征要点 小枝四棱形。叶椭圆形或倒卵形, 全缘。圆锥花序顶生; 花淡红色或紫色、白色; 花萼裂片6; 花瓣6, 基部具长爪; 雄蕊36~42。蒴果椭圆形, 室背开裂; 种子有翅。

蓝桉 **Eucalyptus globulus** Labill. 桃金娘科 Myrtaceae 桉属

生活型: 常绿大乔木。**高度**: 20~30m。**株形**: 狭卵形。**树皮**: 蓝灰色，粗糙，片状剥落。**枝条**: 小枝略有棱，粉白色。**叶**: 幼态叶对生，卵形，基部心形，无柄，有白粉；成熟叶互生，革质，蓝绿色，厚，披针形，镰刀状，有明显腺点。**花**: 花单生或 2~3 朵聚生叶腋，直径达 4cm；萼筒倒圆锥形，有蓝白色腊被；萼帽状体较萼筒短，早落；雄蕊多列，花药椭圆形；花柱粗大。**果实及种子**: 蒴果杯状，直径 2~2.5cm，有 4 棱及不明显瘤体或沟纹，果缘厚，果爿 4，和果缘等高。**花果期**: 花期 4~5 月，果期 10~11 月。**分布**: 原产澳大利亚。中国贵州、广西、福建、广东、云南、四川栽培。**生境**: 生于山坡上，海拔 600~1350m。**用途**: 芳香油，木材，观赏。

特征要点 树皮蓝灰色，片状剥落。幼态叶对生，卵形；成熟叶披针形，镰刀状。花直径达 4cm；萼筒倒圆锥形；雄蕊多列。蒴果杯状，直径 2~2.5cm，有 4 棱，果爿 4。

赤桉 **Eucalyptus camaldulensis** Dehnh. 桃金娘科 Myrtaceae 桉属

生活型: 常绿大乔木。**高度**: 达 20m。**株形**: 尖塔形。**树皮**: 暗灰色，平滑而脱落。**枝条**: 小枝淡红色。**叶**: 幼态叶对生，阔披针形；成熟叶互生，狭披针形，稍镰刀状，较宽，均具柄。**花**: 伞形花序侧生，有花 4~9 朵；总花梗长 5~10mm；花直径 1~1.5cm；萼筒半球形，萼帽状体基部近半球形，顶端骤狭成喙，连缘长 4~6mm，有时无喙；雄蕊多数；子房与萼管合生。**果实及种子**: 蒴果近球形，直径约 5mm，果缘宽而隆起，果瓣 4，突出。**花果期**: 花期 4~10 月，果期 10~11 月。**分布**: 原产澳大利亚。中国华东、华南、西南地区栽培。**生境**: 生于河流沿岸，海拔 250~250m。**用途**: 芳香油，木材，观赏。

特征要点 树皮暗灰色，平滑而脱落。幼态叶对生，阔披针形；成熟叶狭披针形。伞形花序侧生，有花 4~9 朵；花直径 1~1.5cm。蒴果近球形，直径约 5mm，果瓣 4，突出。

柠檬桉 **Corymbia citriodora** (Hook.) K. D. Hill & L. A. S. Johnson
【Eucalyptus citriodora Hook.】 桃金娘科 Myrtaceae 伞房桉属 / 桉属

生活型: 常绿大乔木。**高度**: 达 30m。**株形**: 尖塔形。**树皮**: 光滑, 灰白色, 大片状脱落。**枝条**: 小枝淡黄色, 纤细, 光滑。**叶**: 幼态叶互生, 披针形, 有腺毛, 叶柄盾状着生; 成熟叶互生, 狭披针形, 稍弯曲, 两面有黑腺点, 具柠檬气味。**花**: 圆锥花序腋生; 花梗长 3~4mm, 有 2 棱; 花蕾长倒卵形; 萼管长 5mm; 帽状体长 1.5mm, 比萼管稍宽, 先端圆, 有 1 小尖突; 雄蕊长 6~7mm, 排成二列。**果实及种子**: 蒴果壶形, 直径 0.8~1cm, 果瓣藏于萼管内。**花果期**: 花期 4~9 月, 果期 8~10 月。**分布**: 原产澳大利亚。中国广东、广西、福建、浙江、贵州、江西、云南、四川等地栽培。**生境**: 生于肥沃土壤上, 海拔约 600m。**用途**: 芳香油, 木材, 观赏。

特征要点 树皮光滑, 灰白色, 大片状脱落。幼态叶互生, 披针形; 成熟叶狭披针形。圆锥花序腋生。花蕾长倒卵形。蒴果壶形, 直径 0.8~1cm, 果瓣藏于萼管内。

桉 **Eucalyptus robusta** Sm. 桃金娘科 Myrtaceae 桉属

生活型: 常绿大乔木。**高度**: 达 20m。**株形**: 尖塔形。**树皮**: 宿存, 深褐色, 不规则深斜裂。**枝条**: 小枝有棱。**叶**: 幼态叶对生, 厚革质, 卵形, 有柄; 成熟叶互生, 卵状披针形, 厚革质, 不等侧, 侧脉多而明显。**花**: 伞形花序粗大, 花 4~8 朵; 总梗压扁, 长 2.5cm 以内; 花蕾长 1.4~2cm; 萼管半球形或倒圆锥形, 长 7~9mm; 帽状体约与萼管同长, 先端收缩成喙; 雄蕊多数, 花药椭圆形, 纵裂。**果实及种子**: 蒴果卵状壶形, 长 1~1.5cm, 上半部略收缩, 蒴口稍扩大, 果瓣 3~4, 深藏于萼管内。**花果期**: 花期 4~9 月, 果期 10~2 月。**分布**: 原产澳大利亚。中国四川、云南等地栽培。**生境**: 生于沼泽地。**用途**: 芳香油, 木材, 观赏。

特征要点 树皮宿存, 深褐色, 不规则深斜裂。幼态叶对生, 卵形; 成熟叶卵状披针形。伞形花序粗大, 花 4~8 朵。蒴果卵状壶形, 长 1~1.5cm, 果瓣 3~4, 深藏于萼管内。

直干蓝桉 **Eucalyptus globulus** subsp. **maidenii** (F. Muell.) J. B. Kirkp.
【Eucalyptus maidenii F. Muell.】桃金娘科 Myrtaceae 桉属

生活型：常绿大乔木。**高度**：达 30m。**株形**：尖塔形。**树皮**：光滑，灰蓝色，逐年脱落。**枝条**：小枝圆柱形，有棱。**叶**：幼态叶对生，卵形至圆形，无柄或抱茎，灰色；成熟叶互生，披针形，革质，稍弯曲，两面多黑腺点。**花**：伞形花序腋生，花 3~7 朵。总梗压扁或有棱，长 1~1.5cm；花蕾椭圆形，长 1.2cm；萼管倒圆锥形，长 6mm，有棱；帽状体三角锥状，与萼管同长；雄蕊多数，花药倒卵形，纵裂。**果实及种子**：蒴果钟形或倒圆锥形，长 8~10mm，果缘较宽，果瓣 3~5，先端突出萼管外。**花果期**：花期 7~8 月，果期翌年 2~3 月。**分布**：原产澳大利亚。中国云南、四川栽培。**生境**：生于山坡上，海拔 2000m 以下。**用途**：芳香油，木材，观赏。

特征要点 树皮光滑，灰蓝色，逐年脱落。幼态叶卵形至圆形，灰色；成熟叶披针形，两面多黑腺点。伞形花序腋生；帽状体三角锥状。蒴果钟形或倒圆锥形，长 8~10mm，果缘较宽。

蒲桃 **Syzygium jambos** (L.) Alston 桃金娘科 Myrtaceae 蒲桃属

生活型：常绿乔木。**高度**：达 12m。**株形**：宽卵形。**树皮**：暗黑色，平滑。**枝条**：小枝红褐色，粗糙。**叶**：叶对生，革质，矩圆状披针形或披针形，全缘，无毛，顶端渐尖，基部楔形，侧脉至近边缘处汇合。**花**：聚伞花序顶生；花绿白色，直径 4~5cm；萼筒倒圆锥形，裂片 4，半圆形，宿存；花瓣 4，逐片脱落；雄蕊多数，离生，伸出；子房下位。**果实及种子**：浆果核果状，球形或卵形，直径 2.5~4cm，淡绿色或淡黄色。**花果期**：花期 2~3 月，果期 7~9 月。**分布**：产中国海南、台湾、福建、广东、广西、四川、贵州、云南。中南半岛、马来西亚、印度尼西亚也有分布。**生境**：喜生于河边及河谷湿地，海拔 200~1500m。**用途**：果食用，观赏。

特征要点 小枝红褐色，粗糙。叶对生，革质，披针形，全缘，侧脉至近边缘处汇合。聚伞花序顶生；花绿白色；花瓣 4；雄蕊多数。浆果核果状，球形或卵形。

石榴 **Punica granatum** L. 千屈菜科 / 石榴科 Lythraceae/Punicaceae 石榴属

生活型: 落叶灌木或乔木。**高度**: 3~5m。**株形**: 宽卵形。**树皮**: 暗灰色，纵裂。**枝条**: 小枝具棱角，无毛。**叶**: 叶常对生，纸质，矩圆状披针形，全缘，无毛，正面光亮，侧脉稍细密。**花**: 花 1~5 朵生枝顶；萼筒革质，红色或淡黄色，裂片 5~9，卵状三角形；花瓣 5~9，红色、黄色或白色，顶端圆形；雄蕊多数；子房下位，花柱长超过雄蕊。**果实及种子**: 浆果大，近球形，淡黄褐色或暗紫色；种子多数，钝角形，红色至乳白色，外种皮肉质，可食用。**花果期**: 花期 5~6 月，果期 9~10 月。**分布**: 原产巴尔干半岛至伊朗及其邻近地区，全世界温带和热带都有种植，中国南北各地都有栽培。**生境**: 生于果园或庭园中，海拔 650~1500m。**用途**: 果食用，观赏。

特征要点 小枝具棱角。叶常对生，矩圆状披针形，全缘。萼筒常红色或淡黄色；花瓣 5~9，红色、黄色或白色；雄蕊多数；子房下位。浆果近球形；种子钝角形，外种皮肉质。

八角枫 **Alangium chinense** (Lour.) Harms
山茱萸科 / 八角枫科 Cornaceae/Alangiaceae 八角枫属

生活型: 落叶灌木或小乔木。**高度**: 3~6m。**株形**: 宽卵形。**茎皮**: 平滑，淡灰色。**枝条**: 小枝被黄色疏柔毛。**叶**: 叶互生，纸质，卵形或圆形，先端渐尖，基部偏斜，全缘或 2~3 裂，主脉 4~6 条；叶柄常紫红色。**花**: 二歧聚伞花序腋生，花 8~30 朵；花萼 6~8 裂，生疏柔毛；花瓣 6~8，白色，条形，长 11~14mm，常外卷；雄蕊 6~8，花丝短而扁，有柔毛，花药长为花丝 4 倍。**果实及种子**: 核果卵圆形，长 5~7mm，熟时黑色。**花果期**: 花期 5~7 月和 9~10 月，果期 7~11 月。**分布**: 产中国华东、华中、华南和西南地区。东南亚、非洲也有分布。**生境**: 生于山地或疏林中，海拔 1800~1800m。**用途**: 药用。

特征要点 叶互生，基部偏斜，全缘或 2~3 裂，主脉 4~6 条。二歧聚伞花序腋生；花萼 6~8 裂；花瓣 6~8，白色，条形，常外卷；雄蕊 6~8。核果卵圆形，熟时黑色。

瓜木 **Alangium platanifolium** (Siebold & Zucc.) Harms

山茱萸科 / 八角枫科 Cornaceae/Alangiaceae 八角枫属

生活型: 落叶小乔木或灌木。**高度**: 5~10m。**株形**: 宽卵形。**茎皮**: 光滑,浅灰色。**枝条**: 小枝被短柔毛。**叶**: 叶互生,纸质,近圆形,常3~5裂,先端渐尖,基部近心形或宽楔形,主脉常3~5条;叶柄常紫红色。**花**: 聚伞花序腋生,花1~7朵;花萼6~7裂,花瓣白色,芳香,条形,长2.5~3.5cm;花丝微扁,密生短柔毛,花药黄色。**果实及种子**: 核果卵形,长9~12mm,花萼宿存。**花果期**: 花期3~7月,果期7~9月。**分布**: 产中国吉林、辽宁、河北、山西、河南、陕西、甘肃、山东、浙江、江西、湖北、四川、贵州、云南。日本、朝鲜也有分布。**生境**: 生于土质比较疏松而肥沃的向阳山坡或疏林中,海拔200~2600m。**用途**: 药用。

特征要点 叶互生,基部近心形或宽楔形,常3~5裂,主脉常3~5条。聚伞花序腋生;花萼6~7裂;花瓣6~7,白色或黄白色,条形;花丝密生短柔毛。核果卵形,花萼宿存。

喜树 **Camptotheca acuminata** Decne. 蓝果树科 Nyssaceae 喜树属

生活型: 落叶乔木。**高度**: 20~25m。**株形**: 尖塔形。**树皮**: 灰色。**枝条**: 小枝圆柱形,光滑无毛。**叶**: 叶互生,纸质,长卵形,全缘,先端渐尖,基部宽楔形,背面疏生短柔毛。**花**: 花单性同株,多数排成球形头状花序,雌花顶生,雄花腋生;苞片3;花萼5裂;花瓣5,淡绿色;花盘微裂;雄花有雄蕊10,两轮,外轮较长;雌花子房下位,花柱2~3裂。**果实及种子**: 瘦果窄矩圆形,长2~2.5cm,顶端有宿存花柱,有窄翅。**花果期**: 花期5~7月,果期9~10月。**分布**: 产中国江苏、浙江、福建、江西、湖北、湖南、四川、贵州、广东、广西、云南。**生境**: 生于林边或溪边,海拔1000m以下。**用途**: 木材,观赏。

特征要点 叶互生,长卵形,全缘,背面疏生短柔毛。花单性同株,多数排成球形头状花序;花萼5裂;花瓣5,淡绿色;雄蕊10,两轮;子房下位。瘦果窄矩圆形。

珙桐 **Davidia involucrata** Baill. 蓝果树科 Nyssaceae 珙桐属

生活型：落叶乔木。**高度**：15~20m。**株形**：卵形。**树皮**：深灰褐色，薄片状脱落。**枝条**：小枝暗褐色，无毛。**叶**：叶互生，纸质，宽卵形，先端渐尖，基部心形，边缘有粗锯齿，背面密生淡黄色粗毛；叶柄粗壮。**花**：花杂性，由多数雄花和一朵两性花组成顶生头状花序；苞片2，大，白色，矩圆形或卵形，长7~15cm；雄花有雄蕊1~7；两性花子房下位，6~10室，顶端有退化花被和雄蕊，花柱常有6~10分枝。**果实及种子**：核果长卵形，长3~4cm，紫绿色，有黄色斑点。**花果期**：花期4~5月，果期9~10月。**分布**：产中国湖北、湖南、四川、重庆、贵州、云南。**生境**：生于润湿的常绿阔叶及落叶阔叶混交林中，海拔1500~2200m。**用途**：观赏。

特征要点 叶互生，具长柄，宽卵形，边缘有粗锯齿。花杂性，组成顶生头状花序；大型苞片2，白色，矩圆形或卵形。核果长卵形。

梾木 **Cornus macrophylla** Wall. 【Swida macrophylla (Wall.) Soják】
山茱萸科 Cornaceae 山茱萸属 / 梾木属

生活型：落叶乔木。**高度**：3~15m。**株形**：卵形。**树皮**：灰褐色或灰黑色，不规则块状深裂。**枝条**：小枝灰绿色，有棱角。**冬芽**：狭长圆锥形。**叶**：叶对生，纸质，阔卵形或卵状长圆形，边缘略有齿，背面被白色平贴短柔毛，侧脉5~8对；叶柄长1.5~3cm。**花**：伞房状聚伞花序顶生，宽8~12cm；花白色；花萼裂片4；花瓣4，白色；雄蕊4；花盘垫状；花柱圆柱形，子房下位。**果实及种子**：核果近球形，熟时黑色。**花果期**：花期6~月，果期8~9月。**分布**：产中国华中、华南、西南等地。缅甸、巴基斯坦、印度、不丹、印度北部、尼泊尔、阿富汗也有分布。**生境**：生于山谷森林中，海拔72~333m。**用途**：观赏。

特征要点 树皮不规则块状深裂。叶对生，阔卵形或卵状长圆形，背面被柔毛，弧形脉5~8对。伞房状聚伞花序顶生；花4数，白色，子房下位。核果近球形，熟时黑色。

182

毛梾 **Cornus walteri** Wangerin 【Swida walteri (Wanger.) Sojak】

山茱萸科 Cornaceae 山茱萸属 / 梾木属

生活型: 落叶乔木。**高度**: 6~14m。**株形**: 卵形。**树皮**: 黑灰色,长条状深纵裂。**枝条**: 小枝灰绿色,有棱角。**冬芽**: 冬芽狭长圆锥形。**叶**: 叶对生,椭圆形至长椭圆形,顶端渐尖,基部楔形,两面具贴伏柔毛,侧脉4~5对;叶柄长0.9~3cm。**花**: 伞房状聚伞花序顶生,长5cm;花白色,直径1.2cm;萼齿4,三角形;花瓣披针形;雄蕊4,稍长于花瓣;子房下位,密被灰色短柔毛,花柱棍棒形。**果实及种子**: 核果球形,熟时黑色,直径6mm。**花果期**: 花期5~6月,果期8~10月。**分布**: 产中国华北、华东、华中、华南、西南地区。**生境**: 生于杂木林、密林中,海拔300~1800m。**用途**: 观赏。

特征要点 树皮长条状深纵裂。叶对生,椭圆形至长椭圆形,两面具贴伏柔毛,弧形脉4~5对。伞房状聚伞花序顶生;花4数,白色,子房下位。核果球形,熟时黑色。

红瑞木 **Cornus alba** L. 【Swida alba (L.) Opiz】

山茱萸科 Cornaceae 山茱萸属 / 梾木属

生活型: 落叶灌木。**高度**: 2~4m。**株形**: 宽卵形。**茎皮**: 红紫色,光滑。**枝条**: 小枝血红色,无毛。**叶**: 叶对生,卵形至椭圆形,全缘,无毛,侧脉5~6对;叶柄长1~2cm。**花**: 伞房状聚伞花序顶生;花小,黄白色,4数;萼坛状,齿三角形;花瓣卵状舌形;雄蕊4;花盘垫状;子房近于倒卵形,疏被贴伏短柔毛。**果实及种子**: 核果斜卵圆形,花柱宿存,成熟时白色。**花果期**: 花期5~6月,果期8~10月。**分布**: 产中国黑龙江、吉林、辽宁、内蒙古、河北、陕西、甘肃、青海、山东、江苏等地。朝鲜、俄罗斯、欧洲也有分布。**生境**: 生于杂木林、针阔叶混交林中,海拔600~2700m。**用途**: 观赏。

特征要点 小枝血红色。叶对生,卵形至椭圆形,无毛,弧形脉5~6对。伞房状聚伞花序顶生;花小,黄白色,4数。核果斜卵圆形,成熟时白色,花柱宿存。

沙梾 **Cornus bretschneideri** L. Henry 【Swida bretschneideri (L. Henry) Soják】山茱萸科 Cornaceae 山茱萸属 / 梾木属

生活型: 落叶灌木。**高度**: 2~4m。**株形**: 宽卵形。**茎皮**: 红紫色,光滑。**枝条**: 小枝圆柱形,绿色或紫色。**叶**: 叶对生,卵形至矩圆形,背面密生平贴粗毛,侧脉 5~7 对;叶柄短。**花**: 伞房状聚伞花序顶生;花小,乳白色,4 数;萼齿三角形,长于花盘;花瓣卵状披针形;雄蕊 4,长于花瓣;子房近球形,密被灰白色贴伏短柔毛,花柱短,圆柱形。**果实及种子**: 核果近球形,熟时蓝黑色,直径 5~6mm。**花果期**: 花期 6~7 月,期 8~9 月。**分布**: 产中国辽宁、内蒙古、河北、山西、陕西、宁夏、甘肃、青海、河南、湖北、四川。**生境**: 生于杂木林内、灌丛中,海拔 1400~1480m。**用途**: 观赏

特征要点 小枝绿色或紫色。叶对生,卵形至矩圆形,背面密生平贴粗毛,弧形脉 5~7 对。伞房状聚伞花序顶生;花小,乳白色,4 数。核果近球形,熟时蓝黑色。

山茱萸 **Cornus officinalis** Siebold & Zucc. 山茱萸科 Cornaceae 山茱萸属

生活型: 落叶乔木或灌木。**高度**: 4~10m。**株形**: 卵形。**树皮**: 灰褐色,块状剥落。**枝条**: 小枝细圆柱形。**冬芽**: 冬芽卵形至披针形。**叶**: 叶对生,纸质,卵状披针形或卵状椭圆形,全缘,背面浅绿色,侧脉 6~7 对;叶柄细圆柱形。**花**: 伞形花序侧生;花小,两性,先叶开放;花萼裂片 4,阔三角形;花瓣 4,舌状披针形,黄色,反卷;雄蕊 4;花盘垫状;子房下位。**果实及种子**: 核果长椭圆形,红色至紫红色。**花果期**: 花期 3~4 月,果期 9~10 月。**分布**: 产中国山西、陕西、甘肃、山东、江苏、浙江、安徽、江西、河南、湖南。朝鲜、日本也有分布。**生境**: 生于林缘、森林中,海拔 400~2100m。**用途**: 观赏、果药用。

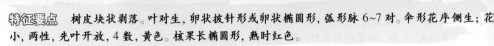

特征要点 树皮块状剥落。叶对生,卵状披针形或卵状椭圆形,弧形脉 6~7 对。伞形花序侧生;花小,两性,先叶开放,4 数,黄色。核果长椭圆形,熟时红色。

日本四照花 **Cornus kousa** F. Buerger ex Hance 【Dendrobenthamia japonica (Siebold & Zucc.) Hutch.】 山茱萸科 Cornaceae 山茱萸属 / 四照花属

生活型: 落叶小乔木。**高度**: 3~6m。**株形**: 卵形。**树皮**: 灰绿色, 光滑, 菊条纹。**枝条**: 小枝纤细, 微被短柔毛。**叶**: 叶对生, 薄纸质, 卵形或卵状椭圆形, 边缘全缘, 背面被白色贴生短柔毛, 侧脉 4~5 对; 叶柄细圆柱形。**花**: 头状花序球形; 总苞片 4, 花瓣状, 白色, 卵形或卵状披针形, 先端渐尖; 总花梗纤细; 花萼管状, 4 裂, 裂片钝圆形, 被毛; 花瓣 4; 花盘垫状; 子房下位, 密被白色粗毛。**果实及种子**: 果序球形, 熟时红色, 微被白色细毛。**花果期**: 花期 5~6 月, 果期 9~10 月。**分布**: 原产朝鲜、日本。中国东南各地栽培。**生境**: 生于庭园中。**用途**: 观赏。

特征要点 叶对生, 卵形, 背面被柔毛, 弧形脉 4~5 对。头状花序球形; 大型总苞片 4, 花瓣状, 白色, 卵形或卵状披针形; 花小, 4 数。果序球形, 熟时红色, 微被毛。

灯台树 **Cornus controversa** Hemsl. 【Bothrocaryum controversum (Hemsl.) Pojark.】 山茱萸科 Cornaceae 山茱萸属 / 灯台树属

生活型: 落叶乔木。**高度**: 6~15m。**株形**: 卵形。**树皮**: 暗灰色。**枝条**: 小枝紫红色, 无毛。**叶**: 叶互生, 宽卵形或宽椭圆形, 背面疏被柔毛, 侧脉 6~7 对; 叶柄长 2~6.5cm。**花**: 伞房状聚伞花序顶生; 花小, 白色; 萼齿 4, 三角形; 花瓣 4, 长披针形; 雄蕊伸出, 无毛; 子房下位, 倒卵圆形, 密被灰色贴伏短柔毛。**果实及种子**: 核果球形, 紫红色至蓝黑色, 直径 6~7mm。**花果期**: 花期 5~6 月, 果期 7~8 月。**分布**: 产中国辽宁、河北、陕西、甘肃、山东、安徽、台湾、河南、广东、广西、台湾、云南、西藏、湖北、湖南、重庆、贵州、浙江、江苏、福建、江西、四川。朝鲜、日本、印度、尼泊尔、不丹也有分布。**生境**: 生于常绿阔叶林、针叶阔叶混交林中, 海拔 250~2600m。**用途**: 观赏。

特征要点 树皮暗灰色。叶互生, 宽卵形, 背面疏被柔毛, 弧形脉 6~7 对。伞房状聚伞花序顶生; 花小, 白色, 4 数。核果球形, 紫红色至蓝黑色。

青荚叶 **Helwingia japonica** (Thunb.) F. Dietr.
青荚叶科 / 山茱萸科 Helwingiaceae/Cornaceae 青荚叶属

生活型：落叶灌木。**高度**：1~3m。**株形**：卵形。**茎皮**：暗褐色，光滑。**枝条**：小枝绿色，无毛。**叶**：叶互生，无毛，卵形或卵状椭圆形，顶端渐尖，边缘具细锯齿，近基部有刺状齿；叶柄光滑。**花**：花雌雄异株；雄花约5~12朵形成密聚伞花序，雌花具梗，单生或2~3朵簇生于叶正面中脉的中部或近基部；花瓣3~5，三角状卵形；雄花具雄蕊3~5；雌花子房下位，3~5室，花柱3~5裂。**果实及种子**：核果近球形，熟时黑色，具3~5棱。**花果期**：花期4~5月，果期8~9月。**分布**：产中国黄河流域以南各地。日本、缅甸、印度也有分布。**生境**：生于林中，海拔3300m。**用途**：观赏，果及叶药用。

特征要点 小枝绿色。叶具柄，卵圆形，边缘具细锯齿。雌雄异株；花生于叶正面中脉的中部或近基部；花瓣3~5；雄蕊3~5；子房下位，花柱3~5裂。核果近球形，熟时黑色。

北桑寄生 **Loranthus tanakae** Franch. & Sav. 桑寄生科 Loranthaceae 桑寄生属

生活型：落叶灌木。**高度**：约1m。**株形**：卵形。**茎皮**：灰白色。**枝条**：小枝暗紫色，具稀疏皮孔。**叶**：叶对生，厚革质，披针形或长椭圆形，顶端圆钝，基部狭楔形，稍下延，侧脉不明显。**花**：穗状花序顶生，花10~20朵；花两性，淡青色；苞片杓状；花托椭圆状；副萼环状；花冠花蕾时卵球形，花瓣6枚，披针形，开展；雄蕊6，花丝短，花药4室；花盘环状；花柱柱状，六棱，顶端钝或偏斜。**果实及种子**：浆果球形，长约8mm，橙黄色，果皮平滑。**花果期**：花期5~6月，果期9~10月。**分布**：产中国四川、甘肃、陕西、山西、内蒙古、河北、山东等地。日本、朝鲜也有分布。**生境**：生于山地阔叶林中，海拔950~2600m。**用途**：观赏。

特征要点 寄生灌木。小枝暗紫色。叶对生，厚革质，披针形。穗状花序顶生；花两性，淡青色；花瓣6；雄蕊6；花盘环状；花柱柱状，六棱。浆果球形，熟时橙黄色。

槲寄生 Viscum coloratum (Kom.) Nakai

檀香科 / 桑寄生科 / 槲寄生科 Santalaceae/Loranthaceae/Viscaceae 槲寄生属

生活型: 常绿灌木。**高度:** 0.3~0.8m。**株形:** 圆球形。**茎皮:** 绿色,光滑。**枝条:** 小枝绿色,二歧分枝,节膨大。**叶:** 叶对生,厚革质,长椭圆形至椭圆状披针形,顶端圆钝,基部渐狭;基出脉 3~5 条。**花:** 聚伞花序顶生或腋生;花单性,4 数,雌雄异株;雄花花药椭圆形,黄色;雌花柱头乳头状。**果实及种子:** 浆果球形,直径 6~8mm,熟时橙红色,果皮平滑。**花果期:** 花期 4~5 月,果期 9~11 月。**分布:** 产中国大部分地区。远东地区、朝鲜、日本也有分布。**生境:** 生于阔叶林中,寄生于榆、杨、柳、桦、栎等植物上,海拔 500~2000m。**用途:** 药用,观赏。

特征要点 常绿寄生灌木。小枝绿色,二歧分枝,节膨大。叶对生,厚革质,长椭圆形。聚伞花序顶生或腋生;雌雄异株;花小,萼片4,无花瓣。浆果球形,熟时橙红色。

扶芳藤 Euonymus fortunei (Turcz.) Hand. -Mazz. 卫矛科 Celastraceae 卫矛属

生活型: 常绿藤状灌木。**高度:** 1~5m。**株形:** 蔓生形。**树皮:** 灰绿色,平滑。**枝条:** 小枝绿色,方棱不明显。**叶:** 叶对生,薄革质,椭圆形至近披针形,边缘齿浅不明显,脉不明显;叶柄短。**花:** 聚伞花序腋生,3~4 次分枝;花序梗长 1.5~3cm;花白绿色,4 数,直径约 6mm;花盘方形;花丝细长,花药圆心形;子房三角锥状,四棱,花柱短。**果实及种子:** 蒴果近球状,光滑,熟时粉红色,直径 6~12mm;种子长方椭圆状,假种皮鲜红色。**花果期:** 花期 6~7 月,果期 10~11 月。**分布:** 产中国海南、广东、广西、福建、山东、河南、江苏、浙江、安徽、江西、湖北、湖南、四川、重庆、陕西。**生境:** 生于山坡丛林中,海拔 300~2200m。**用途:** 观赏。

特征要点 常绿藤状灌木。小枝绿色。叶对生,薄革质,边缘具浅齿。聚伞花序腋生,3~4 次分枝;花白绿色,4 数。蒴果近球状,熟时开裂,假种皮鲜红色。

冬青卫矛 *Euonymus japonicus* Thunb. 卫矛科 Celastraceae 卫矛属

生活型: 常绿灌木。**高度**: 达 3m。**株形**: 宽卵形。**茎皮**: 暗灰色, 粗糙。**枝条**: 小枝四棱, 具细微皱突。**叶**: 叶对生, 革质, 有光泽, 倒卵形或椭圆形, 边缘具浅细钝齿; 叶柄长约 1cm。**花**: 聚伞花序 5~12 花, 花序梗长 2~5cm; 花白绿色, 直径 5~7mm, 4 数; 花瓣近卵圆形; 花丝长 2~4mm, 花药长圆状, 内向; 子房每室 2 胚珠, 着生中轴顶部。**果实及种子**: 蒴果近球状, 淡红色, 直径约 8mm; 种子椭圆状, 假种皮橘红色。**花果期**: 花期 6~7 月, 果期 9~10 月。**分布**: 原产日本。中国华北以南各地栽培。**生境**: 生于路边或庭园中, 海拔 1000~1200m。**用途**: 观赏。

特征要点 常绿灌木。小枝四棱。叶对生, 革质, 有光泽, 边缘具浅细钝齿。聚伞花序具 5~12 花; 花白绿色, 4 数。蒴果近球状, 淡红色, 熟时开裂, 假种皮橘红色。

大花卫矛 *Euonymus grandiflorus* Wall. 卫矛科 Celastraceae 卫矛属

生活型: 半常绿乔木或灌木。**高度**: 达 10m。**株形**: 宽卵形。**茎皮**: 暗灰色。**枝条**: 小枝圆形, 绿色。**叶**: 叶对生, 近革质, 长倒卵形至椭圆状披针形, 边缘具细钝齿, 侧脉细密; 叶柄短。**花**: 聚伞花序有 5~7 花, 总花梗长 3~6cm; 花疏生, 黄白色, 直径达 2cm, 4 数; 花瓣圆形, 正面有咀嚼状皱纹; 花丝细长; 花盘肥大; 子房每室有 6~12 颗胚珠。**果实及种子**: 蒴果近圆形, 常有 4 条翅状窄棱; 种子数粒, 亮黑色, 有盔状红色假种皮。**花果期**: 花期 6~7 月, 果期 9~10 月。**分布**: 产中国陕西、甘肃、湖北、湖南、四川、贵州、云南。印度也有分布。**生境**: 生于山地丛林、溪边、河谷, 海拔 260~3500m。**用途**: 观赏。

特征要点 半常绿乔木或灌木。叶对生, 近革质, 边缘具细钝齿。聚伞花序有 5~7 花; 花大, 黄白色, 4 数; 花瓣正面有咀嚼状皱纹。蒴果近圆形, 有棱; 种子亮黑色, 假种皮红色。

白杜 **Euonymus maackii** Rupr. 卫矛科 Celastraceae 卫矛属

生活型: 落叶小乔木。**高度**: 达 8m。**株形**: 宽卵形。**树皮**: 暗灰色，不规则条纹状深纵裂。**枝条**: 小枝圆形，绿色。**叶**: 叶对生，纸质，宽卵形、矩圆状椭圆形或近圆形，先端长渐尖，边缘有细锯齿；叶柄细长。**花**: 聚伞花序 1~2 次分枝，有花 3~7；花淡绿色，直径约 7mm，4 数；花药紫色，花盘肥大。**果实及种子**: 蒴果粉红色，倒圆锥形，上部 4 裂；种子淡黄色，假种皮红色。**花果期**: 花期 5~6 月，果期 9~10 月。**分布**: 产中国东北、华北、华东、华中地区，各地有时栽培。俄罗斯、朝鲜、韩国也有分布。**生境**: 生于山坡或庭园中，海拔 100~2200m。**用途**: 观赏，种子榨油。

特征要点 落叶小乔木。树皮不规则深纵裂。叶对生，边缘有细锯齿。聚伞花序有花 3~7；花淡绿色，4 数，花药紫色，花盘肥大。蒴果倒圆锥形；种子淡黄色，假种皮红色。

西南卫矛 **Euonymus hamiltonianus** Wall. 卫矛科 Celastraceae 卫矛属

生活型: 落叶乔木。**高度**: 5~10m。**株形**: 宽卵形。**树皮**: 灰色。**枝条**: 小枝圆形，绿色。**叶**: 叶对生，矩圆状椭圆形至矩圆状披针形，边缘具细齿，叶背脉上常有短毛；叶柄长 1.5~5cm。**花**: 聚伞花序 5 至多花，总花梗长 1~2.5cm；花白绿色，直径约 1cm，4 数；花丝细长，花药紫色。

果实及种子: 蒴果倒三角形，上部 4 浅裂，粉红带黄，直径 1cm 以上；种子每室 1~2 粒，假种皮橙红色。**花果期**: 花期 5~6 月，果期 9~10 月。**分布**: 产中国甘肃、陕西、四川、湖南、湖北、江西、安徽、浙江、福建、广东、广西等地。印度也有分布。**生境**: 生于山地林中，海拔 300~2000m。**用途**: 观赏。

特征要点 乔木。叶对生，边缘具细齿。聚伞花序 5 至多花；花白绿色，4 数；花药紫色。蒴果倒三角形，上部 4 浅裂；种子每室 1~2 粒，假种皮橙红色。

卫矛 **Euonymus alatus** (Thunb.) Siebold 卫矛科 Celastraceae 卫矛属

生活型: 落叶灌木。**高度**: 达 3m。**株形**: 宽卵形。**茎皮**: 灰色, 木栓层发达。**枝条**: 小枝四棱形, 常具木栓翅。**叶**: 叶对生, 纸质, 窄倒卵形或椭圆形, 无毛, 具细锯齿; 叶柄极短或近无柄。**花**: 聚伞花序腋生, 花 3~9, 总花梗长 1~1.5cm; 花淡绿色, 直径 5~7mm, 4 数; 花盘肥厚方形; 雄蕊 4, 具短花丝; 柱头短。**果实及种子**: 蒴果 4 深裂, 有时仅部分心皮成熟, 裂瓣长卵形, 棕色带紫; 种子每裂瓣 1~2, 假种皮橙红色。**花果期**: 花期 5~6月, 果期 9~10月。**分布**: 中国除新疆、青海、西藏、台湾、海南后, 各省区均产。日本、朝鲜也有分布。**生境**: 生于山坡、沟地边沿, 海拔 150~3000m。**用途**: 观赏, 茎药用。

特征要点 落叶灌木。小枝四棱形, 常具木栓翅。叶对生, 具细锯齿, 近无柄。聚伞花序腋生, 花 3~9; 花淡绿色, 4 数, 花盘肥厚方形。蒴果 4 深裂; 假种皮橙红色。

南蛇藤 **Celastrus orbiculatus** Thunb. 卫矛科 Celastraceae 南蛇藤属

生活型: 落叶木质藤本。**高度**: 5~15m。**株形**: 蔓生形。**茎皮**: 灰白色, 皮孔显著。**枝条**: 小枝灰棕色。**冬芽**: 腋芽小, 卵圆状。**叶**: 叶互生, 形状多变, 先端具尖头, 边缘具锯齿, 侧脉 3~5 对; 叶柄细长。**花**: 聚伞花序具小花 1~3 朵, 花梗具关节; 花杂性; 萼片 5; 花瓣 5; 花盘浅杯状; 雄蕊 5, 雌花中退化; 子房近球状, 柱头 3 深裂。**果实及种子**: 蒴果近球状, 熟时黄色, 三瓣裂; 种子 6, 假种皮橙红色。**花果期**: 花期 5~6月, 果期 7~10月。**分布**: 产中国黑龙江、吉林、辽宁、内蒙古、河北、山东、山西、河南、陕西、甘肃、江苏、安徽、浙江、江西、湖北、四川等地。日本、朝鲜也有分布。**生境**: 生于山坡灌丛中, 海拔 450~2200m。**用途**: 观赏, 药用。

特征要点 木质藤本。皮孔显著。叶具柄, 形状多变, 具锯齿。聚伞花序腋生或顶生; 花杂性, 5 数, 柱头 3 深裂。蒴果近球状, 熟时黄色, 三瓣裂, 假种皮橙红色。

枸骨 Ilex cornuta Lindl. & Paxt. 冬青科 Aquifoliaceae 冬青属

生活型: 常绿灌木或小乔木。**高度**: 1~3m。**株形**: 卵形。**树皮**: 平滑, 灰色。**枝条**: 小枝具纵脊及沟。**叶**: 叶互生, 厚革质, 二型, 四角状长圆形或卵形, 边缘常具尖硬刺齿, 两面无毛; 叶柄短。**花**: 花序簇生叶腋, 被柔毛; 花单性, 淡黄色, 4 基数; 花萼盘状; 花冠辐状; 雄花雄蕊与花瓣等长; 雌花子房长圆状卵球形, 柱头 4 浅裂。**果实及种子**: 核果球形, 熟时鲜红色, 直径 8~10mm, 花萼宿存。**花果期**: 花期 4~5 月, 果期 10~12 月。**分布**: 产中国河南、山东、福建、广东、江苏、上海、安徽、浙江、江西、湖北、湖南、云南。欧洲、美洲等地栽培。朝鲜也有分布。**生境**: 生于山坡、丘陵等的灌丛中, 海拔 150~1900m。**用途**: 观赏。

特征要点 小枝具纵脊及沟。叶互生, 厚革质, 边缘常具尖硬刺齿。花序簇生叶腋; 花单性, 淡黄色, 4 数。核果球形, 熟时鲜红色, 花萼宿存。

黄杨 Buxus sinica (Rehder & E. H. Wilson) M. Cheng
黄杨科 Buxaceae 黄杨属

生活型: 常绿灌木或小乔木。**高度**: 1~6m。**株形**: 圆球形。**茎皮**: 暗灰色, 具纵条纹。**枝条**: 小枝纤细, 四棱形。**叶**: 叶对生, 小而革质, 椭圆形或长圆形, 先端圆钝, 光亮。**花**: 花序腋生, 头状; 花单性, 同株; 雄花约 10 朵, 生花序下方, 无梗, 萼片 4, 雄蕊 4, 不育雌蕊 1; 雌花 1 朵, 生花序顶端, 萼片 6, 子房 3 室, 花柱 3。**果实及种子**: 蒴果近球形, 长 6~8mm, 熟时沿室背裂为三片, 宿存花柱角状, 长 2~3mm。**花果期**: 花期 3 月, 果期 5~6 月。**分布**: 产中国云南、福建、台湾、陕西、甘肃、湖北、四川、重庆、贵州、广西、广东、江西、浙江、安徽、江苏、山东。**生境**: 生于山谷、溪边、林下, 海拔 1200~2600m。**用途**: 观赏。

特征要点 小枝纤细, 四棱形。叶对生, 小而革质, 光亮。花序腋生, 头状, 花密集; 雄花生花序下方, 4 数; 雌花 1 朵顶生, 花柱 3。蒴果近球形, 熟时开裂, 宿存花柱三角状。

191

雀儿舌头 Leptopus chinensis (Bunge) Pojark.

叶下珠科 / 大戟科 Phyllanthaceae/Euphorbiaceae 雀舌木属

生活型：落叶小灌木。**高度**：达 3m。**株形**：圆球形。**茎皮**：褐色。**枝条**：小枝纤细，绿色或浅褐色。**叶**：叶互生，膜质，卵形至披针形，全缘，无毛；叶柄纤细。**花**：花小，单性，雌雄同株，单生或 2~4 簇生于叶腋；萼片 5，基部合生；雄花花瓣 5，白色，腺体 5，分离，2 裂，与萼片互生；雄蕊 5，退化子房小，3 裂；雌花的花瓣较小；子房 3 室，无毛，花柱 3，2 裂。**果实及种子**：蒴果球形或扁球形，直径 6mm，果梗纤细，下垂。**花果期**：花期 2~8 月，果期 6~10 月。**分布**：除黑龙江、新疆、吉林、安徽、台湾、福建、广东外，全国各地区均有分布。**生境**：生于山地灌丛、林缘、路旁、岩崖或石缝中，海拔 500~1000m。**用途**：观赏。

特征要点 小枝纤细。叶互生，膜质，卵形至披针形，全缘。花小，单性，雌雄同株；萼片 5；花瓣 5，白色；雄花腺体 5，雄蕊 5；雌花子房 3 室，花柱 3。蒴果球形，果梗纤细，下垂。

算盘子 Glochidion puberum (L.) Hutch.

叶下珠科 / 大戟科 Phyllanthaceae/Euphorbiaceae 算盘子属

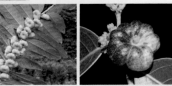

生活型：常绿直立灌木。**高度**：1~5m。**株形**：宽卵形。**茎皮**：红褐色。**枝条**：小枝灰褐色，密被短柔毛。**叶**：叶互生，二列，长圆形，侧脉每边 5~7 条；叶柄短；托叶三角形。**花**：花小，2~5 朵簇生叶腋；雄花具梗，萼片 6，雄蕊 3；雌花花梗短，萼片较短而厚，子房圆球状，5~10 室，花柱合生呈环状。**果实及种子**：蒴果扁球形，具 8~10 条纵沟，成熟时带红色；种子近肾形，具三棱，朱红色。**果实及种子**：蒴果扁球状，直径 8~15mm，具 8~10 条纵沟，成熟时带红色；种子近肾形，具三棱，朱红色。**花果期**：花期 4~8 月，果期 7~11 月。**分布**：产中国陕西、甘肃、江苏、安徽、浙江、江西、福建、台湾、河南、湖北、湖南、广东、海南、广西、四川、贵州、云南、西藏。**生境**：生于山坡、溪旁灌木丛中或林缘，海拔 300~2200m。**用途**：观赏。

特征要点 小枝密被短柔毛。叶排成二列，长圆形，全缘。花小，2~5 朵簇生叶腋；雄花萼片 6，雄蕊 3；雌花子房圆球状，5~10 室。蒴果扁球状，具 8~10 条纵沟；种子朱红色。

一叶萩 **Flueggea suffruticosa** (Pall.) Baill.

叶下珠科 / 大戟科 Phyllanthaceae/Euphorbiaceae 白饭树属

生活型: 落叶灌木。**高度**: 1~3m。**株形**: 宽卵形。**茎皮**: 暗褐色，粗糙。**枝条**: 小枝纤细，有棱槽，无毛。**叶**: 叶互生，薄纸质，椭圆形，全缘或具锯齿，网脉略明显；叶柄短。**花**: 花小，雌雄异株，簇生叶腋；雄花 3~18 朵簇生，萼片通常 5，椭圆形或近圆形，全缘，雄蕊 5，花药卵形，退化雌蕊圆柱形；雌花单生，萼片 5，椭圆形至卵形，近全缘，花盘盘状，子房卵形，3 室，花柱 3。**果实及种子**: 蒴果三棱状扁球形，直径约 5mm，成熟时淡红褐色，3 裂。**花果期**: 花期 3~8 月，果期 6~11 月。**分布**: 除西北外，全国各地区均有分布。蒙古、俄罗斯、日本、朝鲜也有分布。**生境**: 生于山坡灌丛中或山沟、路边，海拔 800~2500m。**用途**: 观赏。

特征要点 小枝纤细，有棱槽。叶互生，薄纸质，椭圆形。花小，雌雄异株；雄花 3~18 朵簇生；雌花单生叶腋。蒴果三棱状扁球形，直径约 5mm，成熟时淡红褐色，3 裂。

橡胶树 **Hevea brasiliensis** (Willd. ex A. Juss.) Müll. Arg.

大戟科 Euphorbiaceae 橡胶树属

生活型: 落叶大乔木。有乳汁。**高度**: 20~30m。**株形**: 卵形。**树皮**: 灰白色，近平滑。**枝条**: 小枝粗壮，叶痕显著。**叶**: 三出复叶互生，小叶椭圆形至椭圆状披针形，无毛，先端尖，侧脉纤细，平行；总叶柄细长。**花**: 花小，无花瓣，单性，雌雄同株；圆锥花序腋生，长达 25cm；萼钟状，5~6 裂；花盘腺体 5；雄蕊 10，花丝合生；子房 3 室，几无花柱，柱头 3，短而厚。**果实及种子**: 蒴果球形，成熟后分裂成 3 果瓣；种子长椭圆形，长 2.5~3cm，有斑纹。**花果期**: 花期 3~4 月，果期 10~11 月。**分布**: 产中国台湾、福建、广东、广西、海南、云南。巴西也有分布。**生境**: 生于山坡上。**用途**: 橡胶，观赏。

特征要点 树皮有乳汁。三出复叶互生，无毛。圆锥花序腋生；花小，无花瓣，单性，雌雄同株。蒴果球形，成熟后分裂成 3 果瓣；种子长椭圆形，有斑纹。

青灰叶下珠 **Phyllanthus glaucus** Wall. ex Müll. Arg.

叶下珠科 / 大戟科 Phyllanthaceae/Euphorbiaceae 叶下珠属

生活型: 落叶灌木。**高度**: 达 4m。**株形**: 宽卵形。**茎皮**: 灰色。**枝条**: 小枝细柔，无毛。**叶**: 叶互生，膜质，椭圆形或长圆形，顶端急尖，背面稍苍白色。**花**: 花单性，雌雄同株，通常 1 朵雌花与数朵雄花同生于叶腋，花梗丝状；雄花萼片 6，卵形，花盘腺体 6，雄蕊 5；子房卵圆形，3 室，花柱 3，基部合生。**果实及种子**: 蒴果浆果状，直径约 1cm，紫黑色，萼片宿存；种子黄褐色。**花果期**: 花期 4~7月，果期 7~10月。**分布**: 产中国江苏、安徽、浙江、江西、湖北、湖南、广东、广西、四川、贵州、云南、重庆、西藏。印度、不丹、印度北部、尼泊尔也有分布。**生境**: 生于山地灌木丛中或稀疏林下，海拔 200~1000m。**用途**: 观赏。

特征要点 小枝细柔。叶互生，膜质，背面稍苍白色。花单性，雌雄同株，花梗丝状。蒴果浆果状，直径约 1cm，紫黑色，萼片宿存；种子黄褐色。

油桐 **Vernicia fordii** (Hemsl.) Airy Shaw 大戟科 Euphorbiaceae 油桐属

生活型: 落叶乔木。**高度**: 达 10m。**株形**: 宽卵形。**树皮**: 灰色，近光滑。**枝条**: 小枝粗壮，无毛，具明显皮孔。**叶**: 叶互生，卵圆形，全缘至 3 浅裂，背面被贴伏微柔毛，掌状脉 5~7 条；叶柄顶端有 2 枚无柄扁平腺体。**花**: 花雌雄同株；花萼 2~3 裂；花瓣白色，有脉纹；雄花雄蕊 8~12 枚，二轮；雌花子房密被柔毛，3~5 室，花柱 2 裂。**果实及种子**: 核果近球状，果皮光滑；种子 3~8，种皮木质。**花果期**: 花期 3~4月，果期 8~9月。**分布**: 产中国陕西、河南、江苏、安徽、浙江、江西、福建、湖南、湖北、广东、广西、四川、贵州、云南多为栽培。越南也有分布。**生境**: 生于丘陵山地，海拔 200~1000m。**用途**: 种子榨油，观赏。

特征要点 树皮近光滑。叶大，卵圆形，掌状脉 5~7 条；叶柄顶端有 2 枚无柄扁平腺体。花雌雄同株，白色带淡红色。核果近球状，直径 4~8cm，果皮光滑；种子 3~8，种皮木质。

木油桐(千年桐) **Vernicia montana** Lour. 大戟科 Euphorbiaceae 油桐属

生活型: 落叶乔木。**高度**: 达 20m。**株形**: 宽卵形。**树皮**: 灰白色, 近光滑。**枝条**: 小枝无毛, 散生突起皮孔。**叶**: 叶互生, 阔卵形, 全缘或 2~5 裂, 掌状脉 5 条; 叶柄顶端有 2 枚具柄杯状腺体。**花**: 雌雄异株或有时同株异序; 花萼 2~3 裂, 无毛; 花瓣白色, 有脉纹; 雄花雄蕊 8~10; 雌花子房被毛, 3 室, 花柱 3。**果实及种子**: 核果卵球状, 具 3 条纵棱, 棱间有粗疏网状皱纹, 有种子 3 颗; 种子扁球状, 种皮厚, 有疣突。**花果期**: 花期 3~5 月, 果期 8~9 月。**分布**: 产中国浙江、江西、福建、台湾、湖南、广东、海南、广西、贵州、云南。越南、泰国、缅甸也有分布。**生境**: 生于疏林中, 海拔 200~1300m。**用途**: 种子榨油, 观赏。

特征要点 叶阔卵形, 全缘或 2~5 裂, 掌状脉 5 条; 叶柄顶端有 2 枚具柄杯状腺体。核果卵球状, 直径 3~5cm, 具 3 条纵棱, 棱间有粗疏网状皱纹; 种子 3 颗, 扁球状, 种皮厚, 有疣突。

麻风树(小桐子) **Jatropha curcas** L. 大戟科 Euphorbiaceae 麻风树属

生活型: 常绿灌木或小乔木。**高度**: 2~5m。**株形**: 圆柱形。**茎皮**: 平滑。**植株**: 具水状液汁。**枝条**: 小枝粗壮, 无毛。**叶**: 叶互生, 纸质, 卵圆形, 全缘或 3~5 浅裂, 无毛, 掌状脉 5~7; 叶柄长 6~18cm。**花**: 伞房状聚伞圆锥花序腋生; 花单性, 5 基数; 雄花萼片基部合生, 花瓣长圆形, 黄绿色, 内面腺体 5, 雄蕊 10; 雌花萼片离生, 子房 3 室, 花柱顶端 2 裂。**果实及种子**: 蒴果椭圆状或球形, 长 2.5~3cm, 黄色; 种子椭圆状, 黑色。**花果期**: 花期多次, 果期 10~11 月。**分布**: 产中国福建、台湾、广东、海南、广西、贵州、四川、云南。美洲热带也有分布。**生境**: 生于干热河谷或村旁, 海拔 200~2200m。**用途**: 种子榨油, 观赏。

特征要点 植株具水状液汁。叶具长柄, 卵圆形, 全缘或 3~5 浅裂, 掌状脉 5~7。雌雄同株; 伞房状聚伞圆锥花序腋生; 花黄绿色。蒴果椭圆状或球形, 黄色; 种子椭圆状, 黑色。

白背叶 **Mallotus apelta** (Lour.) Müll. Arg. 大戟科 Euphorbiaceae 野桐属

生活型: 落叶灌木或小乔木。**高度:** 1~3m。**株形:** 宽卵形。**树皮:** 暗褐色。**枝条:** 小枝密被星状毛。**叶:** 叶互生,宽卵形,不分裂或3浅裂,被星状毛及棕色腺体,基生三出脉;叶柄长1.5~8cm。**花:** 花单性,雌雄异株,无花瓣;雄穗状花序顶生,长15~30cm;雌穗状花序顶生或侧生,长约15cm;花萼3~6裂;雄蕊50~65;子房3~4室,花柱2~3。**果实及种子:** 蒴果近球形,直径7mm,密生软刺及星状毛;种子近球形,黑色,光亮。**花果期:** 花期4~7月,果期8~11月。**分布:** 产中国云南、广西、湖南、江西、福建、广东、海南、浙江、湖北、河南、四川、贵州、陕西。越南也有分布。**生境:** 生于山坡、山谷灌丛中,海拔30~1000m。**用途:** 种子榨油,观赏。

特征要点 小枝密被星状毛。叶具柄,宽卵形,基生三出脉。花雌雄异株,无花瓣,排成穗状花序;雄蕊50~65;花柱2~3。蒴果近球形,密生软刺及星状毛;种子近球形,黑色,光亮。

乌桕 **Triadica sebifera** (L.) Small 【**Sapiam sebiferum** (L.) Roxb.】
大戟科 Euphorbiaceae 乌桕属

生活型: 落叶乔木。具乳汁。**高度:** 达15m。**株形:** 宽卵形。**树皮:** 暗灰色,有纵裂纹。**枝条:** 小枝圆柱形,无毛,具皮孔。**叶:** 叶互生,纸质,菱形,顶端尖头,全缘,无毛;叶柄顶端具2腺体。**花:** 总状花序顶生,黄色;花单性,3数,雌花生于花序轴最下部。**果实及种子:** 蒴果梨状球形,黑色,具3种子,开裂成3分果爿;种子扁球形,黑色,被白色蜡质假种皮。**花果期:** 花期4~8月,果期10~11月。**分布:** 产中国黄河以南地区。日本、越南、印度及欧洲、美洲、非洲也有分布。**生境:** 生于旷野、塘边或疏林中,海拔50~2200m。**用途:** 种子榨油,观赏。

特征要点 植株具乳状汁液。叶具柄,菱形,全缘,无毛;叶柄顶端具2腺体。总状花序顶生;花单性,雌雄同株。蒴果梨状球形,开裂成3分果爿;种子黑色,被白色蜡质假种皮。

少脉雀梅藤 **Sageretia paucicostata** Maxim. 鼠李科 Rhamnaceae 雀梅藤属

生活型：落叶直立灌木或小乔木。**高度**：达6m。**株形**：蔓生形。**茎皮**：灰白色，平滑。**枝条**：小枝刺状，纤细。**叶**：叶互生或近对生，纸质，椭圆形，顶端钝圆，基部楔形，边缘具钩状细锯齿，无毛，侧脉弧状上升。**花**：穗状或穗状圆锥花序；花小，黄绿色，无毛；萼片5，三角形；花瓣5，匙形，短于萼片；雄蕊5，稍长于花瓣；子房扁球形，3室，柱头头状，3浅裂。**果实及种子**：核果倒卵状球形，直径4~6mm，熟时黑紫色，具3分核；种子扁平，两端微凹。**花果期**：花期5~9月，果期7~10月。**分布**：产中国河北、河南、山西、陕西、甘肃、四川、云南、西藏。**生境**：生于山坡、山谷灌丛或疏林中，海拔1700~4000m。**用途**：观赏。

特征要点 小枝刺状。叶互生或近对生，椭圆形，边缘具钩状细锯齿。穗状或穗状圆锥花序；花小，黄绿色，5数。核果倒卵状球形，成熟时黑色或黑紫色，具3分核。

小叶鼠李 **Rhamnus parvifolia** Bunge 鼠李科 Rhamnaceae 鼠李属

生活型：落叶灌木。**高度**：1.5~2m。**株形**：卵形。**茎皮**：灰褐色。**枝条**：小枝紫褐色，具针刺。**冬芽**：卵形。**叶**：叶对生至簇生，纸质，菱形，顶端钝，基部楔形，边缘具圆齿状细锯齿；叶柄长4~15mm。**花**：花簇生于短枝；花小，单性，雌雄异株，黄绿色；花萼4裂；花瓣4；雄蕊4，为花瓣抱持；花盘薄，杯状；子房上位，球形。**果实及种子**：核果倒卵状球形，熟时黑色，有2核；种子倒卵圆形，背侧有纵沟。**花果期**：花期4~5月，果期6~9月。**分布**：产中国黑龙江、吉林、辽宁、内蒙古、河北、山西、山东、河南、陕西。蒙古、朝鲜、俄罗斯也有分布。**生境**：常生于向阳山坡、草丛或灌丛中，海拔400~2300m。**用途**：观赏。

特征要点 小枝紫褐色，具针刺。叶对生至簇生，顶端钝，基部楔形，边缘具圆齿状细锯齿。花雌雄异株，小而簇生，单性，4数，黄绿色。核果倒卵状球形，熟时黑色，有2核。

冻绿 **Rhamnus utilis** Decne. 鼠李科 Rhamnaceae 鼠李属

生活型：落叶灌木或小乔木。**高度**：达 4m。**株形**：宽卵形。**茎皮**：暗灰色，粗糙。**枝条**：小枝红褐色，顶端针刺状。**叶**：叶互生或束生短枝端，椭圆形至倒披针形，边缘具细锯齿；叶柄长 0.5~1cm。**花**：聚伞花序生于枝端和叶腋；花单性，黄绿色；花萼 4 裂；花瓣 4，小；雄蕊 4，为花瓣抱持；花盘薄，杯状；子房上位，球形。**果实及种子**：核果近球形，熟时黑色，有 2 核；种子背面有纵沟。**花果期**：花期 4~6 月，果期 8~10 月。**分布**：产中国甘肃、陕西、河南、河北、山西、安徽、江苏、浙江、江西、福建、广东、广西、湖北、湖南、四川、贵州。朝鲜、日本也有分布。**生境**：生于山地、丘陵、灌丛或疏林下，海拔 1500~1500m。**用途**：观赏。

特征要点　小枝顶端针刺状。叶互生或束生短枝端，椭圆形至倒披针形，边缘具细锯齿。聚伞花序；花单性，黄绿色，4 数。核果近球形，熟时黑色，有 2 核。

锐齿鼠李 **Rhamnus arguta** Maxim. 鼠李科 Rhamnaceae 鼠李属

生活型：落叶灌木。**高度**：1~3m。**株形**：卵形。**树皮**：灰褐色。**枝条**：小枝红褐色，顶端有短刺。**叶**：叶对生或近对生，卵圆形，无毛，边缘具芒状锐锯齿；叶柄长 1~3cm。**花**：花通常 5 朵丛生；花小，黄绿色，单性，黄绿色；花萼钟形，4 裂；花瓣 4，短于萼片；雄蕊 4，为花瓣抱持；花盘薄，杯状；子房上位，球形。**果实及种子**：核果球形，熟时黑色，有 2~4 个核；种子倒卵形，淡褐色，背面具狭纵沟。**花果期**：花期 5~6 月，果期 7~9 月。**分布**：产中国黑龙江、辽宁、河北、山西、山东、陕西。**生境**：常生于山坡灌丛中，海拔 2000~2000m。**用途**：种子榨油，观赏。

特征要点　小枝顶端有短刺。叶对生或近对生，卵圆形，无毛，边缘具芒状锐锯齿。花通常 5 朵丛生；花小，黄绿色，4 数。核果球形，熟时黑色，有 2~4 个核。

鼠李 **Rhamnus davurica** Pall. 鼠李科 Rhamnaceae 鼠李属

生活型：落叶小乔木或灌木。**高度**：达 10m。**株形**：卵形。**茎皮**：暗灰褐色。**枝条**：小枝粗壮，无刺。**冬芽**：顶芽大型，卵状披针形。**叶**：叶对生或束生枝端，卵状椭圆形至倒宽披针形，无毛，边缘具细圆齿；叶柄长 1~2cm。**花**：花 3~5 束生于叶腋；花小，单性，淡绿色；花萼钟状，4 裂；雄蕊 4，为花瓣抱持；花盘薄，杯状；子房上位，球形。**果实及种子**：核果球形，熟时黑紫色，直径 6mm，有 2 核；种子卵形，背面有沟。**花果期**：花期 5~6 月，果期 8~9 月。**分布**：产中国黑龙江、吉林、辽宁、河北、山西。俄罗斯、蒙古、朝鲜也有分布。**生境**：生于山坡林下、灌丛、林缘和沟边阴湿处，海拔 1800~1800m。**用途**：观赏。

特征要点 小枝粗壮，无刺。叶对生或束生枝端，卵状椭圆形至倒宽披针形，边缘具细圆齿。花 3~5 束生于叶腋；花小，单性，淡绿色，4 数。核果球形，熟时黑紫色，有 2 核。

勾儿茶 **Berchemia sinica** Schneid. 鼠李科 Rhamnaceae 勾儿茶属

生活型：落叶藤状或攀缘灌木。**高度**：达 5m。**株形**：蔓生形。**茎皮**：灰褐色。**枝条**：小枝纤细，无毛。**叶**：叶互生或簇生，纸质，卵状椭圆形，顶端圆钝，背面灰白色，侧脉每边 8~10 条；叶柄纤细。**花**：聚伞状圆锥花序生于侧枝顶端，窄长；花具梗，两性，5 数，黄色或淡绿色；萼筒短，盘状；花瓣内卷；雄蕊 5；花盘厚；子房上位。**果实及种子**：核果圆柱形，长 5~9mm，基部有皿状的宿存花盘，成熟时紫红色或黑色。**花果期**：花期 6~8 月，果期翌年 5~6 月。**分布**：产中国河南、山西、陕西、甘肃、四川、云南、贵州、湖北等地。**生境**：常生于山坡、沟谷灌丛或杂木林中，海拔 1000~2500m。**用途**：观赏。

特征要点 攀缘灌木。叶互生或簇生，卵状椭圆形，平行脉每边 8~10 条。聚伞状圆锥花序生于侧枝顶端；花两性，黄色或淡绿色，5 数。核果圆柱形，成熟时紫红色或黑色。

枳椇 **Hovenia acerba** Lindl. 鼠李科 Rhamnaceae 枳椇属

生活型: 落叶大乔木。**高度**: 10~25m。**株形**: 卵形。**树皮**: 暗褐色，纵裂。**枝条**: 小枝褐色，皮孔明显。**叶**: 叶互生，纸质，宽卵形或心形，顶端渐尖，边缘具细锯齿，无毛；叶柄长 2~5cm。**花**: 二歧式聚伞圆锥花序；花两性；萼片 5，三角形；花瓣 5，两侧内卷；雄蕊 5，为花瓣抱持；花盘盘状，肉质，被柔毛；子房上位，3 室。**果实及种子**: 浆果状核果近球形，黄褐色；果序轴明显膨大；种子有光泽。**花果期**: 花期 5~7 月，果期 8~10 月。**分布**: 产中国甘肃、陕西、河南及华东、华南、西南地区。印度、尼泊尔、不丹、缅甸也有分布。**生境**: 生于开旷地、山坡林缘或庭园宅旁，海拔 2100~2100m。**用途**: 果食用，观赏。

特征要点 叶具柄，宽卵形或心形，边缘具细锯齿。二歧式聚伞圆锥花序；雄蕊 5，为内卷的花瓣抱持。浆果状核果近球形，熟时黄色；果序轴膨大，肥厚扭曲，肉质。

北枳椇 **Hovenia dulcis** Thunb. 鼠李科 Rhamnaceae 枳椇属

生活型: 落叶乔木。**高度**: 达 10m。**株形**: 卵形。**树皮**: 灰白色，条状纵裂。**枝条**: 小枝褐色，皮孔明显。**叶**: 叶互生，纸质，卵圆形，先端渐尖，边缘有粗锯齿，三出脉，背面有细毛；叶柄红褐色。**花**: 复聚伞花序；花两性，5 数，淡黄绿色；萼片三角形；花瓣两侧内卷；雄蕊为花瓣抱持；花盘肉质；子房上位，3 室。**果实及种子**: 浆果状核果近球形，无毛，灰褐色；果序轴膨大，肥厚扭曲，肉质，红褐色；种子扁圆形，有光泽。**花果期**: 花期 5~7 月，果期 8~10 月。**分布**: 产中国河北、山东、山西、河南、陕西、甘肃、四川、湖北、安徽、江苏、江西。日本、朝鲜也有分布。**生境**: 生于次生林中或庭园，海拔 200~1400m。**用途**: 果食用，观赏。

特征要点 叶具柄，卵形或卵圆形，边缘有粗锯齿。复聚伞花序顶生或腋生。浆果状核果近球形，熟时黑色；果序轴膨大，肥厚扭曲，肉质。

枣 **Ziziphus jujuba** Mill. 鼠李科 Rhamnaceae 枣属

生活型: 落叶小乔木。**高度**: 10m 以上。**株形**: 狭卵形。**树皮**: 暗灰色，鱼鳞状深裂。**枝条**: 小枝细瘦，具长直刺和短弯刺。**叶**: 叶互生，椭圆形至卵状披针形，边缘具细锯齿，基生三出脉，两面光滑无毛。**花**: 花2~3 朵簇生叶腋；花小，黄绿色，两性，5 数；萼片 5，三角形；花瓣 5，具爪；雄蕊 5；花盘厚，肉质；子房球形，2 室。**果实及种子**: 核果矩圆形，较大，红色变紫红色，中果皮肉质，厚，味甜，核顶端锐尖，基部锐尖或钝。**分布**: 产中国各地。亚洲、欧洲、美洲也有栽培。**生境**: 生于山区、丘陵或平原，海拔 1700m 以下。**用途**: 果食用，观赏。

特征要点 落叶小乔木。小枝具长直刺和短弯刺。叶互生，边缘具细锯齿，基生三出脉。花小，簇生叶腋，黄绿色，两性，5 基数。核果大，中果皮肉质，厚，味甜，核两端尖。

酸枣 **Ziziphus jujuba** var. **spinosa** (Bunge) Hu ex H. F. Chow
鼠李科 Rhamnaceae 枣属

生活型: 落叶灌木或小乔木。**高度**: 1~3m。**株形**: 狭卵形。**茎皮**: 暗灰色，鱼鳞状深裂。**枝条**: 小枝细瘦，具长直刺和短弯刺。**叶**: 叶互生，椭圆形至卵状披针形，边缘具细锯齿，基生三出脉，无毛。**花**: 花 2~3 朵簇生于叶腋；花小，黄绿色，两性，5 基数；萼片 5，三角形；花瓣 5，具爪；雄蕊 5；花盘厚，肉质；子房球形，2 室。**果实及种子**: 核果小，近球形，红褐色，味酸；核两端常钝头。**花果期**: 花期 5~6 月，果期 9~10 月。**分布**: 产中国大部分地区。亚洲、欧洲、美洲也有分布。**生境**: 生于山区、丘陵或平原，海拔 1700m 以下。**用途**: 果食用，观赏。

特征要点 灌木或小乔木。核果小，近球形，红褐色，味酸。核两端常钝头。

葡萄 **Vitis vinifera** L. 葡萄科 Vitaceae 葡萄属

生活型: 落叶木质藤本。**高度:** 达 15m。**株形:** 蔓生形。**茎皮:** 红褐色, 片状剥落。**枝条:** 小枝红褐色。**叶:** 叶互生, 圆卵形, 3 裂至中部, 边缘有粗齿, 两面无毛或背面有短柔毛。**花:** 圆锥花序与叶对生; 花杂性异株, 小, 淡黄绿色; 花萼盘形; 花瓣 5, 长约 2mm, 上部合生呈帽状, 早落; 雄蕊 5; 花盘由 5 腺体组成; 子房 2 室。**果实及种子:** 浆果椭圆状球形或球形, 直径 1.5~3cm, 有白粉。**花果期:** 花期 4~5 月, 果期 8~9 月。**分布:** 原产亚洲西部。中国各地广泛栽培。**生境:** 生于果园中。**用途:** 果食用, 观赏。

特征要点 小枝红褐色, 髓褐色。叶具柄, 圆卵形, 3 裂至中部, 边缘有粗齿。圆锥花序与叶对生; 花杂性异株, 小, 淡黄绿色。浆果椭圆状球形, 直径 1.5~3cm, 有白粉。

山葡萄 **Vitis amurensis** Rupr. 葡萄科 Vitaceae 葡萄属

生活型: 落叶木质藤本。**高度:** 达 15m。**株形:** 蔓生形。**茎皮:** 红褐色, 片状剥落。**枝条:** 小枝紫红色, 光滑。**叶:** 叶互生, 宽卵形, 3~5 裂或不裂, 边缘具粗锯齿, 背面叶脉有短毛, 网脉显著。**花:** 圆锥花序与叶对生, 长 8~13cm, 花序轴白色丝状毛; 花小, 5 数, 雌雄异株, 直径约 2mm; 雌花内 5 个雄蕊退化, 雄花内雌蕊退化, 花萼盘形, 无毛; 子房 2 室。**果实及种子:** 浆果球形, 直径约 1cm, 熟时黑色。**花果期:** 花期 5~6 月, 果期 8~9 月。**分布:** 产中国黑龙江、吉林、辽宁、河北、山西、山东、安徽、浙江。**生境:** 生于山坡、沟谷林中、灌丛中, 海拔 200~1200m。**用途:** 果食用, 观赏。

特征要点 小枝紫红色, 髓褐色。叶具柄, 宽卵形, 3~5 裂或不裂, 边缘具粗锯齿。圆锥花序与叶对生; 花小, 5 数, 黄绿色。浆果球形, 直径约 1cm, 熟时黑色。

葎叶蛇葡萄 **Ampelopsis humulifolia** Bunge 葡萄科 Vitaceae 蛇葡萄属

生活型: 落叶木质藤本。**高度**: 达 5m。**株形**: 蔓生形。**茎皮**: 粗糙，深褐色。**枝条**: 小枝光滑; 卷须分叉。**叶**: 叶互生，坚纸质，宽卵圆形，3~5 中裂或近于深裂，边缘具粗锯齿，背面苍白色; 叶柄粗长。**花**: 聚伞花序与叶对生，疏散，总花梗细，长于叶柄; 花淡黄色; 萼片合生成杯状; 花瓣 5; 雄蕊 5，与花瓣对生; 子房 2 室，着生于明显的花盘上。**果实及种子**: 浆果宽 6~8mm，淡黄色或淡蓝色; 种子 1~2 粒。**花果期**: 花期 5~6 月，果期 7~8 月。**分布**: 产中国内蒙古、辽宁、青海、河北、山西、陕西、河南、山东。**生境**: 生于山沟地边、灌丛林缘、林中，海拔 400~1100m。**用途**: 观赏。

特征要点　髓白色。卷须分叉。叶具柄，宽卵圆形，3~5 中裂或近于深裂，边缘具粗锯齿。聚伞花序与叶对生，疏散; 花淡黄色，5 数。浆果淡黄色或淡蓝色; 种子 1~2 粒。

五叶地锦（美国地锦）**Parthenocissus quinquefolia** (L.) Planch
葡萄科 Vitaceae 地锦属

生活型: 落叶木质藤本。**高度**: 2~10m。**株形**: 蔓生形。**茎皮**: 暗褐色。**枝条**: 小枝圆柱形，无毛。**叶**: 掌状复叶互生，小叶 5，无毛，倒卵圆形至椭圆形，边缘具粗锯齿; 卷须分枝，顶端嫩时尖，后常扩大成吸盘。**花**: 圆锥状多歧聚伞花序假顶生，长 8~20cm; 花蕾椭圆形，萼碟形，全缘; 花瓣 5，长椭圆形; 雄蕊 5，花药长椭圆形; 花盘不明显; 子房卵锥形。**果实及种子**: 浆果球形，直径 1~1.2cm，熟时蓝色。**花果期**: 花期 6~7 月，果期 8~10 月。**分布**: 产中国东北、华北、华中、华南。北美也有分布。**生境**: 生于庭园中、路边或山石上。**用途**: 观赏。

特征要点　掌状复叶互生，小叶 5，边缘具粗锯齿; 卷须分枝，顶端常扩大成吸盘。圆锥状多歧聚伞花序假顶生; 花小，黄绿色，5 数。浆果球形，熟时蓝色。

地锦（爬山虎）**Parthenocissus tricuspidata** (Siebold & Zucc.) Planch.

葡萄科 Vitaceae 地锦属

生活型: 落叶木质藤本。**高度**: 2~15m。**株形**: 蔓生形。**茎皮**: 褐色。**枝条**: 小枝圆柱形。**叶**: 单叶互生（偶 3 小叶），倒卵圆形，3 浅裂，边缘具粗锯齿；卷须分枝，顶端嫩时膨大圆珠形，后扩大成吸盘。**花**: 多歧聚伞花序生于老茎短枝上，长 1~3.5cm；花蕾倒卵椭圆形；萼碟形，全缘或呈波状；花瓣 5，长椭圆形；雄蕊 5，花药长椭圆形；花盘不明显；子房椭球形，花柱明显。**果实及种子**: 浆果球形，直径 1~1.5cm，熟时蓝色。**花果期**: 花期 5~8 月，果期 9~10 月。**分布**: 产中国吉林、辽宁、河北、河南、山东、安徽、江苏、浙江、福建、台湾。朝鲜、日本也有分布。**生境**: 生于山坡崖石壁、灌丛，海拔 150~1200m。**用途**: 观赏。

特征要点 单叶互生（偶 3 小叶），倒卵圆形，3 浅裂，边缘具粗锯齿；卷须分枝，顶端扩大成吸盘。多歧聚伞花序；花小，黄绿色，5 数。浆果球形，熟时蓝色。

省沽油 **Staphylea bumalda** DC. 省沽油科 Staphyleaceae 省沽油属

生活型: 落叶灌木。**高度**: 约 2m。**株形**: 宽卵形。**茎皮**: 暗灰色，粗糙。**枝条**: 小枝光滑无毛。**叶**: 羽状复叶对生，小叶 3，椭圆形至卵状披针形，先端具尖尾，边缘具细锯齿，近光滑无毛。**花**: 圆锥花序顶生，直立；花白色；萼片 5，长椭圆形；花瓣 5，倒卵状长圆形，长 5~7mm；雄蕊 5，与花瓣略等长；子房基部 2 裂，柱头头状，胚珠多数。**果实及种子**: 蒴果膀胱状，扁平，2 室，先端 2 裂；种子黄色，有光泽。**花果期**: 花期 4~5 月，果期 8~9 月。**分布**: 产中国吉林、辽宁、河北、山西、陕西、浙江、湖北、江苏、四川。朝鲜也有分布。**生境**: 生于灌木林中、路边、山谷、山坡、溪边、杂木林中，海拔 200~1700m。**用途**: 观赏。

特征要点 羽状复叶对生，小叶 3，先端具尖尾，边缘具细锯齿。圆锥花序顶生；花白色，5 数。蒴果膀胱状，扁平，2 室，先端 2 裂；种子黄色，有光泽。

膀胱果 **Staphylea holocarpa** Hemsl. 省沽油科 Staphyleaceae 省沽油属

生活型: 落叶灌木或小乔木。**高度**: 3~m。**株形**: 宽卵形。**茎皮**: 暗灰色，粗糙。**枝条**: 小枝光滑无毛。**叶**: 羽状复叶对生，小叶 3，近革质，无毛，长圆状披针形至狭卵形，边缘有硬细锯齿。**花**: 伞房圆锥花序顶生，广展，长 5cm 以上；花白色或粉红色，叶后开放；萼片 5；花瓣 5；雄蕊 5；子房基部 3 裂，柱头头状，胚珠多数。**果实及种子**: 蒴果 3 裂，梨形膨大，长 4~5cm；种子近椭圆形，灰色，有光泽。**花果期**: 花期 4~5 月，果期 8~9 月。**分布**: 产中国陕西、甘肃、湖北、湖南、广东、广西、贵州、四川等地。日本也有分布。**生境**: 生于林中、路边、山谷、杂木林中、山坡、阴坡潮湿地，海拔 400~2700m。**用途**: 观赏。

特征要点 羽状复叶对生，小叶 3，边缘有硬细锯齿。伞房圆锥花序顶生；花白色或粉红色，5 数。蒴果 3 裂，梨形膨大；种子近椭圆形，灰色，有光泽。

野鸦椿 **Staphylea japonica** (Thunb.) Mabb. 【**Euscaphis japonica** (Thunb.) Kanitz】 省沽油科 Staphyleaceae 省沽油属 / 野鸦椿属

生活型: 落叶小乔木或灌木。**高度**: 3~6m。**株形**: 宽卵形。**茎皮**: 灰褐色，具纵条纹。**枝条**: 小枝及芽红紫色。**叶**: 奇数羽状复叶对生，小叶 5~9，厚纸质，卵形或椭圆形，先端渐尖，边缘具疏短锯齿。**花**: 圆锥花序顶生，长达 21cm；花多，较密集，黄白色，径 4~5mm；萼片与花瓣均 5，椭圆形，黄绿色，萼片宿存；花盘盘状；心皮 3，分离。

果实及种子: 蓇葖果长 1~2cm，紫红色，熟时开裂；种子近圆形，黑色，有光泽。**花果期**: 花期 5~6 月，果期 8~9 月。**分布**: 产中国中部、东部部分地区。日本、朝鲜也有分布。**生境**: 生于林缘、林中、路边、丘陵、山谷、山坡，海拔 160~2700m。**用途**: 观赏。

特征要点 奇数羽状复叶对生，小叶 5~9，边缘具疏短锯齿。圆锥花序顶生；花密集，黄白色，5 数。蓇葖果紫红色，熟时开裂；种子近圆形，黑色，有光泽。

栾树 **Koelreuteria paniculata** Laxm. 无患子科 Sapindaceae 栾属 / 栾树属

生活型: 落叶乔木或灌木。**高度**: 6~15m。**株形**: 宽卵形。**树皮**: 厚, 灰褐色, 老时纵裂。**枝条**: 小枝粗壮, 具疣点。**叶**: 羽状复叶互生, 小叶 11~18 片, 无柄, 纸质, 卵形至卵状披针形, 边缘有不规则钝锯齿, 有时羽状深裂。**花**: 聚伞圆锥花序长 25~40cm; 花淡黄色; 萼裂片卵形; 花瓣 4, 反折, 线状长圆形, 被长柔毛, 鳞片橙红色, 深裂; 雄蕊 8; 花盘偏斜; 子房三棱形。**果实及种子**: 蒴果圆锥形, 具 3 棱, 长 4~6cm; 种子近球形, 直径 6~8mm。**花果期**: 花期 6~8 月, 果期 9~10 月。**分布**: 产中国安徽、北京、甘肃、河北、河南、江苏、辽宁、山东、山西、陕西、四川、云南、浙江等地。世界各地也有分布。**生境**: 生于山坡、路边、庭园及荒地上, 海拔 300~3800m。**用途**: 嫩芽食用, 观赏。

特征要点 羽状复叶互生, 小叶边缘有不规则钝锯齿。聚伞圆锥花序顶生; 花瓣 4, 淡黄色, 反折, 鳞片橙红色; 雄蕊 8; 子房三棱形。蒴果灯笼状, 具三棱; 种子近球形。

复羽叶栾树 **Koelreuteria bipinnata** Franch. 无患子科 Sapindaceae 栾属 / 栾树属

生活型: 落叶乔木。**高度**: 达 20m。**株形**: 宽卵形。**树皮**: 灰色, 平滑, 皮孔细密。**枝条**: 小枝褐色, 粗壮。**叶**: 二回羽状复叶互生, 羽片上小叶 9~17 片, 互生, 斜卵形, 边缘具小锯齿, 背面密被短柔毛。**花**: 圆锥花序大型, 长 35~70cm; 萼 5 裂达中部, 裂片边缘啮蚀状; 花瓣 4, 长圆状披针形, 被长柔毛, 鳞片深 2 裂; 雄蕊 8; 子房三棱状长圆形, 被柔毛。**果实及种子**: 蒴果椭圆形或近球形, 具三棱, 淡紫红色, 长 4~7cm; 种子近球形, 直径 5~6mm。**花果期**: 花期 7~9 月, 果期 8~10 月。**分布**: 产中国江苏、浙江、陕西、安徽、江西、重庆、云南、贵州、四川、湖北、湖南、广西、广东。**生境**: 生于山地疏林中, 海拔 400~2500m。**用途**: 观赏。

特征要点 二回羽状复叶互生, 小叶边缘具小锯齿。大型圆锥花序顶生; 花瓣 4, 黄色, 鳞片深二裂; 雄蕊 8; 子房三棱状长圆形。蒴果灯笼状, 具 3 棱, 淡紫红色; 种子近球形。

文冠果 **Xanthoceras sorbifolium** Bunge 无患子科 Sapindaceae 文冠果属

生活型：落叶灌木或小乔木。**高度**：2~5m。**株形**：宽卵形。**树皮**：暗灰色，纵裂。**枝条**：小枝粗壮，褐红色，无毛。**叶**：奇数羽状复叶互生，小叶 4~8 对，坚纸质，披针形，无毛，边缘具锐利锯齿，侧脉纤细。**花**：总状花序；花杂性；萼片 5，长圆形；花瓣 5，白色，具脉纹；花盘 5 裂，角状附属体橙黄色；雄蕊 8，内藏；子房椭圆形，3 室，柱头乳头状。**果实及种子**：蒴果大，近球形，有 3 棱角，开裂为 3 瓣；种子每室数颗，扁球状，黑色而有光泽。**花果期**：花期 4~5 月，果期 8~9 月。**分布**：产中国宁夏、甘肃、东北、辽宁、内蒙古、河南等地。**生境**：生于丘陵山坡、沙地或庭园中，海拔 1800~2800m。**用途**：果榨油，观赏。

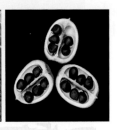

特征要点 奇数羽状复叶互生，小叶 4~8 对，具锯齿。总状花序；花杂性，5 数，白色具脉纹；角状附属体橙黄色；雄蕊 8；子房 3 室。蒴果大，近球形，3 瓣裂，3 室；种子扁球状。

无患子 **Sapindus saponaria** L. 无患子科 Sapindaceae 无患子属

生活型：落叶乔木。**高度**：10~25m。**株形**：卵形。**树皮**：黄褐色，粗糙，微裂。**枝条**：小枝灰色，具锈色小皮孔。**叶**：偶数羽状复叶互生，小叶 4~8 对，纸质，披针形，全缘，光滑无毛。**花**：圆锥花序顶生，长 15~30cm，有茸毛，花小，通常两性；萼片与花瓣各 5，边有细睫毛；雄蕊 8，花丝下部生长柔毛；子房倒卵形或陀螺形，3 浅裂，3 室。**果实及种子**：果深裂为 3 分果爿，通常仅 1 或 2 个发育，核果状，肉质，球形，有棱，直径约 2cm，熟时黄色；种子球形，黑色，坚硬。**花果期**：花期 6~7 月，果期 9~10 月。**分布**：产中国华东、华中、华南和西南地区。日本、朝鲜、中南半岛、印度也有分布。**生境**：生于庭园或路边，海拔 100~3000m。**用途**：观赏。

特征要点 偶数羽状复叶互生，小叶披针形，全缘。圆锥花序顶生；花小，两性，黄白色。果深裂为 3 分果爿，发育果爿核果状，肉质，球形，有棱；种子球形，黑色，坚硬。

七叶树（天师栗） **Aesculus chinensis** Bunge 【Aesculus wilsonii Rehder】

无患子科 / 七叶树科 Sapindaceae/Hippocastanaceae 七叶树属

生活型：落叶乔木。**高度**：达 25m。**株形**：卵形。**树皮**：粗糙至块状浅裂，褐色。**枝条**：小枝粗壮。**叶**：掌状复叶对生，小叶 5~7，纸质，长倒披针形或矩圆形，边缘具细锯齿，侧脉 13~17 对；叶柄长 6~10cm。**花**：圆锥花序顶生，长达 25cm，有微柔毛；花杂性，白色；花萼 5 裂；花瓣 4，不等大，长 8~10mm；雄蕊 6；子房被毛，在雄花中不发育。**果实及种子**：蒴果直径 3~4cm，球形，密生疣点；种子大，近球形，褐色，光滑。**花果期**：花期 4~5 月，果期 10 月。**分布**：产中国北京、河北、山西、河南、湖北、四川、贵州、江西、湖南、云南、浙江、陕西。**生境**：生于灌木林中或平原庭园。**用途**：观赏，行道树，木材，种子入药。

特征要点 掌状复叶对生，具柄，小叶 5~7，边缘具细锯齿。圆锥花序顶生；花杂性，白色；花瓣 4，不等大。蒴果球形，密生疣点；种子大，近球形，褐色，光滑。

金钱槭 **Dipteronia sinensis** Oliv.

无患子科 / 槭树科 Sapindaceae/Aceraceae 金钱槭属

生活型：落叶乔木。**高度**：10~15m。**株形**：宽卵形。**树皮**：灰白色，平滑。**枝条**：小枝细瘦，光滑。**叶**：单数羽状复叶对生，小叶常 7~11 枚，纸质，长卵形或矩圆披针形，边缘具稀疏钝锯齿。**花**：圆锥花序顶生或腋生，长 15~30cm；花杂性，白色；萼片 5，卵形或椭圆形；花瓣 5，宽卵形；雄蕊 8；子房扁形，有长硬毛，柱头 2，向外反卷。**果实及种子**：翅果长 2.5cm，种子周围具圆翅，嫩时红色，有长硬毛，成熟后黄色，无毛。**花果期**：花期 4 月，果期 9 月。**分布**：产中国河南、陕西、甘肃、湖北、四川、贵州。**生境**：生于林边或疏林中，海拔 1000~2000m。**用途**：观赏。

特征要点 单数羽状复叶对生，小叶 7~11 枚，具稀疏钝锯齿。圆锥花序顶生或腋生；花杂性，白色，5 数。翅果长 2.5cm，种子周围具圆翅，嫩时红色，成熟后黄色。

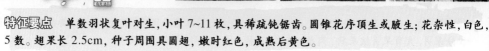

三角槭 **Acer buergerianum** Miq. 无患子科 / 槭树科 Sapindaceae/Aceraceae 槭属

生活型：落叶乔木。**高度**：5~10m。**株形**：宽卵形。**树皮**：纵向片状剥落，红褐色。**枝条**：小枝细，稍有蜡粉。**叶**：单叶对生，纸质，卵形或倒卵形，顶部常 3 浅裂，先端短渐尖，基部圆形，全缘，具掌状三出脉；叶柄细瘦。**花**：伞房花序顶生，有短柔毛；萼片 5，卵形；花瓣 5，黄绿色，较萼片窄；花盘微裂；子房密生长柔毛，花柱短，柱头二裂。**果实及种子**：翅果长 2.5~3cm，张开成锐角或直立，小坚果凸出。**花果期**：花期 4 月，果期 8 月。**分布**：产中国山东、河南、江苏、浙江、安徽、江西、湖北、湖南、贵州、广东，四川、福建、云南。日本也有分布。**生境**：生于阔叶林中，海拔 300~1000m。**用途**：观赏。

特征要点　树皮纵向片状剥落，红褐色。叶纸质，卵形，顶部常 3 浅裂，全缘，具掌状三出脉。伞房花序顶生；花 5 数，黄绿色。翅果张开成锐角或直立。

青榨槭 **Acer davidii** Franch. 无患子科 / 槭树科 Sapindaceae/Aceraceae 槭属

生活型：落叶乔木。**高度**：10~15m。**株形**：宽卵形。**树皮**：光滑，青绿色，具白色条纹。**枝条**：小枝细，光滑。**叶**：单叶对生，纸质，长圆卵形，先端尖，基部圆心形，边缘具不整齐的钝圆齿，羽状脉 11~12 对；叶柄细瘦。**花**：总状花序腋生，下垂；雄花与两性花同株；萼片 5，椭圆形，黄绿色；花瓣 5，倒卵形，黄绿色；雄蕊 8；子房被短柔毛，在雄花中不发育，花柱无毛，细瘦，柱头反卷。**果实及种子**：翅果长 2.5~3cm，张开成钝角或几成水平，嫩时淡绿色，成熟后黄褐色。**花果期**：花期 4 月，果期 9 月。**分布**：产中国华北以南地区。**生境**：生于疏林中，海拔 500~1500m。**用途**：观赏。

特征要点　树皮光滑，青绿色。叶纸质，长圆卵形，具钝圆齿，羽状脉。总状花序腋生，下垂；花 5 数，黄绿色。翅果张开成钝角或几成水平，成熟后黄褐色。

梣叶槭（复叶槭） **Acer negundo** L.
无患子科 / 槭树科 Sapindaceae/Aceraceae 槭属

生活型：落叶乔木。**高度**：达 20m。**株形**：宽卵形。**树皮**：粗糙，浅纵裂，灰色。**枝条**：小枝圆柱形，无毛。**冬芽**：小，鳞片 2。**叶**：羽状复叶对生，小叶 3~7 枚，纸质，先端尖，基部钝，边缘具粗锯齿；叶柄长 5~7cm。**花**：雄花序聚伞状，雌花序总状，均由无叶小枝旁边生出，常下垂，花梗纤细；花小，黄绿色，开于叶前，雌雄异株，无花瓣及花盘，雄蕊 4~6，花丝细长，子房无毛。**果实及种子**：翅果长 3~3.5cm，嫩时淡绿色，成熟后黄褐色，坚果凸起，无毛，翅张开成锐角或近于直角。**花果期**：花期 4~5 月，果期 9 月。**分布**：原产北美洲。中国辽宁、内蒙古、河北、山东、河南、陕西、甘肃、新疆、江苏、浙江、江西、湖北等地栽培。**生境**：生于庭园中。**用途**：观赏。

特征要点 树皮粗糙，灰色。羽状复叶，小叶 3~7 枚，具粗锯齿。雄花序聚伞状，雌花序总状，下垂；花小，黄绿色，无花瓣。翅果嫩时淡绿色，成熟后黄褐色。

鸡爪槭 **Acer palmatum** Thunb. 无患子科 / 槭树科 Sapindaceae/Aceraceae 槭属

生活型：落叶小乔木。**高度**：3~5m。**株形**：宽卵形。**树皮**：粗糙，浅纵裂，深灰色。**枝条**：小枝细瘦，紫色。**叶**：单叶对生，近圆形，薄纸质，基部心形，掌状深裂，裂片 5~9，常 7，边缘具细锯齿；叶柄长 4~6cm。**花**：伞房花序顶生，无毛；花紫色，杂性，雄花与两性花同株，花萼及花瓣都为 5；雄蕊 8；花盘微裂，位于雄蕊之外；子房无毛，花柱 2 裂。**果实及种子**：翅果长 2~2.5cm，幼时紫红色，成熟后为棕黄色，翅张开成钝角。**花果期**：花期 5 月，果期 9 月。**分布**：产中国山东、河南南部、江苏、浙江、安徽、江西、湖北、湖南、贵州等地，多为栽培。朝鲜、日本也有分布。**生境**：生于林边或疏林中，海拔 200~1200m。**用途**：观赏。

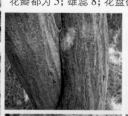

特征要点 树皮粗糙，深灰色。叶近圆形，掌状深裂，裂片 7，边缘具锐锯齿。伞房花序顶生；花紫色，杂性。翅果幼时紫红色，成熟后为棕黄色，翅张开成钝角。

色木槭（五角枫、元宝槭）**Acer pictum Thunb**. ex Murray 【Acer mono Maxim. ; Acer truncatum Bunge】无患子科 / 槭树科 Sapindaceae/Aceraceae 槭属

生活型：落叶乔木。**高度**：8~20m。**株形**：宽卵形。**树皮**：粗糙，纵裂，灰色。**枝条**：小枝细瘦，无毛，具圆形皮孔。**冬芽**：冬芽球形，鳞片卵形。**叶**：单叶对生，纸质，常 5 裂，有时 3~7 裂，裂片全缘，无毛；主脉 5 条；叶柄长 4~6cm。**花**：圆锥状伞房花序顶生；雄花与两性花同株；萼片 5，黄绿色；花瓣 5，淡黄色；雄蕊 8，花药黄色；子房花柱短，柱头 2 裂，反卷。**果实及种子**：翅果长 2~2.5cm，小坚果压扁状，翅张开成锐角或近于钝角。**花果期**：花期 4~5 月，果期 8~9 月。**分布**：产中国东北、华北和长江流域各地；俄罗斯西伯利亚东部、蒙古、朝鲜和日本也有分布。**生境**：生于山坡或山谷疏林中，海拔 800~1500m。**用途**：观赏。

特征要点 树皮粗糙，灰色。叶常 5 裂，裂片先端锐尖，全缘；主脉 5 条。圆锥状伞房花序顶生；花杂性，黄绿色。翅果嫩时紫绿色，熟时淡黄色，翅张开成锐角或近于钝角。

天山槭 **Acer tataricum** subsp. **semenovii** (Regel & Herder) A. E. Murray

无患子科 / 槭树科 Sapindaceae/Aceraceae 槭属

生活型：落叶灌木或小乔木。**高度**：5~6m。**株形**：宽卵形。**树皮**：粗糙，纵裂，灰色。**枝条**：小枝细瘦，无毛。**冬芽**：细小，淡褐色。**叶**：单叶对生，纸质，长圆卵形或长圆椭圆形，常 3~5 裂，裂片尖，边缘具不整齐钝尖锯齿；叶柄长 4~5cm。**花**：伞房花序顶生，无毛；雄花与两性花同株；萼片 5，黄绿色，被长柔毛；花瓣 5，白色；雄蕊 8，黄色；花盘无毛；子房密被长柔毛，花柱顶端 2 裂。**果实及种子**：翅果长 2.5~3cm，紫红色至黄褐色，翅张开近于直立或成锐角。**花果期**：花期 5 月，果期 10 月。**分布**：产中国东北、华北和西北地区。蒙古、俄罗斯西伯利亚东部、朝鲜、日本也有分布。**生境**：生于丛林中，海拔 800m 以下。**用途**：观赏。

特征要点 树皮粗糙，灰色。叶长圆卵形，常 3~5 裂，裂片尖，边缘具不整齐钝尖锯齿。伞房花序顶生；花杂性，黄绿色。翅果紫红色至黄褐色，翅张开近于直立或成锐角。

茶条槭 **Acer tataricum** subsp. **ginnala** (Maxim.) Wesm.

无患子科 / 槭树科 Sapindaceae/Aceraceae 槭属

生活型：落叶灌木或小乔木。**高度**：5~6m。**株形**：宽卵形。**树皮**：粗糙，纵裂，灰色。**枝条**：小枝细瘦，无毛。**冬芽**：细小，淡褐色。**叶**：单叶对生，纸质，长圆卵形或长圆椭圆形，常 3~5 裂，裂片尖，边缘具不整齐钝尖锯齿；叶柄长 4~5cm。**花**：伞房花序顶生，无毛；雄花与两性花同株；萼片 5，黄绿色，被长柔毛；花瓣 5，白色；雄蕊 8；花盘无毛；子房密被长柔毛，花柱顶端 2 裂。**果实及种子**：翅果长 2.5~3cm，紫红色至黄褐色，翅张开近于直立或成锐角。**花果期**：花期 5 月，果期 10 月。**分布**：产中国东北、华北和华中地区。蒙古、俄罗斯西伯利亚东部、朝鲜、日本也有分布。**生境**：生于丛林中，海拔 800m 以下。**用途**：观赏。

特征要点　树皮粗糙，灰色。叶长圆卵形，常 3~6 裂，裂片尖，边缘具不整齐钝尖锯齿。伞房花序顶生；花杂性，黄绿色。翅果紫红色至黄褐色，翅张开近于直立或成锐角。

黄连木 **Pistacia chinensis** Bunge　漆树科 Anacardiaceae 黄连木属

生活型：落叶乔木。**高度**：达 20m。**株形**：卵形。**树皮**：暗褐色，鳞片状剥落。**枝条**：小枝灰棕色，具细小皮孔。**叶**：奇数羽状复叶互生，小叶 5~6 对，对生，纸质，披针形，先端渐尖，基部偏斜，全缘。**花**：圆锥花序腋生，先花后叶，花单性异株，雄花序紧密，雌花序疏松；雄花花被片 2~4，披针形，大小不等，雄蕊 3~5，无雌蕊；雌花花被片 7~9，大小不等，子房球形，柱头 3，红色，无雄蕊。**果实及种子**：核果倒卵状球形，直径约 5mm，成熟时铜蓝色或紫红色(败育)。**花果期**：花期 3~4 月，果期 9~10 月。**分布**：产中国华北以南地区。菲律宾也有分布。**生境**：生于石山林中，海拔 140~3350m。**用途**：果榨油。

特征要点　树皮鳞片状剥落。奇数羽状复叶，小叶披针形，全缘。圆锥花序，先花后叶，雄花序紧密，雌花序疏松。核果倒卵状球形，成熟时铜蓝色或紫红色（败育）。

阿月浑子（开心果） **Pistacia vera** L. 漆树科 Anacardiaceae 黄连木属

生活型: 落叶小乔木。**高度**: 5~7m。**株形**: 卵形。**树皮**: 灰白色。**枝条**: 小枝粗壮，具条纹。**叶**: 奇数羽状复叶互生，小叶 3~5 枚，革质，卵形或阔椭圆形，先端钝或急尖，基部常不对称，全缘。**花**: 圆锥花序腋生，花小，单性异株，雄花序密集宽大，雌花序疏松；雄花花被片常 3~5，长圆形，大小不等，膜质，雄蕊 5~6；雌花花被片 3~5，长圆形，膜质，子房卵圆形。**果实及种子**: 核果较大，长圆形，长约 2cm，成熟时黄绿色至粉红色，核坚硬，白色，开裂。**花果期**: 花期 3~5 月，果期 7~8 月。**分布**: 原产叙利亚、伊拉克、伊朗、俄罗斯。中国新疆栽培。**生境**: 生于果园中。**用途**: 果食用。

特征要点 奇数羽状复叶，小叶 3~5 枚，革质，卵形或阔椭圆形。圆锥花序腋生，单性异株，雄花序密集宽大，雌花序疏松。核果大，长圆形，核坚硬，白色，开裂。

漆（漆树） **Toxicodendron vernicifluum** (Stokes) F. A. Barkley
漆树科 Anacardiaceae 漆属

生活型: 落叶乔木。**高度**: 达 20m。**株形**: 宽卵形。**树皮**: 灰白色，粗糙，不规则纵裂。**枝条**: 小枝粗壮，被柔毛，皮孔突起。**冬芽**: 顶芽大而显著，被棕黄色茸毛。**叶**: 奇数羽状复叶互生，常螺旋状排列，小叶 9~13，小叶膜质至薄纸质，全缘，叶背被黄色柔毛。**花**: 圆锥花序腋生，被柔毛，疏花；花小，杂性，黄绿色；萼片 5；花瓣 5；雄蕊 5；花盘 5 浅裂；子房球形，花柱 1，柱头 3 裂。**果实及种子**: 果序下垂，核果肾形或椭圆形，不偏斜，略压扁；果核棕色，坚硬。**花果期**: 花期 5~6 月，果期 7~10 月。**分布**: 除黑龙江、吉林、内蒙古、新疆外，中国各地均有分布。印度、朝鲜、日本也有分布。**生境**: 生于向阳山坡林内，海拔 800~3800m。**用途**: 制漆，有毒。

特征要点 树皮具乳汁。皮孔突起。奇数羽状复叶，小叶全缘，被柔毛。圆锥花序腋生；花小，杂性，黄绿色。果序多少下垂，核果肾形或椭圆形，略压扁。

野漆 Toxicodendron succedaneum (L.) Kuntze 漆树科 Anacardiaceae 漆属

生活型: 落叶灌木或小乔木。**高度**: 达 10m。**株形**: 卵形。**树皮**: 暗褐色, 皮孔显著。**枝条**: 小枝粗壮, 无毛。**冬芽**: 顶芽鲜褐色, 有疏毛。**叶**: 单数羽状复叶互生, 多聚生于枝顶, 小叶 7~15, 革质, 全缘, 先端短尾尖, 两面无毛。**花**: 圆锥花序腋生, 无毛; 花小, 杂性, 黄绿色, 直径约 2mm; 萼片 5; 花瓣 5; 雄蕊 5; 花盘 5 裂; 子房球形, 花柱 1, 柱头 3 裂。**果实及种子**: 核果扁平, 斜菱状圆形, 淡黄色, 直径 6~8mm; 果皮具蜡质, 白色; 果核坚硬, 压扁。**花果期**: 花期 5~6 月, 果期 10~12 月。**分布**: 产中国华北及长江以南地区。印度、中南半岛、朝鲜、日本也有分布。**生境**: 生于林中, 海拔 150~2500m。**用途**: 制漆, 有毒。

特征要点 单数羽状复叶多聚生于枝顶, 小叶全缘, 无毛。圆锥花序腋生; 花小, 杂性, 黄绿色。核果扁平, 斜菱状圆形, 淡黄色, 具蜡质; 果核坚硬, 压扁。

盐麸木 (盐肤木) Rhus chinensis Mill. 漆树科 Anacardiaceae 盐麸木属

生活型: 落叶灌木或小乔木。**高度**: 5~10m。**株形**: 宽卵形。**树皮**: 灰色, 粗糙, 皮孔显著。**枝条**: 小枝粗壮, 密生褐色柔毛。**叶**: 单数羽状复叶互生, 叶轴及叶柄常有翅, 小叶 7~13, 纸质, 边缘有粗锯齿, 背面密生灰褐色柔毛。**花**: 圆锥花序顶生; 花小, 杂性, 黄白色; 萼片 5~6; 花瓣 5~6; 花盘环状; 雄花具 5 雄蕊; 雌花子房卵形, 花柱 3。**果实及种子**: 核果近扁圆形, 直径约 5mm, 红色, 有灰白色短柔毛。**花果期**: 花期 7~8 月, 果期 10~11 月。**分布**: 除东北地区及内蒙古、新疆外, 中国各地均有。印度、中南半岛、马来西亚、印度尼西亚、朝鲜、日本也有分布。**生境**: 生于向阳山坡、沟谷、灌丛中, 海拔 170~2700m。**用途**: 观赏, 药用。

特征要点 小枝密生褐色柔毛。单数羽状复叶, 叶轴及叶柄常有翅。圆锥花序顶生; 花小, 杂性, 黄白色。核果近扁圆形, 有灰白色短柔毛。

火炬树 **Rhus typhina** L. 漆树科 Anacardiaceae 盐肤木属

生活型: 落叶小乔木。**高度**: 达 12m。**株形**: 卵形。**树皮**: 灰色, 粗糙, 皮孔显著。**枝条**: 小枝密生灰色茸毛。**叶**: 奇数羽状复叶互生, 小叶 19~23, 长椭圆形至披针形, 边缘有锯齿, 两面有茸毛, 秋季变鲜红色。**花**: 圆锥花序顶生, 密生茸毛; 花密集多数, 杂性; 萼片 5, 花瓣 5, 淡绿色; 雄蕊 5, 花药黄色; 花盘环状; 雌花子房卵形, 1 室, 1 胚珠, 花柱有红色刺毛。**果实及种子**: 核果深红色, 密生茸毛, 花柱宿存, 密集成火炬形。**花果期**: 花期 6~7 月, 果期 8~9 月。**分布**: 原产北美洲。河北、辽宁、北京、陕西、山西、山东、内蒙古、甘肃等地栽培。**生境**: 生于路边或山坡上。**用途**: 观赏。

特征要点 小枝密生灰色茸毛。奇数羽状复叶, 小叶 19~23, 边缘有锯齿, 两面有茸毛。圆锥花序顶生; 花密集多数, 杂性, 淡绿色。核果深红色, 密生茸毛, 密集成火炬形。

红叶(黄栌) **Cotinus coggygria** var. **cinerea** Engl. 漆树科 Anacardiaceae 黄栌属

生活型: 落叶灌木或乔木。**高度**: 达 8m。**株形**: 宽卵形。**树皮**: 暗灰色, 粗糙, 微裂。**枝条**: 小枝红褐色, 被柔毛。**叶**: 单叶互生, 卵圆形, 无毛, 全缘, 侧脉 6~11 对, 顶端常分叉, 叶柄细。**花**: 圆锥花序顶生; 花杂性, 小型, 直径约 3mm; 萼片、花瓣及雄蕊各 5; 子房 1 室, 具 2~3 短侧生花柱。**果实及种子**: 果序长 5~20cm, 有多数不孕花的紫绿色羽毛状细长花梗宿存; 核果小, 肾形, 直径 3~4mm, 红色。**花果期**: 花期 5~6 月, 果期 7~8 月。**分布**: 产中国河北、山东、河南、湖北、四川。南欧至叙利亚、伊朗、巴基斯坦、印度北部也有分布。**生境**: 生于向阳山坡林中, 海拔 330~2400m。**用途**: 观叶, 木材制黄色染料。

特征要点 叶具柄, 卵圆形, 全缘。圆锥花序顶生; 花杂性, 小型, 淡黄色。果序有多数不孕花的紫色羽毛状细长花梗宿存; 核果小, 肾形, 红色。

杧果(芒果) **Mangifera indica** L. 漆树科 Anacardiaceae 杧果属

生活型：常绿大乔木。**高度**：10~20m。**株形**：宽卵形。**树皮**：灰褐色，平滑。**枝条**：小枝褐色，无毛。**叶**：叶互生，常集生枝顶，薄革质，长圆形，边缘全缘，无毛，侧脉多数。**花**：圆锥花序顶生，多花密集；花小，杂性，黄色；萼片5；花瓣5；花盘膨大，肉质，5浅裂，雄蕊仅1个发育，不育雄蕊3~4；子房斜卵形，1室，1胚珠。**果实及种子**：核果大，肾形，压扁，熟时黄色，中果皮肉质，肥厚，鲜黄色，味甜，果核坚硬。**花果期**：花期12月至翌年4月，果期翌年9~11月。**分布**：产中国云南、广西、广东、福建。印度、孟加拉国、中南半岛、马来西亚也有分布。**生境**：生于山坡、河谷、旷野的林中，海拔200~1350m。**用途**：果食用。

特征要点 叶常集生枝顶，薄革质，长圆形，全缘，侧脉多数。圆锥花序顶生；花小，杂性，黄色。核果大，肾形，压扁，中果皮肉质，肥厚，鲜黄色，味甜，果核坚硬；种子大。

臭椿 **Ailanthus altissima** (Mill.) Swingle 苦木科 Simaroubaceae 臭椿属

生活型：落叶乔木。**高度**：达20m。**株形**：卵形。**树皮**：平滑，具纵浅裂纹，暗褐色。**枝条**：小枝赤褐色，被疏柔毛。**叶**：单数羽状复叶互生，大型，小叶13~25，卵状披针形，基部斜截形，近基部具1臭腺体；叶柄粗壮。**花**：圆锥花序顶生；花杂性，白色带绿；雄花有雄蕊10枚；子房为5心皮，柱头5裂。**果实及种子**：翅果长3~5cm，扁，矩圆状椭圆形，黄绿色或紫红色。**花果期**：花期10~11月，果期翌年1~3月。**分布**：除黑龙江、吉林、新疆、青海、宁夏、甘肃、海南外，中国各地均有栽培。世界各地也有分布。**生境**：生于山坡、路边及荒地上，海拔100~2500m。**用途**：木材，观赏。

特征要点 单数羽状复叶互生，大型，小叶卵状披针形，基部斜截形，近基部具1臭腺体。圆锥花序顶生；花杂性，白色带绿。翅果扁，矩圆状椭圆形，黄绿色或紫红色。

苦木（苦树）**Picrasma quassioides** (D. Don) Benn. 苦木科 Simaroubaceae 苦木属

生活型：灌木或小乔木。**高度**：达 10m。**株形**：宽卵形。**树皮**：暗褐色，平滑，皮孔显著。**枝条**：小枝有黄色皮孔。**叶**：单数羽状复叶互生，小叶9~15，纸质，卵形至矩圆状卵形，基部偏斜，顶端尖，边缘具锯齿。**花**：聚伞花序腋生，长达12cm，被柔毛；花杂性异株，黄绿色，萼片4~5，卵形，被毛；花瓣4~5，倒卵形；雄蕊4~5，着生于花盘基部；子房心皮4~5，卵形。**果实及种子**：核果倒卵形，3~4个并生，蓝至红色，萼宿存。**花果期**：花期4~5月，果期6~9月。**分布**：产中国黄河流域以南。印度、不丹、尼泊尔、朝鲜、日本也有分布。**生境**：生于山地杂木林中，海拔1400~2400m。**用途**：药用，木材，观赏。

特征要点　皮孔显著。单数羽状复叶互生，小叶 9~15，基部偏斜，具锯齿。聚伞花序腋生；花杂性异株，黄绿色。核果倒卵形，3~4 个并生，蓝至红色，萼宿存。

楝　**Melia azedarach** L. 楝科 Meliaceae 楝属

生活型：落叶乔木。**高度**：达10m。**株形**：卵形。**树皮**：灰褐色，纵裂。**枝条**：小枝粗壮，叶痕显著。**叶**：奇数羽状复叶互生，二至三回；小叶对生，卵形、椭圆形至披针形，基部偏斜，边缘有钝锯齿。**花**：圆锥花序腋生；花芳香；花萼5深裂，裂片卵形；花瓣5，淡紫色，倒卵状匙形，长约1cm；雄蕊紫色，狭裂片10枚，花药10枚；子房近球形，5~6室，花柱细长，柱头头状。**果实及种子**：核果球形至椭圆形，长1~2cm，内果皮木质，4~5室，每室有种子1颗；种子椭圆形。**花果期**：花期4~5月，果期10~12月。**分布**：产中国黄河以南。亚洲热带、亚热带地区也有分布。**生境**：生于旷野、路旁、疏林中，海拔120~1900m。**用途**：观赏。

特征要点　奇数羽状复叶互生，二至三回；小叶对生，基部偏斜，边缘有钝锯齿。圆锥花序腋生；花5数，淡紫色。核果球形至椭圆形，内果皮木质，4~5室，每室有种子1颗。

红椿 Toona hexandra (Wall.) M. Roem. 【Toona ciliata M. Roem.】
楝科 Meliaceae 香椿属

生活型: 落叶大乔木。**高度**: 20~30m。**株形**: 狭卵形。**树皮**: 灰白色，鱼鳞状分裂。**枝条**: 小枝粗壮，皮孔苍白色。**叶**: 羽状复叶互生，小叶7~8对，近对生，纸质，长圆状卵形或披针形，基部不等边，叶缘全缘。**花**: 圆锥花序顶生；花萼短，5裂；花瓣5，白色；雄蕊5；花盘被粗毛；子房密被长硬毛，柱头盘状。**果实及种子**: 蒴果长椭圆形，木质，有苍白色皮孔，长2~3.5cm；种子两端具翅，翅扁平，膜质。**花果期**: 花期4~6月，果期10~12月。**分布**: 产中国福建、湖南、广东、广西、四川、云南、海南。印度、中南半岛、马来西亚、印度尼西亚也有分布。**生境**: 生于低海拔沟谷林中、山坡疏林中，海拔300~3500m。**用途**: 观赏。

特征要点 羽状复叶互生，小叶7~8对，近对生，全缘。圆锥花序顶生；花5数，白色。蒴果长椭圆形，木质，干后紫褐色，有苍白色皮孔；种子两端具翅，翅扁平，膜质。

香椿 Toona sinensis (A. Juss.) Roem. 楝科 Meliaceae 香椿属

生活型: 落叶乔木。**高度**: 5~15m。**株形**: 狭卵形。**树皮**: 赭褐色，片状剥落。**枝条**: 小枝粗壮，被柔毛。**叶**: 羽状复叶互生，小叶5~11对，对生，纸质，矩圆形至披针状矩圆形，全缘。**花**: 圆锥花序顶生，下垂；花芳香；萼短小；花瓣5，白色，卵状矩圆形；有退化雄蕊5，与5枚发育雄蕊互生；子房有沟纹5条。**果实及种子**: 蒴果狭椭圆形或近卵形，长1.5~2.5cm，5瓣裂开；种子椭圆形，一端有膜质长翅。**花果期**: 花期6~8月，果期10~12月。**分布**: 产中国华北、华东、华中、华南、西南地区。朝鲜也有分布。**生境**: 生于山地杂木、疏林中，海拔500~2700m。**用途**: 嫩叶食用，观赏。

特征要点 羽状复叶互生，小叶5~11对，对生，全缘。圆锥花序顶生，下垂；花5数，白色。蒴果狭椭圆形或近卵形，5瓣裂开；种子椭圆形，一端有膜质长翅。

花椒 **Zanthoxylum bungeanum** Maxim. 芸香科 Rutaceae 花椒属

生活型：落叶小乔木。**高度**：3~7m。**株形**：宽卵形。**树皮**：褐色，具粗刺。**枝条**：小枝具刺，刺劲直，长三角形，基部宽扁。**叶**：奇数羽状复叶互生，叶轴有狭翼，小叶5~13片，对生，无柄，叶缘有细裂齿，齿缝有油点。**花**：圆锥花序顶生或生于侧枝之顶；花被片6~8，黄绿色；雄花雄蕊5~8，退化雌蕊顶端叉状浅裂；雌花心皮3或2个，间有4个。**果实及种子**：蓇葖果紫红色，单个分果瓣直径4~5mm，散生微凸起的油点；种子卵圆形，黑色，光亮。**花果期**：花期4~5月，果期8~10月。**分布**：除中国东北及台湾、海南及广东、新疆外，全国各地常有栽培。**生境**：生于平原至海拔较高的山地、坡地或村边。**用途**：调料品。

特征要点　枝有短刺。羽状复叶互生，叶轴有狭翼，小叶5~13，卵形至椭圆形，叶缘有细裂齿，齿缝有油点。圆锥花序；花被片6~8，黄绿色。蓇葖果紫红色，散生油点。

竹叶花椒 **Zanthoxylum armatum** DC. 芸香科 Rutaceae 花椒属

生活型：落叶小乔木。**高度**：3~5m。**株形**：宽卵形。**树皮**：灰色。**枝条**：小枝细瘦，多锐刺。**叶**：羽状复叶互生，翼叶明显，小叶3~9，对生，披针形至卵形，两端尖，边缘有油点。**花**：圆锥花序近腋生，长2~5cm；花被片6~8片；雄花的雄蕊5~6枚，不育雌蕊垫状凸起；雌花有心皮3~2个，不育雄蕊短线状。**果实及种子**：蓇葖果紫红色，有微凸起少数油点，单个分果瓣径4~5mm，种子褐黑色。**花果期**：花期4~5月，果期8~10月。**分布**：产中国黄河以南大部分地区。日本、朝鲜、越南、老挝、缅甸、印度、尼泊尔也有分布。**生境**：见于低丘陵地至山地的多类生境，石灰岩山地亦常见，海拔2200m以下。**用途**：观赏。

特征要点　小枝细瘦，多锐刺。羽状复叶互生，翼叶明显，小叶3~9，披针形。圆锥花序近腋生。蓇葖果紫红色，有微凸起少数油点，种子褐黑色。

臭檀吴萸（臭檀） **Tetradium daniellii** (Benn.) T. G. Hartley 【Evodia daniellii (Benn.) Hemsl.】 芸香科 Rutaceae 吴茱萸属

生活型: 落叶乔木。**高度**: 达 20m。**株形**: 宽卵形。**树皮**: 暗褐色，平滑，皮孔显著。**枝条**: 小枝红褐色，皮孔显著。**叶**: 羽状复叶对生，小叶 5~11，纸质，阔卵形至卵状椭圆形，边缘有细钝裂齿，两面稍被毛。**花**: 伞房状聚伞花序，被柔毛；花蕾近圆球形；萼片及花瓣均 5 片；萼片小，卵形；花瓣长约 3mm；雄花的退化雌蕊圆锥状，顶部 5~4 裂；雌花的退化雄蕊鳞片状。**果实及种子**: 蓇葖果具 4~5 分果瓣，紫红色，每分果瓣有 2 黑色种子。**花果期**: 花期 6~8 月，果期 9~11 月。**分布**: 产中国辽宁至西南地区。朝鲜也有分布。**生境**: 生于平地及山坡向阳地，在干旱、砂质壤土中生长迅速，海拔 200~3100m。**用途**: 药用，观赏。

特征要点 树皮具显著皮孔。羽状复叶对生，小叶 5~11，边缘有细钝裂齿，两面稍被毛。伞房状聚伞花序；花单性，白色。蓇葖果具 4~5 分果瓣，紫红色，每分果瓣有 2 黑色种子。

吴茱萸 **Tetradium ruticarpum** (A. Juss.) T. G. Hartley 芸香科 Rutaceae 吴茱萸属

生活型: 落叶小乔木或灌木。**高度**: 3~5m。**株形**: 宽卵形。**树皮**: 暗褐色，平滑，皮孔显著。**枝条**: 小枝暗紫红色，被茸毛。**叶**: 羽状复叶对生，小叶 5~11，纸质，卵形至披针形，边全缘或浅波浪状，两面被长柔毛。**花**: 伞房状聚伞花序顶生，花密集，单性，5 数，雌雄异株；萼片细小，阔卵形；花瓣紫绿色，长 3~4mm；雄花雄蕊比花瓣长，花药紫红色；雌花退化雄蕊鳞片状，子房 5 室，柱头头状。**果实及种子**: 蓇葖果具 4~5 分果瓣，暗紫红色，有大油点，每分果瓣有 1 黑色种子。**花果期**: 花期 4~6 月，果期 8~11 月。**分布**: 产中国秦岭以南地区。不丹、印度、缅甸、尼泊尔也有分布。**生境**: 生于平地山坡，海拔可达 1000m。**用途**: 药用，观赏。

特征要点 羽状复叶对生，小叶 5~11，边全缘或浅波浪状，两面被长柔毛。伞房状聚伞花序；花密集。蓇葖果具 4~5 分果瓣，暗紫红色，每分果瓣有 1 黑色种子。

黄檗 **Phellodendron amurense** Rupr. 芸香科 Rutaceae 黄檗属

生活型: 落叶乔木。**高度**: 10~20m。**株形**: 宽卵形。**树皮**: 灰褐色, 深裂, 木栓层厚, 内皮鲜黄色。**枝条**: 小枝暗紫红色。**叶**: 奇数羽状复叶对生, 小叶 5~13 片, 纸质, 卵状披针形, 边缘具细钝齿和缘毛。**花**: 圆锥状聚伞花序顶生; 花单性, 5 数, 雌雄异株; 萼片细小, 阔卵形; 花瓣紫绿色; 雄花雄蕊比花瓣长; 雌花退化雄蕊鳞片状, 子房 5 室, 柱头头状。**果实及种子**: 核果圆球形, 径约 1cm, 具油点; 种子通常 5 粒。**花果期**: 花期 5~6 月, 果期 9~10 月。**分布**: 产中国东北、华北、河南、安徽、宁夏、内蒙古等地。朝鲜、日本、俄罗斯、中亚、欧洲也有分布。**生境**: 多生于山地杂木林中或山区河谷沿岸, 海拔 300~1200m。**用途**: 药用, 观赏。

特征要点 木栓层厚, 内皮鲜黄色。奇数羽状复叶对生, 小叶 5~13, 边缘具细钝齿和缘毛。圆锥状聚伞花序顶生; 花单性, 5 数, 紫绿色。浆果状核果圆球形, 具油点; 种子通常 5 粒。

枳 **Citrus trifoliata** L. 【**Poncirus trifoliata** (L.) Raf.】
芸香科 Rutaceae 柑橘属

生活型: 落叶小乔木。**高度**: 1~5m。**株形**: 宽卵形。**树皮**: 灰色, 具纵条纹。**枝条**: 小枝扁, 具纵棱及长刺。**叶**: 指状三出复叶互生, 小叶光滑无毛, 叶缘有细钝裂齿或全缘; 叶柄有狭长翼叶。**花**: 花单朵或成对腋生, 先叶开放; 萼片 5; 花瓣 5, 白色, 匙形; 雄蕊通常 20 枚, 花丝不等长; 子房近球形。**果实及种子**: 柑果近圆球形或梨形, 暗黄色, 粗糙, 果心充实, 瓤囊 6~8 瓣, 果肉酸苦, 种子多数。**花果期**: 花期 5~6 月, 果期 10~11 月。**分布**: 产中国山东、河南、山西、陕西、甘肃、安徽、江苏、浙江、湖北、湖南、江西、广东、广西、贵州、云南。**生境**: 生于河谷、林中、山坡开阔地、田中或宅边, 海拔 300~1500m。**用途**: 观赏。

特征要点 小枝扁, 具纵棱及长刺。指状三出复叶互生; 叶柄有狭长翼叶。花白色, 萼片及花瓣均为 5, 雄蕊通常 20 枚。柑果近圆球形或梨形, 直径 3.5~6cm, 暗黄色, 种子 20~50。

柚 Citrus maxima (Burm.) Merr. 【Citrus grandis (L.) Osbeck】
芸香科 Rutaceae 柑橘属

生活型: 常绿乔木。**高度**: 3~8m。**株形**: 宽卵形。**树皮**: 暗灰色, 平滑, 细条纹微裂。**枝条**: 小枝显著具棱, 略扁平, 光滑。**叶**: 单身复叶互生, 叶厚, 浓绿色, 嫩时暗紫红色, 阔卵形或椭圆形, 顶端钝或圆, 基部圆, 翼叶长 2~4cm。**花**: 总状花序; 花蕾淡紫红色; 花萼不规则 5~3 浅裂; 花瓣白色; 雄蕊 25~35 枚, 有时部分雄蕊不育; 花柱粗长, 柱头略较子房大。**果实及种子**: 柑果大型, 圆球形至阔圆锥状, 横直径常 10cm 以上, 果皮海绵质, 瓤囊 10~15; 种子多达 200 余粒。**花果期**: 花期 4~5 月, 果期 9~12 月。**分布**: 产中国长江以南地区, 北达河南。东南亚也有分布。**生境**: 生于河谷、丘陵、山坡、果园或宅边, 海拔 600~1400m。**用途**: 果食用, 观赏。

特征要点 单身复叶互生, 叶厚, 翼叶长 2~4cm。总状花序; 花白色, 雄蕊 25~35。柑果大型, 圆球形至阔圆锥状, 横直径常 10cm 以上, 果皮海绵质, 瓤囊 10~15; 种子多达 200 余粒。

柑橘 Citrus reticulata Blanco 芸香科 Rutaceae 柑橘属

生活型: 常绿小乔木。**高度**: 2~6m。**株形**: 宽卵形。**树皮**: 灰白色, 平滑。**枝条**: 小枝显著具棱, 略扁平, 光滑。**叶**: 单身复叶互生, 披针形至阔卵形, 叶缘上部常具齿, 翼叶常狭窄或仅有痕迹。**花**: 花单生或 2~朵簇生; 花萼不规则 5~3 浅裂; 花瓣白色, 长 1.5cm 以内; 雄蕊 20~25; 花柱细长, 柱头头状。**果实及种子**: 果多变, 扁圆形至近圆球形, 果皮近光滑, 易剥离, 瓤囊 7~14 瓣, 果肉酸或甜。**花果期**: 花期 4~5 月, 果期 10~12 月。**分布**: 产中国秦岭以南及台湾、海南、西藏各地, 华北地区温室常有栽培。**生境**: 生于丘陵、山坡、路边、果园或宅边, 海拔 600~900m。**用途**: 果食用, 观赏。

特征要点 单身复叶互生, 翼叶常狭窄或仅有痕迹。花单生或 2~3 朵簇生; 雄蕊 20~25。柑果形态多变, 扁圆形至近圆球形, 果皮近光滑, 易剥离, 瓤囊 7~14 瓣, 果肉酸或甜。

甜橙 **Citrus × aurantium** Sweet Orange Group 【Citrus sinensis (L.) Osbeck】芸香科 Rutaceae 柑橘属

生活型：常绿小乔木。**高度**：2~6m。**株形**：宽卵形。**树皮**：暗灰色，具条纹。**枝条**：小枝显著具棱，略扁平，光滑。**叶**：单身复叶互生，革质，椭圆形，顶端短尖，基部宽楔形，全缘，翼叶极短狭或仅有痕迹。**花**：花1至数朵簇生于叶腋；萼片5；花瓣5，白色；雄蕊20或更多，花丝连合成数组，着生于花盘上；子房近球形。**果实及种子**：柑果近球形，成熟时实心，果皮橙黄色，粗而不易剥落。**花果期**：花期5月，果期11月。**分布**：产中国陕西、甘肃、西藏、广东等地。**生境**：生于林中、山坡、果园或宅边，海拔1500m以下。**用途**：果食用，观赏。

特征要点 单身复叶互生，全缘，翼叶极短狭或仅有痕迹。花一至数朵簇生；雄蕊20或更多。柑果近球形，成熟时实心，果皮橙黄色，粗而不易剥落。

小果白刺 **Nitraria sibirica** Pall.

白刺科 / 蒺藜科 Nitrariaceae/Zygophyllaceae 白刺属

生活型：落叶灌木。**高度**：0.5~1.5m。**株形**：卵形。**茎皮**：灰白色。**枝条**：小枝灰白色，先端针刺状。**叶**：叶互生或簇生，近无柄，稍肉质，倒披针形，全缘，先端锐尖或钝。**花**：蝎尾状聚伞花序顶生或腋生，长1.3cm，被疏柔毛；萼片5，绿色；花瓣5，黄绿色或近白色，矩圆形，长2~3mm；雄蕊10~15；子房上位，3室，柱头卵形。**果实及种子**：浆果状核果椭圆形或近球形，长6~8mm，两端钝圆，熟时暗红色。**花果期**：花期5~6月，果期7~8月。**分布**：产中国各沙漠地区、华北、华北。蒙古、中亚、西伯利亚也有分布。**生境**：生于湖盆边缘、砂质地、盐渍化沙地、沿海盐化沙地，海拔90~3800m。**用途**：果食用，观赏。

特征要点 小枝灰白色，先端针刺状。叶稍肉质，倒披针形，全缘。蝎尾状聚伞花序；花5数，黄绿色，雄蕊10~15，子房上位，3室。浆果状核果长6~8mm，熟时暗红色。

白刺 **Nitraria tangutorum** Bobrov

白刺科 / 蒺藜科 Nitrariaceae/Zygophyllaceae 白刺属

生活型: 落叶灌木。**高度**: 1~2m。**株形**: 卵形。**茎皮**: 灰白色。**枝条**: 小枝白色，先端针刺状。**叶**: 叶互生或簇生，近无柄，稍肉质，宽倒披针形，全缘，先端圆钝。**花**: 蝎尾状聚伞花序顶生或腋生，花密集；萼片5，绿色；花瓣5，黄绿色或近白色，矩圆形；雄蕊10~15；子房上位，3室，柱头卵形。**果实及种子**: 浆果状核果卵形，长8~12mm，熟时深红色。**花果期**: 花期5~6月，果期7~8月。**分布**: 产中国陕西、内蒙古、宁夏、甘肃、青海、新疆、西藏。**生境**: 生于湖盆沙地、河流阶地、山前平原积沙地，海拔380~3500m。**用途**: 果食用，观赏。

特征要点 小枝白色，先端针刺状。叶稍肉质，宽倒披针形。蝎尾状聚伞花序；花5数，黄绿色，雄蕊10~15，子房上位，3室。浆果状核果卵形，长8~12mm，熟时深红色。

霸王 **Zygophyllum xanthoxylum** (Bunge) Maxim.

蒺藜科 Zygophyllaceae 驼蹄瓣属

生活型: 落叶小灌木。**高度**: 0.7~1.5m。**株形**: 宽卵形。**茎皮**: 灰白色。**枝条**: 小枝灰白色，无毛，枝端具刺。**叶**: 复叶对生或簇生，小叶2，肉质，条形至条状倒卵形，无毛，全缘，顶端圆。**花**: 花单生叶腋，黄白色；萼片4，倒卵形，长4~6mm；花瓣4，近圆形，基部楔状狭窄成爪；雄蕊8，长于花瓣，花丝基部有附属体；子房3室，花盘肉质。**果实及种子**: 蒴果具3宽翅，连翅长约2cm，近圆形，不开裂。**花果期**: 花期4~5月，果期6~7月。**分布**: 产中国西北及北部各地区；蒙古也有分布。**生境**: 生于干旱的沙地及多石砾处，海拔700~1200m。**用途**: 观赏。

特征要点 小枝灰白色，枝端具刺。复叶具小叶2，肉质，条形。花单生叶腋，黄白色，4数，雄蕊8，子房3室。蒴果具3宽翅，近圆形，不开裂。

刺楸 **Kalopanax septemlobus** (Thunb.) Koidz. 五加科 Araliaceae 刺楸属

生活型: 落叶乔木。**高度**: 3~10m。**株形**: 宽卵形。**树皮**: 暗灰色, 具多数圆粗刺。**枝条**: 小枝粗壮, 具长短枝。**叶**: 叶互生或簇生, 掌状 5~7 裂, 裂片先端渐尖, 边缘有细锯齿, 无毛; 叶柄细长。**花**: 伞形花序, 聚生为顶生圆锥花序, 长 15~25cm; 花白色或淡黄绿色; 萼边缘有 5 齿; 花瓣 5; 雄蕊 5, 花丝较花瓣长一倍以上; 子房下位, 2 室; 花柱 2, 合生成柱状。**果实及种子**: 浆果状核果球形, 成熟时蓝黑色, 直径约 5mm。

花果期: 花期 7~8 月, 果期 9~10 月。**分布**: 产中国吉林、辽宁、河北、山东地区及广东、广西、云南、四川、山西、陕西、河南、江苏、安徽、重庆、湖北、湖南、贵州、浙江。朝鲜、俄罗斯、日本也有分布。**生境**: 生于阳性森林、灌木林中、密林、向阳山坡、岩质山地, 海拔 100~2500m。**用途**: 观赏, 药用。

特征要点 树皮具多数圆粗刺。叶具长柄, 掌状 5~7 裂, 边缘有细锯齿。伞形花序, 聚生为大型顶生圆锥花序; 花 5 数, 白色或淡黄绿色。浆果状核果球形, 成熟时蓝黑色。

刺五加 **Eleutherococcus senticosus** (Rupr. & Maxim.) Maxim.
五加科 Araliaceae 五加属

生活型: 落叶灌木。**高度**: 2~4m。**株形**: 宽卵形。**茎皮**: 灰白色, 具细密刺。**枝条**: 小枝常被密刺。**叶**: 掌状复叶互生, 小叶常 5, 有时 3, 纸质, 椭圆状倒卵形至矩圆形, 边缘有锐尖重锯齿。**花**: 伞形花序单个顶生或 2~4 个聚生, 具多蕊, 直径 3~4cm; 小花梗长 1~2cm; 萼无毛, 几无齿至不明显的 5 齿; 花瓣 5, 卵形, 淡绿色; 雄蕊 5; 子房 5 室, 花柱合生成柱状。**果实及种子**: 浆果状核果几球形至卵形, 长约 8mm, 有 5 棱。**花果期**: 花期 6~7 月, 果期 8~10 月。**分布**: 产中国四川、陕西、河南、黑龙江、辽宁、吉林、河北、山西及东北地区。朝鲜、俄罗斯、日本也有分布。**生境**: 生于山坡林缘或沟谷中, 海拔 700~1200m。**用途**: 药用。

特征要点 小枝常被密刺。掌状复叶互生, 小叶常 5, 边缘有锐尖重锯齿。伞形花序; 小花梗长 1~2cm; 花 5 数, 淡绿色。浆果状核果几球形至卵形, 长约 8mm, 有 5 棱。

无梗五加 **Eleutherococcus sessiliflorus** (Rupr. & Maxim.) S. Y. Hu

五加科 Araliaceae 五加属

生活型: 落叶灌木。**高度**: 2~5m。**株形**: 宽卵形。**茎皮**: 暗灰色，有纵裂纹。**枝条**: 小枝灰色，无刺。**叶**: 掌状复叶互生，小叶常 3，有时 5，倒卵形或长椭圆状倒卵形，边缘有不整齐锯齿，无毛。**花**: 头状花序球形，常数个顶生组成圆锥花序；花多数，无花梗；总花梗密生白色茸毛；萼密生白色茸毛，边缘有 5 齿；花瓣 5，浓紫色；雄蕊 5；子房下位，2 室，花柱合生成柱状，柱头分离。**果实及种子**: 浆果状核果倒卵球形，黑色，长 1~1.5cm，花柱宿存。**花果期**: 花期 8~9 月，果期 9~10 月。**分布**: 产中国东北、河北。朝鲜也有分布。**生境**: 生于山坡林缘或沟谷中，海拔 700~1200m。**用途**: 药用，观赏。

特征要点 小枝无刺。掌状复叶互生，小叶常 3，边缘有不整齐锯齿。头状花序球形；花无花梗；花 5 数，浓紫色。浆果状核果倒卵球形，长 1~1.5cm，花柱宿存。

细柱五加 **Eleutherococcus nodiflorus** (Dunn) S. Y. Hu

五加科 Araliaceae 五加属

生活型: 落叶灌木。**高度**: 2~3m。**株形**: 宽卵形。**茎皮**: 暗灰色，粗糙，皮孔显著。**枝条**: 小枝无刺，光滑。**叶**: 掌状复叶互生或簇生，小叶常 5，倒卵形至披针形，边缘具钝细锯齿，两面近于无毛。**花**: 伞形花序腋生，或单生于短枝上；花黄绿色；萼边缘有 5 齿；花瓣 5；雄蕊 5；子房下位，2~3 室；花柱 2~3，丝状，分离，开展。**果实及种子**: 浆果状核果几球形，侧扁，成熟时黑色，直径 5~6mm。**花果期**: 花期 4~7 月，果期 7~10 月。**分布**: 产中国华中、华东、华南和西南地区。**生境**: 生于林缘、路边或灌丛中。**用途**: 药用。

特征要点 小枝无刺。掌状复叶，小叶常 5，边缘具钝细锯齿。伞形花序腋生；花黄绿色。浆果状核果几球形，侧扁，熟时黑色。

楤木 **Aralia chinensis** L. 五加科 Araliaceae 楤木属

生活型: 落叶有刺灌木或小乔木。**高度**: 2~5m。**株形**: 圆柱形。**树皮**: 粗糙, 具粗短刺, 黄褐色。**枝条**: 小枝被黄棕色茸毛, 疏生短刺。**叶**: 二回或三回羽状复叶互生, 羽片上小叶 5~11 片, 卵形, 边缘有锯齿, 正面粗糙, 背面被短柔毛。**花**: 伞形花序聚生为顶生大型圆锥花序, 长 30~60cm; 花序轴长, 密生黄棕色或灰色短柔毛; 花白色; 萼边缘有 5 齿; 花瓣 5; 雄蕊 5; 子房下位, 5 室; 花柱 5, 开展。**果实及种子**: 浆果状核果球形, 具 5 棱, 直径 3mm, 熟时黑色。**花果期**: 花期 7~9 月, 果期 9~10 月。**分布**: 产中国浙江、江苏、湖北、湖南、四川、江西、安徽、海南、贵州、云南、广西、广东、福建等。**生境**: 生于森林、灌丛或林缘路边, 海拔 2700~2700m。**用途**: 观赏, 药用。

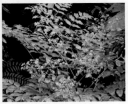 

特征要点 枝粗壮, 具粗短刺。二或三回大型羽状复叶互生, 被柔毛, 小叶卵形, 有锯齿。伞形花序聚生为顶生大型圆锥花序; 花 5 数, 白色。浆果状核果球形, 具 5 棱, 熟时黑色。

辽东楤木 **Aralia elata** (Miq.) Seem. 五加科 Araliaceae 楤木属

生活型: 落叶灌木或小乔木。**高度**: 1.5~6m。**株形**: 圆柱形。**树皮**: 粗糙, 具粗短刺, 灰色。**枝条**: 小枝灰棕色, 疏生多数细刺。**叶**: 二回或三回羽状复叶互生, 大型, 无毛, 羽片上小叶 7~11, 薄纸质或膜质, 卵形, 无毛, 边缘疏生锯齿。**花**: 圆锥花序长 30~45cm, 伞房状; 主轴短, 分枝在主轴顶端指状排列, 密生灰色短柔毛; 花梗长 6~7mm; 花黄白色; 萼无毛, 边缘有 5 齿; 花瓣 5; 子房 5 室; 花柱 5。**果实及种子**: 浆果状核果球形, 具 5 棱, 直径 4mm, 熟时黑色。**花果期**: 花期 6~8 月, 果期 9~10 月。**分布**: 产中国大部分地区。朝鲜、俄罗斯、日本也有分布。**生境**: 生于森林中, 海拔 100~1100m。**用途**: 嫩叶食用, 观赏。

特征要点 枝粗壮, 具粗短刺。二或三回大型羽状复叶互生, 无毛。大型圆锥花序伞房状; 主轴短, 长 2~5cm; 花 5 数, 黄白色。浆果状核果球形, 具 5 棱, 熟时黑色。

宁夏枸杞 **Lycium barbarum** L. 茄科 Solanaceae 枸杞属

生活型: 落叶灌木。**高度**: 0.8~2m。**株形**: 卵形。**茎皮**: 灰白色。**枝条**: 小枝细密, 具纵棱和短刺。**叶**: 叶互生或簇生, 披针形, 顶端尖, 基部楔形, 略带肉质, 叶脉不明显。**花**: 花腋生或簇生, 具梗; 花萼钟状, 2 中裂; 花冠漏斗状, 紫堇色, 裂片 5, 卵形, 边缘无缘毛; 雄蕊 5, 花丝基部稍上处生一圈密茸毛; 子房 2 室, 花柱丝状。**果实及种子**: 浆果红色, 果皮肉质, 多汁液, 种子 20 余粒, 扁压。**花果期**: 花期 5~10 月, 果期 6~11 月。**分布**: 产中国北部、河北、内蒙古、山西、陕西、甘肃、宁夏、青海、新疆等地。欧洲、地中海也有分布。**生境**: 生于沟岸、山坡、田野、田埂、宅旁, 耐盐碱, 海拔 150~3450m。**用途**: 果药用或食用, 观赏。

特征要点 小枝灰白色, 具短刺。叶披针形, 略肉质。花具梗, 花萼 2 齿裂, 花冠漏斗状, 紫堇色, 裂片 5。浆果红色, 果皮肉质, 多汁液, 种子 20 余粒, 扁压。

枸杞 **Lycium chinense** Mill. 茄科 Solanaceae 枸杞属

生活型: 落叶灌木。**高度**: 0.5~1m。**株形**: 卵形。**茎皮**: 灰白色。**枝条**: 小枝细弱, 具纵条纹和棘刺。**叶**: 叶互生或簇生, 纸质, 卵形至卵状披针形, 顶端急尖, 基部楔形。**花**: 花腋生或簇生, 具梗; 花萼钟状, 通常 3 中裂或 4~5 齿裂; 花冠漏斗状, 淡紫色, 5 深裂; 雄蕊 5, 花丝在近基部处密生一圈茸毛; 子房 2 室, 花柱丝状。**果实及种子**: 浆果红色, 卵状, 种子扁肾脏形, 黄色。**花果期**: 花期 5~10 月, 果期 6~11 月。**分布**: 产中国东北、河北、山西、陕西、甘肃、西南、华中、华南、华东。朝鲜、日本、欧洲也有分布。**生境**: 生于野生、山坡、荒地、丘陵地、盐碱地、路旁、村边宅旁, 海拔 100~4000m。**用途**: 果药用或食用, 观赏。

特征要点 小枝灰白色, 具棘刺。叶卵形至卵状披针形。花具梗, 花萼 3 中裂或 4~5 齿裂, 花冠漏斗状, 淡紫色, 5 深裂。浆果红色, 卵状, 种子扁肾脏形, 黄色。

蒙古莸 **Caryopteris mongholica** Bunge
唇形科 / 马鞭草科 Lamiaceae/Verbenaceae 莸属

生活型: 落叶灌木。**高度**: 0.5~1m。**株形**: 卵形。**茎皮**: 灰色。**枝条**: 小枝紫褐色，被毛。**叶**: 叶对生，条形或条状披针形，全缘，被短茸毛，正面深绿色，背面灰白色。**花**: 聚伞花序腋生; 花萼钟状，5 裂; 花冠蓝紫色，顶端 5 裂，其中 1 个较大的裂片上部分裂成纤细的条状，花冠筒内喉部有毛; 雄蕊 4，伸出花冠筒外; 子房无毛，柱头 2 裂。**果实及种子**: 蒴果椭圆状球形，无毛，果瓣具翅。

花果期: 花期 7~8 月，果期 8~9 月。**分布**: 产中国河北、山西、陕西、内蒙古、甘肃等地。蒙古也有分布。**生境**: 生于干旱坡地、沙丘荒野及干旱碱质土壤上，海拔 1100~1250m。**用途**: 芳香，观赏。

特征要点 小枝纤细，紫褐色。叶对生，条形，全缘，被短茸毛。聚伞花序腋生; 花冠蓝紫色，两侧对称，花冠筒内喉部有毛; 雄蕊 4，伸出花冠筒外。蒴果椭圆状球形。

黄荆 **Vitex negundo** L. 唇形科 / 马鞭草科 Lamiaceae/Verbenaceae 牡荆属

生活型: 落叶灌木或小乔木。**高度**: 1~4m。**株形**: 宽卵形。**树皮**: 灰色，光滑。**枝条**: 小枝四棱形，密生灰白色茸毛。**叶**: 掌状复叶对生，小叶 5，偶 3，披针形，全缘或每边有少数粗锯齿，背面密生灰白色茸毛。**花**: 圆锥花序顶生，长 10~27cm; 花萼钟状，顶端有 5 裂齿，外有灰白色茸毛; 花冠淡紫色，外有微柔毛，顶端 5 裂，二唇形; 雄蕊 4，二强，长者伸出花冠管外; 子房近无毛，2~4 室，柱头二裂。**果实及种子**: 核果近球形，直径约 2mm; 宿萼接近果实的长度。**花果期**: 花期 4~6 月，果期 7~10 月。**分布**: 产中国华北以南地区。非洲、马达加斯加、亚洲、南美洲也有分布。**生境**: 生于山坡路旁、灌木丛中，海拔 100~3900m。**用途**: 药用，观赏。

特征要点 小枝四棱形，密被白色茸毛。掌状复叶对生，小叶 5，披针形，全缘。圆锥花序顶生; 花萼钟状; 花冠淡紫色，顶端 5 裂，二唇形; 雄蕊 4，二强。核果近球形，具宿萼。

荆条 **Vitex negundo** var. **heterophylla** (Franch.) Rehder

唇形科 / 马鞭草科 Lamiaceae/Verbenaceae 牡荆属

生活型: 落叶灌木或小乔木。**高度**: 1~4m。**株形**: 宽卵形。**茎皮**: 灰色, 光滑。**枝条**: 小枝四棱形, 密生灰白色茸毛。**叶**: 掌状复叶对生, 小叶 5, 偶 3, 披针形, 小叶边缘有缺刻状锯齿, 浅裂以至深裂, 背面密生灰白色茸毛。**花**: 圆锥花序顶生, 长 10~27cm; 花萼钟状, 顶端有 5 裂齿, 外有灰白色茸毛; 花冠淡紫色, 顶端 5 裂, 二唇形; 雄蕊 4, 二强, 长者伸出花冠管外; 子房近无毛, 2~4 室, 柱头 2 裂。**果实及种子**: 核果近球形, 径约 2mm; 宿萼接近果实的长度。**花果期**: 花期 4~6月, 果期 7~10月。**分布**: 产中国大部分地区。非洲、马达加斯加、亚洲、南美洲也有分布。**生境**: 生于山坡路旁、灌木丛中, 海拔 100~3900m。**用途**: 药用, 观赏。

特征要点 小叶边缘有缺刻状锯齿, 浅裂以至深裂, 背面密生灰白色茸毛。

老鸦糊 **Callicarpa giraldii** Hesse ex Rehder

唇形科 / 马鞭草科 Lamiaceae/Verbenaceae 紫珠属

生活型: 落叶灌木。**高度**: 1~3m。**株形**: 宽卵形。**茎皮**: 灰白色。**枝条**: 小枝灰黄色, 被星状毛。**叶**: 叶对生, 纸质, 宽椭圆形至披针状长圆形, 顶端渐尖, 基部楔形, 边缘有锯齿, 背面被星状毛, 侧脉 8~10 对。**花**: 聚伞花序腋生, 宽 2~3cm, 4~5 次分歧; 花萼钟状, 萼齿 4; 花冠紫色, 顶端 4 裂; 雄蕊 4, 花药具黄色腺点; 子房被毛, 4 室, 柱头膨大。**果实及种子**: 核果球形, 熟时紫色, 无毛, 径约 2.5~4mm。**花果期**: 花期 5~6月, 果期 7~11月。**分布**: 产中国甘肃、陕西、河南、江苏、安徽、浙江、江西、湖南、湖北、福建、广东、广西、四川、贵州、云南。**生境**: 生于疏林、灌丛中, 海拔 200~3400m。**用途**: 观赏。

特征要点 叶对生, 宽椭圆形至披针状长圆形, 有锯齿, 背面被星状毛。聚伞花序腋生, 4~5 次分歧; 花萼钟状, 萼齿 4; 花冠紫色, 顶端 4 裂。核果球形, 熟时紫色, 无毛。

日本紫珠（紫珠） **Callicarpa japonica** Thunb.

唇形科 / 马鞭草科 Lamiaceae/Verbenaceae 紫珠属

生活型：落叶灌木。**高度**：约 2m。**株形**：宽卵形。**茎皮**：灰白色。**枝条**：小枝圆柱形，无毛。**叶**：叶对生，倒卵形或椭圆形，顶端急尖或长尾尖，基部楔形，两面通常无毛，边缘上半部有锯齿。**花**：聚伞花序腋生，宽约 2cm，2~3 次分歧；花萼杯状，无毛，萼齿 4，钝三角形；花冠白色或淡紫色，无毛，顶端 4 裂；雄蕊 4，花药突出花冠外，黄色；子房 4 室，柱头膨大。**果实及种子**：核果球形，径约 2.5mm。**花果期**：花期 6~7月，果期 8~10 月。**分布**：产中国辽宁、河北、山东、江苏、安徽、浙江、江西、湖南、湖北、四川、贵州。日本、朝鲜也有分布。**生境**：生于山坡、谷地、溪旁的丛林中，海拔 220~850m。**用途**：观赏。

特征要点 叶对生，倒卵形或椭圆形，两面无毛，边缘上半部有锯齿。聚伞花序腋生，2~3 次分歧；花萼杯状，萼齿 4；花冠白色或淡紫色。核果球形，径约 2.5mm。

海州常山 **Clerodendrum trichotomum** Thunb.

唇形科 / 马鞭草科 Lamiaceae/Verbenaceae 大青属

生活型：落叶灌木或小乔木。**高度**：1.5~10m。**株形**：卵形。**树皮**：暗灰色，皮孔显著突出。**枝条**：小枝灰白色，具皮孔。**叶**：叶对生，具柄，纸质，卵形至三角状卵形，两面被白色短柔毛，全缘或有时边缘具波状齿。**花**：伞房状聚伞花序常二歧分枝，花疏散；花萼具 5 棱脊，5 深裂；花冠白色或带粉红色，裂片 5，长椭圆形；雄蕊 4，伸出花冠外；花柱较雄蕊短，柱头 2 裂。**果实及种子**：核果近球形，熟时蓝紫色；花萼宿存，增大，鲜红色，包被果实。**花果期**：花期 6~9月，果期 9~11 月。**分布**：产中国辽宁、甘肃、陕西、华北、中南、西南等地。朝鲜、日本、菲律宾也有分布。**生境**：生于山坡灌丛中，海拔 100~2400m。**用途**：嫩叶食用，观赏。

特征要点 叶对生，具长柄，卵形，被柔毛。伞房状聚伞花序，花疏散；花萼 5 深裂；花冠白色或带粉红色。核果近球形，熟时蓝紫色；花萼宿存，增大，鲜红色，包被果实。

231

臭牡丹 **Clerodendrum bungei** Steud.
唇形科 / 马鞭草科 Lamiaceae/Verbenaceae 大青属

生活型: 落叶灌木。**高度:** 1~2m。**株形:** 卵形。**茎皮:** 绿色。**植株:** 有臭味。**枝条:** 小枝近圆形, 皮孔显著。**叶:** 叶对生, 纸质, 宽卵形, 边缘具粗锯齿, 背面疏生短柔毛, 基部脉腋有数个盘状腺体; 叶柄粗壮。**花:** 伞房状聚伞花序顶生, 花密集; 花萼钟状, 萼齿5, 三角形; 花冠淡红色至紫红色, 裂片5, 倒卵形; 雄蕊4, 突出花冠外; 子房4室, 柱头2裂。**果实及种子:** 核果近球形, 径0.6~1.2cm, 熟时蓝黑色。**花果期:** 花期6~7月, 果期9~11月。**分布:** 产中国华北、西北、西南、江苏、安徽、浙江、江西、湖南、湖北、广西等地。印度、越南、马来西亚也有分布。**生境:** 生于山坡、林缘、沟谷、灌丛润湿处, 海拔100~2600m。**用途:** 观赏。

特征要点 植株有臭味。叶大, 对生, 具长柄, 宽卵形, 边缘具粗锯齿。伞房状聚伞花序顶生, 花密集; 苞片叶状; 花冠淡红色至紫红色。核果近球形, 成熟时蓝黑色。

柚木 **Tectona grandis** L. f. 唇形科 / 马鞭草科 Lamiaceae/Verbenaceae 柚木属

生活型: 落叶大乔木。**高度:** 10~50m。**株形:** 卵形。**树皮:** 灰色, 近平滑。**枝条:** 小枝粗壮, 四方形。**叶:** 叶对生, 宽卵形或倒卵形椭圆形, 长15~70cm, 正面粗糙, 背面密生黄棕色毛。**花:** 圆锥花序顶生, 长25~40cm; 花萼顶端5~6浅裂, 有白色星状茸毛; 花冠白色, 有芳香, 花冠管短, 顶端5~6裂; 雄蕊5~6, 伸出花冠外; 子房4室, 花柱线形, 柱头2浅裂。**果实及种子:** 核果包于宿萼内, 宽约1.8cm, 外果皮茶褐色, 内果皮骨质。**花果期:** 花期8月, 果期10月。**分布:** 产中国云南、广东、广西、福建。印度、缅甸、马来西亚、印度尼西亚也有分布。**生境:** 生于潮湿疏林中, 海拔约900m。**用途:** 木材, 观赏。

特征要点 小枝四方形。叶大型, 对生, 宽卵形, 背面密生黄棕色毛。大型圆锥花序顶生; 花冠白色, 有芳香。核果包于宿萼内, 外果皮茶褐色, 内果皮骨质。

232

百里香 **Thymus mongolicus** (Ronniger) Ronniger
唇形科 Lamiaceae/Labiatae 百里香属

生活型: 落叶半灌木。**高度**: 0.05~0.2m。**株形**: 蔓生形。**茎皮**: 灰白色。**枝条**: 小枝匍匐或上升, 被短柔毛。**叶**: 叶对生, 卵圆形, 长 4~10mm, 全缘, 无毛, 侧脉 2~3 对。**花**: 花序头状; 花萼管状钟形, 二唇形, 裂齿 5, 三角形或钻形; 花冠二唇形, 紫红色, 被疏短柔毛, 上唇直伸, 下唇 3 裂; 雄蕊 4, 二强; 花柱先端 2 裂。**果实及种子**: 小坚果 4, 近圆形或卵圆形, 压扁状, 光滑。**花果期**: 花期 7~8 月。**分布**: 产中国甘肃、陕西、青海、山西、河北、内蒙古。**生境**: 生于多石山地、斜坡、山谷、山沟、路旁及杂草丛中, 海拔 1100~3600m。**用途**: 芳香植物, 观赏。

特征要点 匍匐小灌木。叶小, 对生, 卵圆形, 全缘。花序头状; 花冠二唇形, 紫红色; 雄蕊 4, 二强。小坚果 4, 压扁状, 光滑。

木香薷 **Elsholtzia stauntonii** Benth. 唇形科 Lamiaceae/Labiatae 香薷属

生活型: 落叶灌木。**高度**: 1~2m。**株形**: 卵形。**树皮**: 暗灰色, 纵裂。**枝条**: 小枝被微柔毛。**叶**: 叶对生, 披针形, 边缘具粗锯齿, 两面脉上被微柔毛, 背面密布凹腺点。**花**: 轮伞花序排成假穗状花序, 长 7~13cm; 花偏向一侧; 花萼钟状, 裂齿 5; 花冠二唇形, 玫瑰紫色, 上唇直立, 下唇 3 裂; 雄蕊 4, 二强; 花柱纤细, 子房无毛。**果实及种子**: 小坚果 4, 椭圆形, 无毛。**花果期**: 花期 8~10 月, 果期 10~11 月。**分布**: 产中国河北、山西、河南、陕西、甘肃。**生境**: 生于谷地、溪边、河川沿岸、草坡及石山上, 海拔 700~1600m。**用途**: 芳香植物; 观赏。

特征要点 落叶灌木。叶对生, 披针形, 边缘具粗锯齿。轮伞花序排成假穗状花序; 花偏向一侧; 花冠二唇形, 玫瑰紫色; 雄蕊 4, 二强。小坚果 4, 椭圆形, 无毛。

233

白蜡树 **Fraxinus chinensis** Roxb. 木樨科 Oleaceae 梣属

生活型: 落叶乔木。**高度**: 10~12m。**株形**: 宽卵形。**树皮**: 灰褐色，有皮孔，平滑至浅纵裂。**枝条**: 小枝黄褐色，粗糙，皮孔小。**冬芽**: 芽阔卵形或圆锥形。**叶**: 奇数羽状复叶对生，小叶 5~7 枚，较大，硬纸质，卵形至披针形，叶缘具整齐锯齿；叶轴具窄沟。**花**: 圆锥花序顶生或腋生枝梢，长 8~10cm；花雌雄异株，雄花密集，花萼小，钟状，无花冠，花药与花丝近等长；雌花疏离，花萼大，桶状，4 浅裂，花柱细长，柱头二裂。**果实及种子**: 翅果匙形，长 3~4cm，翅下延；花萼宿存。**花果期**: 花期 4~5月，果期 7~9月。**分布**: 产中国华北以南各地。越南、朝鲜也有分布。**生境**: 生于山地杂木林中，海拔 800~1600m。**用途**: 行道树，观赏。

特征要点 奇数羽状复叶对生，小叶 5~7 枚，较大，卵形至披针形。圆锥花序；花雌雄异株或杂性，黄白色，无花瓣。翅果匙形，翅下延；花萼宿存。

小叶梣 (小叶白蜡树) **Fraxinus bungeana** A. DC. 木樨科 Oleaceae 梣属

生活型: 落叶小乔木或灌木。**高度**: 2~5m。**株形**: 卵形。**树皮**: 暗灰色，平滑。**枝条**: 小枝密被短茸毛。**冬芽**: 顶芽黑色。**叶**: 奇数羽状复叶对生，小叶 5~7 枚，较小，硬纸质，阔卵形至卵状披针形，叶缘具深锯齿，无毛。**花**: 圆锥花序顶生或腋生枝梢，长 5~9cm；雄花花萼小，杯状，萼齿 4，花冠白色至淡黄色，裂片 4，线形；雄蕊 2，花药黄色；两性花花冠裂片长达 8mm，雌蕊具短花柱，柱头 2 浅裂。**果实及种子**: 翅果匙状长圆形，常带红色，长 2~3cm，翅下延；花萼宿存。**花果期**: 花期 5~6月，果期 8~9月。**分布**: 产中国辽宁、河北、山西、山东、安徽、河南。**生境**: 生于较干燥向阳的砂质土壤或岩石缝隙中，海拔 1500m。**用途**: 观赏。

特征要点 奇数羽状复叶对生，小叶 5~7 枚，较小，阔卵形至卵状披针形，无毛。圆锥花序；花冠存在，白色至淡黄色，裂片 4，线形。翅果匙状长圆形，常带红色，翅下延；花萼宿存。

美国白梣 *Fraxinus americana* L. 木樨科 Oleaceae 梣属

生活型：落叶乔木。**高度**：达 20m。**株形**：卵形。**树皮**：灰白色，平滑。**枝条**：小枝暗灰色，光滑，有皮孔。**叶**：奇数羽状复叶对生，小叶 5~9 枚，卵形或卵状披针形，边缘有钝锯齿，背面苍白，被柔毛。**花**：圆锥花序生于去年无叶的侧枝上，无毛；雌雄异株；花萼小，萼齿 4 枚，宿存；无花冠；雄蕊 2 枚，花药矩圆形，顶端有凸尖；子房 2 室，花柱短，柱头 2 裂。**果实及种子**：翅果长圆筒形，长 3~4cm，翅矩圆形，狭窄不下延，顶端钝或微凹。**花果期**：花期 4~5 月，果期 9~10 月。**分布**：原产北美。中国华北等地栽培。**生境**：生于庭园或路边。**用途**：行道树，观赏。

特征要点 奇数羽状复叶对生，小叶 5~9 枚，卵形或卵状披针形，被柔毛。圆锥花序生于去年无叶的侧枝上；花雌雄异株；无花冠。翅果长圆筒形，翅矩圆形，狭窄不下延。

水曲柳 *Fraxinus mandshurica* Rupr. 木樨科 Oleaceae 梣属

生活型：落叶乔木。**高度**：达 30m。**株形**：卵形。**树皮**：暗灰色，鳞片状浅裂。**枝条**：小枝略呈四棱形，有皮孔。**叶**：奇数羽状复叶对生，小叶 7~11 枚，近无柄，矩圆形至披针形，边缘有锐锯齿，背面被黄褐色茸毛；叶轴有狭翅。**花**：圆锥花序生于去年生小枝上，花序轴有狭翅；花单性异株，无花冠；雄蕊 2 枚；子房 2 室，花柱短，柱头 2 裂。**果实及种子**：翅果扭曲，矩圆状披针形，长 3~4cm，无宿萼。**花果期**：花期 4 月，果期 8~9 月。**分布**：产中国东北、华北、陕西、甘肃、湖北等地。朝鲜、俄罗斯、日本也有分布。**生境**：生于山坡疏林中、河谷平缓山地，海拔 700~2100m。**用途**：木材，观赏。

特征要点 奇数羽状复叶对生，小叶 7~11 枚，矩圆形至披针形，背面被黄褐色茸毛；叶轴有狭翅。圆锥花序；花单性异株，无花冠。翅果扭曲，矩圆状披针形，无宿萼。

235

雪柳 **Fontanesia phillyreoides** subsp. **fortunei** (Carrière) Yalt.

木樨科 Oleaceae 雪柳属

生活型: 落叶灌木或小乔木。**高度**: 达 8m。**株形**: 宽卵形。**树皮**: 灰褐色, 浅纵裂。**枝条**: 小枝四棱形, 无毛。**叶**: 叶对生, 纸质, 披针形或狭卵形, 先端尖, 基部楔形, 全缘, 两面无毛, 侧脉 2~8 对; 叶柄短。**花**: 圆锥花序顶生或腋生; 花两性或杂性同株; 苞片锥形或披针形; 花萼微小, 4 裂; 花冠 4 深裂至近基部, 裂片舟状披针形; 雄蕊 2, 花丝细长; 子房 2 室, 柱头 2 叉。**果实及种子**: 翅果倒卵形, 扁平, 长 7~9mm, 先端微凹, 花柱宿存, 边缘具窄翅。**花果期**: 花期 4~6 月, 果期 6~10 月。**分布**: 产中国河北、陕西、山东、江苏、安徽、浙江、河南、湖北。**生境**: 生于水沟、溪边、林中, 海拔 100~800m。**用途**: 观赏。

特征要点 小枝四棱形。叶对生, 披针形或狭卵形, 全缘。圆锥花序; 花两性或杂性同株, 4 数, 黄白色。翅果倒卵形, 扁平, 边缘具窄翅。

连翘 **Forsythia suspensa** (Thunb.) Vahl 木樨科 Oleaceae 连翘属

生活型: 落叶灌木。**高度**: 达 3m。**株形**: 宽卵形。**茎皮**: 灰黄色, 皮孔显著。**枝条**: 小枝黄褐色, 髓中空。**叶**: 叶对生, 卵形、至椭圆状卵形, 无毛, 边缘具粗锯齿, 一部分形成羽状三出复叶。**花**: 单花腋生, 先叶开放; 花黄色, 径约 2.5cm; 花萼裂片 4, 矩圆形, 和花冠筒略等长; 花冠裂片 4, 倒卵状椭圆形; 雄蕊 2; 子房卵形, 花柱细长, 柱头头状。**果实及种子**: 蒴果卵球状, 表面散生瘤点, 2 室, 熟时开裂为 2 瓣。**花果期**: 花期 3~4 月, 果期 7~9 月。**分布**: 产中国河北、山西、陕西、山东、安徽、河南、湖北、四川等地。日本也有分布。**生境**: 生于山坡灌丛、林下、草丛中、山谷、山沟疏林中, 海拔 250~2200m。**用途**: 果药用, 观赏。

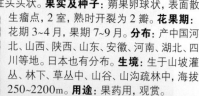

特征要点 小枝黄褐色, 髓中空。叶对生, 边缘具粗锯齿, 部分形成羽状三出复叶。单花腋生, 先叶开放; 花冠黄色, 裂片 4; 雄蕊 2。蒴果卵球状, 具瘤点, 熟时开裂为 2 瓣。

金钟花 **Forsythia viridissima** Lindl. 木樨科 Oleaceae 连翘属

生活型: 落叶灌木。**高度**: 达3m。**株形**: 宽卵形。**茎皮**: 灰黄色, 皮孔显著。**枝条**: 小枝四棱形, 具片状髓。**叶**: 叶对生, 长椭圆形至披针形, 上半部具锯齿, 稀近全缘, 无毛。**花**: 花1~3朵腋生, 先叶开放; 花萼裂片4, 绿色, 卵形至宽长圆形; 花冠深黄色, 裂片长圆形; 雄蕊2; 子房卵形, 花柱细长, 柱头头状。**果实及种子**: 蒴果卵球状, 具皮孔, 先端喙状渐尖, 2室, 熟时开裂为2瓣。**花期**: 花期3~4月, 果期8~11月。**分布**: 产中国江苏、安徽、浙江、江西、福建、湖北、湖南、云南。**生境**: 生于山地、谷地、河谷边林缘、溪沟边、山坡路旁灌丛中, 海拔300~2600m。**用途**: 果药用, 观赏。

特征要点 小枝四棱形, 具片状髓。叶对生, 上半部具锯齿, 无毛。花1~3朵腋生, 先叶开放; 花冠深黄色, 裂片长圆形; 雄蕊2。蒴果卵球状, 熟时开裂为2瓣。

紫丁香 **Syringa oblata** Lindl. 木樨科 Oleaceae 丁香属

生活型: 落叶灌木或小乔木。**高度**: 达4m。**株形**: 宽卵形。**树皮**: 暗黑色, 深纵裂。**枝条**: 小枝无毛, 较粗壮。**叶**: 叶对生, 厚纸质, 圆卵形至肾形, 通常宽度大于长度, 全缘, 无毛, 顶端渐尖。**花**: 圆锥花序发自侧芽, 长6~15cm; 花萼小, 钟状, 具4齿; 花冠漏斗状, 紫色, 直径约13mm, 筒长10~15mm, 裂片4枚; 雄蕊2枚, 花药位于花冠筒中部或中部靠上; 子房2室。**果实及种子**: 蒴果长1~2cm, 压扁状, 顶端尖, 光滑, 熟后开裂。**花果期**: 花期4~5月, 果期6~10月。**分布**: 产中国东北、华北、西北、西南及长江以北。**生境**: 生于山坡丛林、山沟溪边、山谷路旁、滩地水边, 海拔300~2400m。**用途**: 观赏。

特征要点 叶对生, 圆卵形至肾形, 宽度大于长度, 全缘, 无毛。圆锥花序侧生; 花冠漏斗状, 紫色, 裂片4; 雄蕊2; 子房2室。蒴果压扁状, 顶端尖, 光滑, 熟后开裂。

北京丁香 **Syringa reticulata** subsp. **pekinensis** (Rupr.) P. S. Green et M. C. Chang 【Syringa pekinensis Rupr.】 木樨科 Oleaceae 丁香属

生活型: 落叶乔木。**高度**: 4~10m。**株形**: 宽卵形。**树皮**: 紫灰褐色，具细裂纹。**枝条**: 小枝灰褐色，无毛，疏生皮孔。**叶**: 叶对生，厚纸质，宽卵形至长圆状披针形，全缘，无毛，先端常尾尖。**花**: 圆锥花序发自侧芽，长10~20cm；花萼小，萼齿钝至截平；花冠辐状，白色，长4~5mm，裂片4，卵形；雄蕊2枚，花药黄色；子房2室。**果实及种子**: 蒴果长椭圆形，长1.5~2cm，熟后开裂。**花果期**: 花期6~7月，果期8~10月。**分布**: 产中国内蒙古、河北、山西、河南、陕西、宁夏、甘肃、四川、黑龙江、吉林、辽宁。俄罗斯远东地区、朝鲜、日本也有分布。**生境**: 生于山坡灌丛、林边、针阔叶混交林中，海拔10~1200m。**用途**: 观赏。

特征要点 叶宽卵形至长圆状披针形，先端常尾尖。大型圆锥花序；花萼小；花冠辐状，白色，裂片4，卵形；雄蕊2，花药黄色；子房2室。蒴果长椭圆形，熟后开裂。

红丁香 **Syringa villosa** Vahl 木樨科 Oleaceae 丁香属

生活型: 落叶灌木。**高度**: 达4m。**株形**: 宽卵形。**茎皮**: 灰白色。**枝条**: 小枝粗壮，灰褐色，具皮孔。**叶**: 叶对生，纸质，卵形至倒卵状长椭圆形，全缘，背面被柔毛，先端锐尖。**花**: 圆锥花序发自顶芽，直立，长圆形或塔形，长5~15cm；花芳香；花萼钟状，萼齿锐尖或钝；花冠漏斗状，淡紫红色至白色，花冠管细弱，长0.7~1.5cm，裂片卵形，长3~5mm；雄蕊2枚，花药黄色，位于花冠管喉部或稍凸出；子房2室。**果实及种子**: 蒴果长圆形，长1~1.5cm，先端凸尖，皮孔不明显，熟后开裂。**花果期**: 花期5~6月，果期9月。**分布**: 产中国河北、山西。**生境**: 生于山坡灌丛、沟边、河旁，海拔1200~2200m。**用途**: 观赏。

特征要点 叶卵形至倒卵状长椭圆形，背面被柔毛，先端锐尖。圆锥花序顶生，长圆形或塔形；花萼钟状；花冠漏斗状，淡紫红色至白色，花冠管细弱，裂片卵形。蒴果长圆形。

流苏树 **Chionanthus retusus** Lindl. & Paxt. 木樨科 Oleaceae 流苏树属

生活型：落叶灌木或乔木。**高度**：达 20m。**株形**：宽卵形。**树皮**：暗灰色，不规则块状深裂。**枝条**：小枝灰褐色，无毛。**叶**：叶对生，革质，长圆形，全缘或有小锯齿，叶缘稍反卷，背面被长柔毛。**花**：聚伞状圆锥花序顶生，长 3~12cm；苞片线形；花萼 4 深裂；花冠白色，4 深裂，裂片线状倒披针形；雄蕊 2 枚；子房卵形，柱头球形，稍 2 裂。**花果期**：花期 3~6 月，果期 6~11 月。**分布**：产中国甘肃、陕西、山西、河南、河北、云南、四川、福建、台湾等地。朝鲜、日本也有分布。**生境**：生于稀疏混交林中、灌丛中、山坡、河边，海拔 100~2800m。**用途**：叶代茶，观赏。

特征要点 叶对生，革质，长圆形，背面被长柔毛。聚伞状圆锥花序顶生；花冠白色，4 深裂，裂片线状倒披针形；雄蕊 2；子房卵形。核果椭圆形，被白粉，熟时蓝黑色。

木樨（桂花） **Osmanthus fragrans** Lour. 木樨科 Oleaceae 木樨属

生活型：常绿乔木或灌木。**高度**：3~5m。**株形**：卵形。**树皮**：灰褐色。**枝条**：小枝黄灰色，无毛，皮孔显著。**叶**：叶对生，革质，椭圆形，无毛，边缘上半部常具细锯齿。**花**：聚伞花序簇生叶腋，花多朵；花极芳香；花萼 4 裂，裂片稍不整齐；花冠黄白色至橘红色，4 深裂；雄蕊 2，着生于花冠管中部，药隔延伸呈小尖头；子房 2 室。**果实及种子**：核果歪斜，椭圆形，熟时紫黑色，长 1~1.5cm。**花果期**：花期 9~10 月，果期翌年 3 月。**分布**：原产中国西南部，现各地广泛栽培。**生境**：生于山坡或庭园中。**用途**：观赏，花药用或食用。

特征要点 叶对生，革质，椭圆形，上半部常具细锯齿。聚伞花序簇生叶腋；花极芳香；花冠黄白色至橘红色，4 深裂；雄蕊 2；子房 2 室。核果歪斜，椭圆形，熟时紫黑色。

茉莉花 Jasminum sambac (L.) Aiton 木樨科 Oleaceae 素馨属

生活型: 常绿直立或攀缘灌木。**高度:** 达 3m。**株形:** 卵形。**茎皮:** 绿色。**枝条:** 小枝圆柱形, 疏被柔毛。**叶:** 叶对生, 单叶, 纸质, 圆形至倒卵形, 全缘, 无毛; 叶柄短, 具关节。**花:** 聚伞花序顶生, 通常有花 3 朵, 有时单花或多达 5 朵; 苞片微小, 锥形; 花极芳香; 花萼裂片线形; 花冠白色, 裂片长圆形至近圆形, 栽培时常重瓣; 雄蕊 2 枚, 内藏; 子房 2 室。**果实及种子:** 浆果球形, 熟时紫黑色, 直径约 1cm。**花果期:** 花期 5~8 月, 果期 7~9 月。**分布:** 产中国福建、广东、广西、贵州、湖南、海南、云南等地, 其他地区也常有栽培。印度及世界各地也有分布。**生境:** 生于路边或庭园中。**用途:** 花药用, 观赏。

特征要点 叶对生, 圆形至倒卵形, 全缘。聚伞花序顶生, 常有花 3 朵; 花极芳香; 花萼裂片线形; 花冠白色, 常重瓣; 雄蕊 2; 子房 2 室。浆果球形, 熟时紫黑色。

矮探春 Chrysojasminum humile (L.) Banfi 【Jasminum humile L.】
木樨科 Oleaceae 探春花属 / 素馨属

生活型: 落叶灌木。**高度:** 1.2~3m。**株形:** 蔓生形。**茎皮:** 褐色。**枝条:** 小枝棱显著, 无毛。**叶:** 叶互生, 三出复叶或羽状复叶 (5~7 小叶); 小叶近革质, 卵形至矩圆形, 全缘。**花:** 聚伞花序顶生, 有 5~20 朵花; 花梗长 3~20mm; 花萼无毛, 裂齿 4~5, 三角形或钻形; 花冠黄色, 近漏斗状, 裂片 5; 雄蕊 2 枚, 内藏; 子房 2 室。**果实及种子:** 浆果宽卵状, 由绿变黄。**花果期:** 花期 4~7 月, 果期 6~10 月。**分布:** 产中国四川、贵州、云南、西藏等地。伊朗、阿富汗、喜马拉雅山、缅甸也有分布。**生境:** 生于疏林、密林中, 海拔 1100~3500m。**用途:** 观赏。

特征要点 叶互生, 三出复叶或羽状复叶 (5~7 小叶)。聚伞花序顶生, 有 5~20 朵花; 花萼裂齿 4~5, 三角形或钻形; 花冠黄色, 近漏斗状。浆果宽卵状。

迎春花 **Jasminum nudiflorum** Lindl. 木樨科 Oleaceae 素馨属

生活型: 落叶灌木。**高度**: 0.4~5m。**株形**: 蔓生形。**树皮**: 绿色。**枝条**: 小枝四棱形, 无毛。**叶**: 叶对生, 小叶 3, 卵形至矩圆状卵形, 全缘, 灰绿色。**花**: 花单生于无叶老枝叶腋, 先叶开放; 苞片叶状, 狭窄; 花萼钟状, 裂片 5~6, 条形或矩圆状披针形; 花冠黄色, 裂片通常 6 枚, 倒卵形或椭圆形; 雄蕊 2 枚, 内藏; 子房 2 室。**花果期**: 花期 3~5月, 常不结果。**分布**: 产中国北京、河北、河南、山东、山西、陕西、甘肃、江苏、四川、云南、贵州、广东、西藏。**生境**: 生于山坡灌丛中, 海拔 400~2000m。**用途**: 观赏。

特征要点 小枝四棱形, 绿色。叶对生, 小叶 3, 全缘。花单生于无叶老枝叶腋, 先叶开放; 花萼钟状, 裂片 5~6; 花冠黄色, 裂片通常 6 枚。

木樨榄 **Olea europaea** L. 木樨科 Oleaceae 木樨榄属

生活型: 常绿小乔木。**高度**: 2~6m。**株形**: 卵形。**树皮**: 褐色。**枝条**: 小枝纤细, 四角形。**叶**: 叶对生, 近革质, 披针形至矩圆形, 背面密布银色皮屑状鳞毛, 边缘全缘, 内卷。**花**: 圆锥花序腋生, 长 2~6cm; 花两性, 白色, 芳香; 花萼钟状, 4 裂, 裂片短; 花冠长约 4mm, 4 裂, 裂片卵形; 雄蕊 2, 花丝短; 子房近圆状, 无毛, 2 室, 每室 2 胚珠。

果实及种子: 核果椭圆状至近球状, 长 20~25mm 或更长, 熟时黑色光亮。**花果期**: 花期 4~5月, 果期 6~9月。**分布**: 原产小亚细亚、地中海地区。中国云南、四川、甘肃及长江流域以南地区栽培。**生境**: 生于向阳开阔山坡。**用途**: 果榨油; 观赏。

特征要点 小枝纤细, 四角形。叶对生, 披针形至矩圆形, 背面密布银色皮屑状鳞毛。圆锥花序腋生; 花白色, 花冠 4 裂。核果椭圆状至近球状, 熟时黑色光亮。

女贞 Ligustrum lucidum W. T. Aiton 木樨科 Oleaceae 女贞属

生活型: 常绿乔木。**高度**: 达 6m。**株形**: 卵形。**树皮**: 暗灰色, 纵裂。**枝条**: 小条无毛, 有皮孔。**叶**: 叶对生, 革质而脆, 卵形至卵状披针形, 全缘, 无毛; 叶柄短。**花**: 圆锥花序长 12~20cm, 无毛; 花两性, 近无梗; 花冠筒和花萼略等长; 花萼钟状, 先端截形; 花冠白色, 近辐射状, 裂片 4 枚; 雄蕊 2 枚, 伸出; 子房近球形, 2 室, 柱头肥厚。**果实及种子**: 核果矩圆形, 熟时紫蓝色, 长约 1cm。**花果期**: 花期 5~7 月, 果期翌年 5 月。**分布**: 产中国秦岭以南地区, 陕西、甘肃、河北等地有栽培。朝鲜、印度、尼泊尔也有分布。**生境**: 生于疏林、密林中, 海拔 2900m 以下。**用途**: 观赏。

特征要点 叶对生, 革质而脆, 卵形至卵状披针形, 全缘。大型圆锥花序顶生; 花两性, 花冠白色, 近辐射状, 裂片 4。核果矩圆形, 熟时紫蓝色。

水蜡树 Ligustrum obtusifolium Siebold & Zucc. 木樨科 Oleaceae 女贞属

生活型: 落叶灌木。**高度**: 2~3m。**株形**: 宽卵形。**茎皮**: 暗灰色。**枝条**: 小枝棕色, 被柔毛。**叶**: 叶对生, 纸质, 长椭圆形, 先端钝, 基部楔形, 无毛, 全缘; 叶柄长 1~2mm。**花**: 圆锥花序着生于小枝顶端, 长 1.5~4cm, 被柔毛; 花萼截形或萼齿呈浅三角形; 花冠白色, 花冠管长于裂片; 雄蕊 2 枚, 短于花冠裂片, 花药披针形; 花柱长 2~3mm。

果实及种子: 核果近球形或宽椭圆形, 长 5~8mm。**花果期**: 花期 5~6 月, 果期 8~10 月。**分布**: 产中国黑龙江、辽宁、山东、江苏、浙江等地。日本也有分布。**生境**: 生于山坡、山沟石缝、山涧林下和田边、水沟旁, 海拔 60~600m。**用途**: 观赏。

特征要点 小枝被柔毛。叶对生, 纸质, 长椭圆形, 无毛, 全缘。圆锥花序长 1.5~4cm; 花冠白色, 花冠管长于裂片。核果近球形或宽椭圆形。

小叶女贞 **Ligustrum quihoui** Carrière 木樨科 Oleaceae 女贞属

生活型：落叶灌木。**高度**：1~3m。**株形**：卵形。**茎皮**：灰白色，平滑。**枝条**：小枝淡棕色，被微柔毛。**叶**：叶对生，薄革质，披针形至倒卵形，基部楔形，叶缘反卷，无毛；叶柄长 0~5mm。**花**：圆锥花序顶生，近圆柱形，长 4~15cm；花萼无毛，萼齿宽卵形或钝三角形；花冠白色，花冠筒长于花冠裂片；雄蕊伸出裂片外，花丝与花冠裂片近等长或稍长；子房 2 室。**果实及种子**：核果倒卵形至近球形，熟时紫黑色，长 5~9mm。**花果期**：花期5~7月，果期 3~11月。**分布**：产中国陕西、山东、江苏、安徽、浙江、江西、河南、湖北、四川、贵州、云南、西藏等地。**生境**：生于沟边、路旁、河边灌丛中、山坡，海拔100~2500m。**用途**：观赏。

特征要点 叶对生，薄革质，披针形至倒卵形。圆锥花序顶生，长 4~15cm；花冠白色，花冠筒长于花冠裂片。核果倒卵形至近球形，熟时紫黑色。

毛泡桐 **Paulownia tomentosa** (Thunb.) Steud.
泡桐科 / 玄参科 Paulowniaceae/Scrophulariaceae 泡桐属

生活型：落叶乔木。**高度**：达 20m。**株形**：宽卵形。**树皮**：暗灰色，不规则纵裂。**枝条**：小枝密被黏质短腺毛。**叶**：叶对生，心形，全缘或波状浅裂，背面密被灰黄色星状茸毛。**花**：聚伞圆锥花序侧枝不很发达，小聚伞花序有花 3~5 朵；花萼浅钟状，密被星状茸毛，5 裂至中部；花冠漏斗状钟形，淡紫色，长 5~7cm；雄蕊 4 枚，二强，内藏；花柱上端微弯，子房 2 室。**果实及种子**：蒴果卵圆形，长3~4cm，外果皮硬革质。**花果期**：花期 4~5月，果期 8~9月。**分布**：产中国辽宁、河北、河南、山东、江苏、安徽、湖北、江西等地。日本、朝鲜、欧洲、北美洲也有分布。**生境**：生于山坡、路边及荒地上，海拔 500~1800m。**用途**：木材，观赏。

特征要点 小枝密被黏质短腺毛。叶对生，心形，背面密被灰黄色星状茸毛。聚伞圆锥花序；花萼5 裂至中部；花冠漏斗状钟形，淡紫色；雄蕊4，二强。蒴果卵圆形。

楸叶泡桐 **Paulownia catalpifolia** T. Gong ex D. Y. Hong

泡桐科 / 玄参科 Paulowniaceae/Scrophulariaceae 泡桐属

生活型: 落叶大乔木。**高度**: 8~15m。**株形**: 宽卵形。**树皮**: 暗灰色, 不规则纵裂。**枝条**: 小枝粗壮, 皮孔显著。**叶**: 叶对生, 长卵状心脏形, 长约为宽的2倍, 顶端长渐尖, 全缘而有角, 背面密被星状茸毛。**花**: 聚伞圆锥花序金字塔形或狭圆锥形, 长约35cm以下; 萼浅钟形, 5浅裂达1/3至2/5处; 花冠管状漏斗形, 浅紫色, 长7~8cm; 雄蕊4枚, 二强, 内藏; 花柱上端微弯, 子房2室。**果实及种子**: 蒴果椭圆形, 长4.5~5.5cm, 幼时被星状茸毛, 果皮厚达3mm。**花果期**: 花期4月, 果期7~8月4。**分布**: 产中国山东、河北、山西、河南、陕西。**生境**: 生于山地丘陵、较干旱寒冷地区。**用途**: 木材, 观赏。

特征要点 叶长卵状心脏形, 长约为宽的2倍, 全缘而有角。聚伞圆锥花序金字塔形或狭圆锥形; 萼5浅裂达1/3至2/5处; 花冠管状漏斗形, 浅紫色。

兰考泡桐 **Paulownia elongata** S. Y. Hu

泡桐科 / 玄参科 Paulowniaceae/Scrophulariaceae 泡桐属

生活型: 落叶乔木。**高度**: 10~20m。**株形**: 宽卵形。**树皮**: 暗灰色, 不规则纵裂。**枝条**: 小枝褐色, 皮孔凸起。**叶**: 叶对生, 卵状心脏形, 有时具不规则角, 背面密被无柄树枝状毛。**花**: 聚伞圆锥花序金字塔形或狭圆锥形, 长约30cm; 萼倒圆锥形, 5裂至1/3左右; 花冠漏斗状钟形, 紫色至粉白色, 长7~9.5cm; 雄蕊4, 二强, 内藏; 花柱上端微弯, 子房2室。**果实及种子**: 蒴果卵形, 长3.5~5cm, 有星状茸毛, 果皮厚1~2.5mm。**花果期**: 花期4~5月, 果期8~9月。**分布**: 产中国河北、河南、山西、陕西、山东、湖北、安徽、江苏, 多为栽培。**生境**: 野生, 海拔可达800m。**用途**: 木材, 观赏。

特征要点 叶卵状心脏形, 背面密被无柄树枝状毛。聚伞圆锥花序金字塔形或狭圆锥形; 萼5裂至1/3左右; 花冠漏斗状钟形, 紫色至粉白色。

白花泡桐 **Paulownia fortunei** (Seem.) Hemsl.

泡桐科 / 玄参科 Paulowniaceae/Scrophulariaceae 泡桐属

生活型：落叶乔木。**高度**：达30m。**株形**：宽卵形。**树皮**：灰褐色。**枝条**：小枝被黄褐色星状茸毛。**叶**：叶对生，长卵状心脏形，顶端长渐尖，背面密被星茸毛及腺毛。**花**：聚伞圆锥花序狭长几成圆柱形，长约25cm；萼倒圆锥形，5裂至1/4或1/3处；花冠管状漏斗形，白色；雄蕊4，二强，内藏；花柱上端微弯，子房2室。**果实及种子**：蒴果长圆形，长6~10cm，果皮木质。**花果期**：花期3~4月，果期7~8月。**分布**：中国安徽、浙江、福建、江西、湖北、湖南、四川、重庆、云南、贵州、广东、广西、山东、河北、河南、陕西有栽培。越南、老挝也有分布。**生境**：生于山坡、林中、山谷及荒地，海拔2000m以下。**用途**：木材，观赏。

特征要点　叶长卵状心脏形，背面密被星茸毛及腺毛。聚伞圆锥花序狭长几成圆柱形；萼5裂至1/4或1/3处；花冠管状漏斗形，白色仅背面稍带紫色。蒴果长圆形，长6~10cm。

楸 **Catalpa bungei** C. A. Mey. 紫葳科 Bignoniaceae 梓属

生活型：落叶小乔木。**高度**：8~12m。**株形**：尖塔形。**树皮**：暗灰色，不规则深纵裂。**枝条**：小枝纤细，褐色。**叶**：叶对生，三角状卵形或卵状长圆形，顶端长渐尖，基部截形，无毛；叶柄长2~8cm。**花**：伞房状总状花序顶生；花萼二裂；花冠二唇形，淡红色，内面具2黄色条纹及暗紫色斑点；能育雄蕊2枚，内藏；花盘明显；子房2室，胚珠多颗。**果实及种子**：蒴果线形，长25~45cm，宽约6mm；种子狭长椭圆形，两端生长毛。**花果期**：花期5~6月，果期6~10月。**分布**：产中国北京、河北、河南、山东、山西、陕西、甘肃、江苏、浙江、湖南、云南。**生境**：生于路边、山坡或庭园中，海拔500~1300m。**用途**：观赏。

特征要点　小枝纤细。叶三角状卵形或卵状长圆形，顶端长渐尖。伞房状总状花序顶生；花冠二唇形，淡红色，内面具有2黄色条纹及暗紫色斑点。蒴果细长，长25~45cm。

梓 **Catalpa ovata** G. Don 紫葳科 Bignoniaceae 梓属

生活型: 落叶乔木。**高度**: 达 15m。**株形**: 宽卵形。**树皮**: 暗灰色,条状深纵裂。**枝条**: 小枝具稀疏柔毛。**叶**: 叶对生偶轮生,阔卵形,长宽近相等,顶端渐尖,基部心形,全缘,常 3 浅裂,微被柔毛;叶柄长 6~18cm。**花**: 圆锥花序顶生,有花多朵;花萼二裂;花冠钟状,淡黄色,内面具 2 黄色条纹及紫色斑点;能育雄蕊 2,退化雄蕊 3;子房上位,棒状,花柱丝形,柱头二裂。**果实及种子**: 蒴果线形,下垂,长 20~30cm,粗 5~7mm;种子长椭圆形,两端具长毛。**花果期**: 花期 6~7 月,果期 8~10 月。**分布**: 产中国长江流域以北地区,多为栽培。日本也有分布。**生境**: 生于村庄附近及公路两旁,海拔 500~2500m。**用途**: 观赏。

特征要点 叶阔卵形,顶端渐尖,基部心形,常 3 浅裂。圆锥花序顶生;花冠钟状,淡黄色,内面具 2 黄色条纹及紫色斑点。蒴果线形,下垂,长 20~30cm。

黄金树 **Catalpa speciosa** Teas 紫葳科 Bignoniaceae 梓属

生活型: 落叶乔木。**高度**: 达 30m。**株形**: 宽卵形。**树皮**: 暗灰色,条状深纵裂。**枝条**: 小枝褐色,无毛。**叶**: 叶对生,宽卵形,顶端渐尖,基部截形至心形,全缘,背面密生弯柔毛,基出 3 条脉;叶柄稍有柔毛。**花**: 圆锥花序顶生,有花 10 数朵;花萼 2 裂,裂片近圆形,被毛;花冠白色,内有 2 黄色条纹及淡紫色斑点;发育雄蕊 2 枚;子房 2 室,胚珠多颗。**果实及种子**: 蒴果线形,较粗,宽约 15mm;种子长锯形,先端丝裂。**花果期**: 花期 5 月,果期 月。**分布**: 原产美国;中国台湾、福建、广东、广西、江苏、浙江、河北、河南、山东、山西、陕西、云南等地栽培。**生境**: 生于路边或庭园中。**用途**: 观赏。

特征要点 小枝粗壮。叶宽卵形,顶端渐尖,背面密生弯柔毛。圆锥花序顶生;花冠白色,内有 2 黄色条纹及淡紫色斑点。蒴果线形,较粗,宽约 15mm。

凌霄 **Campsis grandiflora** (Thunb.) K. Schum. 紫葳科 Bignoniaceae 凌霄属

生活型: 落叶木质藤本。**高度**: 3~8m。**株形**: 蔓生型。**树皮**: 暗褐色。**枝条**: 小枝绿色, 光滑无毛。**叶**: 单数羽状复叶对生, 小叶 7~11, 卵形至卵状披针形, 边缘有齿缺, 两面无毛。**花**: 花序圆锥状, 顶生; 花大; 花萼钟状, 不等 5 裂, 裂至筒之中部, 具凸起纵肋; 花冠漏斗状钟形, 裂片 5, 橘红色; 雄蕊 4, 2 长 2 短; 子房 2 室。**果实及种子**: 蒴果长如豆荚, 2 瓣裂; 种子多数, 扁平, 有透明的翅。**花果期**: 花期 7~9 月, 果期 8~10 月。**分布**: 产中国山西、河北、山东、河南、福建、广东、广西、陕西、台湾等地, 多为栽培。日本、越南印度、巴基斯坦也有分布。**生境**: 生于庭园中, 海拔 400~1200m。**用途**: 观赏。

特征要点 单数羽状复叶对生, 小叶 7~11, 两面无毛。花序圆锥状; 花萼 5 裂至中部, 具凸起纵肋; 花冠漏斗状钟形, 裂片 5, 橘红色。蒴果长如豆荚, 2 瓣裂。

杂种凌霄(美国凌霄) **Campsis × tagliabuana** (Vis.) Rehder
紫葳科 Bignoniaceae 凌霄属

生活型: 落叶木质藤本。**高度**: 达 10m。**株形**: 蔓生形。**茎皮**: 暗褐色。**枝条**: 小枝绿色, 光滑无毛。**叶**: 单数羽状复叶对生, 小叶 9~11 枚, 椭圆形至卵状椭圆形, 尾状渐尖, 边缘具齿, 两面被毛。**花**: 花序圆锥状, 顶生; 花大; 花萼钟状, 5 浅裂至萼筒的 1/3 处, 无凸起纵肋; 花冠筒细长, 漏斗状, 橙红色至鲜红色; 雄蕊 4 枚, 2 长 2 短; 子房 2 室。**果实及种子**: 蒴果长圆柱形, 长 8~12cm。**花果期**: 花期 6~9 月, 果期 9~10 月。**分布**: 原产美洲。中国大部分地区栽培。越南、印度、巴基斯坦也有栽培。**生境**: 生于庭园中。**用途**: 观赏。

特征要点 单数羽状复叶对生, 小叶 9~11, 两面被毛。花序圆锥状; 花萼质厚, 5 浅裂至萼筒的 1/3 处; 花冠筒细长, 漏斗状, 橙红色至鲜红色。蒴果长圆柱形。

薄皮木 **Leptodermis oblonga** Bunge 茜草科 Rubiaceae 野丁香属

生活型: 落叶灌木。**高度**: 达 1m。**株形**: 圆球形。**树皮**: 灰色，平滑。**枝条**: 小枝柔弱，褐色。**叶**: 叶对生和假轮生，矩圆形或矩圆状倒披针形，边缘背卷；托叶小，三角形。**花**: 花常 5 数，无梗，2~10 朵簇生于枝顶或叶腋内；小苞片合生，透明，具脉；花萼裂片矩圆形；花冠淡红色，漏斗状，长 1.2~1.5cm，裂片披针形；雄蕊 5；子房 5 室，花柱线形。**果实及种子**: 蒴果椭圆形，长约 6mm，托以宿存的小苞片。**花果期**: 花期 6~8 月，果期 10 月。**分布**: 产中国华北、陕西、河南、河北等地。**生境**: 生于山坡、路边向阳处、灌丛中，海拔 600~1500m。**用途**: 观赏。

特征要点 小枝柔弱。叶对生和假轮生，矩圆形，背卷；托叶小，三角形。花常 5 数，无梗，簇生；花冠淡红色，漏斗状；雄蕊 5；子房 5 室。蒴果椭圆形，小苞片宿存。

小粒咖啡 **Coffea arabica** L. 茜草科 Rubiaceae 咖啡属

生活型: 常绿小乔木或大灌木。**高度**: 2~8m。**株形**: 宽卵形。**树皮**: 灰白色，节状横裂。**枝条**: 小枝灰白色，节膨大。**叶**: 叶对生，薄革质，披针形，全缘，无毛；托叶阔三角形。**花**: 聚伞花序簇生叶腋；花芳香；苞片二型；萼管管形；花冠白色，顶部常 5 裂；花药伸出冠管外；花柱长 12~14mm，柱头 2 裂。**果实及种子**: 浆果熟时阔椭圆形，红色，直径 10~12mm；种子背面凸起，腹面平坦，有纵槽。**花果期**: 花期 3~4 月，果期 11~6 月。**分布**: 原产埃塞俄比亚、阿拉伯地区。中国福建、广东、海南、广西、四川、云南栽培。**生境**: 生于果园、庭园或山坡等地，海拔 1600m。**用途**: 种仁制咖啡，观赏。

特征要点 小枝节膨大。叶对生，薄革质，披针形；托叶阔三角形。聚伞花序簇生叶腋；花芳香；苞片二型；花冠白色，顶部常 5 裂。浆果成熟时阔椭圆形，红色。

248

香果树 **Emmenopterys henryi** Oliv. 茜草科 Rubiaceae 香果树属

生活型：落叶大乔木。**高度**：达 30m。**株形**：宽卵形。**树皮**：灰白色，粗糙，纵裂。**枝条**：小枝有皮孔。**叶**：叶对生，有长柄，革质，宽椭圆形至宽卵形，顶端尖；托叶大，早落。**花**：聚伞花序排成顶生大型圆锥花序状；花大，黄色，5 数；花萼近陀螺状，一些花的萼裂片中的 1 片扩大成叶状，宿存，白色；花冠漏斗状，被茸毛。**果实及种子**：蒴果近纺锤状，熟时红色，室间开裂为 2 果瓣；种子很多，小而有阔翅。**花果期**：花期 6~8 月，果期 8~11 月。**分布**：产中国陕西、甘肃、江苏、安徽、浙江、江西、福建、河南、湖北、湖南、广西、四川、重庆、贵州、云南。**生境**：生于山谷林中，喜湿润而肥沃的土壤，海拔 430~1630m。**用途**：木材，观赏。

特征要点 叶对生，具长柄。聚伞花序排成顶生大型圆锥花序；花大，黄色，5 数；花萼近陀螺状，少数萼裂片扩大成叶状，白色，宿存。蒴果近纺锤状，成熟时红色。

团花（团花树） **Neolamarckia cadamba** (Roxb.) Bosser【Anthocephalus chinensis (Lam.) Rich. ex Walp.】茜草科 Rubiaceae 团花属

生活型：落叶大乔木。**高度**：达 30m。**株形**：狭卵形。**树皮**：薄，灰褐色。**枝条**：小枝略扁，褐色，光滑。**叶**：叶对生，大，薄革质，椭圆形，全缘；叶柄粗壮；托叶披针形，脱落。**花**：头状花序单个顶生，直径 4~5cm，花序梗粗壮，长 2~4cm；花 5 数；萼管无毛，萼裂片长圆形，长 3~4mm，被毛；花冠黄白色，漏斗状，无毛，花冠裂片披针形，长 2.5mm。**果实及种子**：果序直径 3~4cm，成熟时黄绿色；种子近三棱形，无翅。**花果期**：花期 5~6 月，果期 9~11 月。**分布**：产中国广东、广西、云南。越南、马来西亚、缅甸、印度、斯里兰卡也有分布。**生境**：生于山谷溪旁或杂木林下。**用途**：观赏。

特征要点 叶大，椭圆形，全缘。头状花序单个顶生，直径 4~5cm；花 5 数；花冠黄白色。果序直径 3~4cm，成熟时黄绿色。

接骨木 **Sambucus williamsii** Hance
荚蒾科 / 忍冬科 Viburnaceae/Caprifoliaceae 接骨木属

生活型：落叶灌木至小乔木。**高度**：达 6m。**株形**：宽卵形。**树皮**：暗灰色，纵裂。**枝条**：小枝粗壮，皮孔显著，髓心淡黄棕色。**叶**：单数羽状复叶对生，小叶常 5~7，椭圆形至矩圆状披针形，无毛，边缘有锯齿，揉碎后有臭味。**花**：圆锥花序顶生；花小，白色至淡黄色；萼筒杯状，萼齿 5；花冠辐状，裂片 5；雄蕊 5，约与花冠等长；子房 3 室，柱头 3 裂。**果实及种子**：浆果状核果近球形，黑紫色或红色，直径 3~5mm。**花果期**：花期 5~6 月，果期 7~8 月。**分布**：产中国东北、华北、华东、华中、华南和西南地区。**生境**：生于山坡、灌丛中、沟边、路边、宅边，海拔 540~1600m。**用途**：观赏，果药用。

特征要点 单数羽状复叶对生，小叶 5~7，具锯齿。圆锥花序顶生；花小，白色至淡黄色；花冠辐状，裂片 5。浆果状核果近球形，黑紫色或红色。

桦叶荚蒾 **Viburnum betulifolium** Batal.
荚蒾科 / 忍冬科 Viburnaceae/Caprifoliaceae 荚蒾属

生活型：落叶灌木至小乔木。**高度**：2~5m。**株形**：卵形。**树皮**：灰褐色。**枝条**：小枝紫褐色。**叶**：叶对生，卵形至近菱形，边缘具牙齿，近基部两侧有少数腺体，侧脉 4~6 对，伸达齿端。**花**：花序复伞状，直径 5~11cm；萼筒具腺体至密生星状毛，萼檐具 5 微齿；花冠白色，辐状，长约 3mm，外面无毛或有星状毛；雄蕊 5，稍短至稍于花冠；柱头高出萼齿。**果实及种子**：核果近球形，红色，直径 6~7mm。**花果期**：花期 6~7 月，果期 9~10 月。**分布**：产中国陕西、甘肃、四川、贵州、云南、西藏等地。**生境**：生于山谷林中、山坡灌丛中，海拔 1300~3100m。**用途**：观赏。

特征要点 叶对生，卵形至近菱形，边缘具牙齿，侧脉伸达齿端。花序复伞形状；花冠白色，辐状，5 裂；雄蕊 5。核果近球形，红色。

250

绣球荚蒾(木绣球) **Viburnum keteleeri** 'Sterile'【Viburnum macrocephalum Fortune】荚蒾科/忍冬科 Viburnaceae/Caprifoliaceae 荚蒾属

生活型：落叶灌木。**高度**：达 4m。**株形**：卵形。**茎皮**：褐色。**枝条**：小枝被垢屑状星状毛。**冬芽**：无鳞片。**叶**：叶对生，卵形或椭圆形，边缘具细齿，背面疏生星状毛，侧脉 5~6 对，近叶缘前网结。**花**：花序复伞形状，直径 10~12cm，第一级辐枝 4~5 条，有白色、大型不孕的边花；萼筒无毛，萼檐具 5 微齿；花冠辐状；雄蕊 5，着生近花冠筒基部，稍长于花冠；雌蕊不育。**果实及种子**：核果椭圆形，先红后黑，长约 8mm。**花果期**：花期 5~6 月，果期 7~10 月。**分布**：产中国江苏、浙江、江西、河北等地。**生境**：生于庭园中，海拔 100~2170m。**用途**：观赏。

特征要点 叶对生，卵形或椭圆形，边缘具细齿，背面疏生星状毛，侧脉近叶缘前网结。花序复伞形状，有白色、大型不孕的边花；花冠辐状。核果椭圆形，先红后黑。

欧洲荚蒾 **Viburnum opulus** L.
荚蒾科/忍冬科 Viburnaceae/Caprifoliaceae 荚蒾属

生活型：落叶灌木。**高度**：达 1.5~4m。**株形**：圆球形。**茎皮**：暗灰色，常纵裂。**枝条**：小枝有棱，皮孔显著。**冬芽**：冬芽卵圆形。**叶**：叶对生，圆卵形，常 3 裂，边缘具不整齐粗牙齿，两面无毛，具掌状三出脉。**花**：复伞形式聚伞花序，直径 5~10cm，大多周围有大型的不孕花；萼筒倒圆锥形，萼齿三角形，无毛；花冠白色，辐状，裂片近圆形；雄蕊长于花冠，花药黄白色；柱头 2 裂；不孕花白色。**果实及种子**：核果近圆形，红色，直径 8~10mm。**花果期**：花期 5~6 月，果期 9~10 月。**分布**：产中国新疆等地。欧洲、高加索、远东地区也有分布。**生境**：生于河谷云杉林下，海拔 1000~1600m。**用途**：观赏。

特征要点 叶对生，圆卵形，常 3 裂。复伞形式聚伞花序，大多周围有大型白色不孕花；花冠白色，辐状；雄蕊花药黄白色。核果近圆形，红色。

鸡树条（天目琼花、鸡树条荚蒾） **Viburnum opulus** subsp. **calvescens** (Rehder) Sugim. 荚蒾科 / 忍冬科 Viburnaceae/Caprifoliaceae 荚蒾属

生活型：落叶灌木。**高度**：达 1.5~4m。**株形**：圆球形。**茎皮**：暗灰色，常纵裂。**枝条**：小枝有棱，皮孔显著。**冬芽**：冬芽卵圆形。**叶**：叶对生，圆卵形，常3裂，边缘具不整齐粗牙齿，两面无毛，具掌状三出脉。**花**：花药紫红色。**果实及种子**：核果近圆形，红色。**花果期**：花期 5~6 月，果期 9~10 月。**分布**：产中国东部、中部地区。欧洲、高加索、远东地区也有分布。**生境**：生于河谷云杉林下，海拔 1000~1600m。**用途**：观赏。

特征要点 花药紫红色，其余特征同欧洲荚蒾。

六道木 **Zabelia biflora** (Turcz.) Makino 【Abelia biflora Turcz.】
忍冬科 Caprifoliaceae 六道木属

生活型：落叶灌木。**高度**：1~3m。**株形**：卵形。**茎皮**：具棱，黑褐色。**枝条**：小枝纤细，被毛。**叶**：叶对生，矩圆状披针形，顶端尖，基部钝，全缘或浅裂，两面被柔毛；叶柄短，基部膨大。**花**：花单生叶腋，无总梗，具苞片；萼齿4枚，果期增大；花冠白色，漏斗形，4裂，被毛；雄蕊4枚，二强，内藏；子房3室，柱头头状。**果实及种子**：瘦果矩圆形，具纵棱，冠以4枚宿存而略增大的萼裂片；种子近圆柱形，种皮膜质。**花果期**：花期 5~6 月，果期 8~9 月。**分布**：产中国辽宁、河北、山西等地。**生境**：生于山坡灌丛中、林下、沟边，海拔 1000~2000m。**用途**：观赏。

特征要点 老枝具棱。叶对生，矩圆状披针形，被柔毛。花单生叶腋；萼齿4枚，果期增大；花冠白色，漏斗形。瘦果矩圆形，具纵棱，冠以4枚宿存而略增大的萼裂片。

糯米条（茶条树） **Abelia chinensis** R. Br.

忍冬科 Caprifoliaceae 糯米条属 / 六道木属

生活型: 落叶灌木。**高度:** 达 2m。**株形:** 卵形。**茎皮:** 纵裂，黑褐色。**枝条:** 小枝纤细，红褐色。**叶:** 叶对生或轮生，圆卵形，顶端尖，基部圆，边缘有稀疏圆锯齿，被柔毛；叶柄短。**花:** 聚伞花序密集成簇，苞片 3 枚；花，萼齿 5 枚，果期变红色；花冠白色至红色，漏斗状，5 裂；雄蕊 4 枚，二强，内藏；子房 3 室，柱头圆盘形。**果实及种子:** 瘦果矩圆形，冠以 5 枚宿存而略增大的萼裂片；种子近圆柱形，种皮膜质。**花果期:** 花期 7~9 月，果期 10~12 月。**分布:** 产中国长江以南。**生境:** 生于山地常见，海拔 170~1500m。**用途:** 观赏。

特征要点 叶圆卵形，边缘有稀疏圆锯齿。聚伞花序密集成簇；萼齿 5 枚，果期变红色；花冠白色至红色，漏斗状。瘦果矩圆形，冠以 5 枚宿存而略增大的萼裂片。

南方六道木 **Zabelia dielsii** (Graebn.) Makino 【Abelia dielsii (Graebn.) Rehder】 忍冬科 Caprifoliaceae 六道木属

生活型: 落叶灌木。**高度:** 2~3m。**株形:** 卵形。**茎皮:** 纵裂，黑褐色。**枝条:** 小枝红褐色。**叶:** 叶对生，长卵形至披针形，背面无毛，全缘或有 1~6 对齿牙，具缘毛；叶柄短。**花:** 花 2 朵生于侧枝顶部叶腋，具苞片；萼齿 4 枚，卵状披针形；花冠白色，4 裂，被短柔毛；雄蕊 4 枚，二强，内藏，柱头头状。**果实及种子:** 瘦果矩圆形，冠以 4 枚宿存而略增大的萼裂片；种子近圆柱形，种皮膜质。

花果期: 花期 4~6 月，果期 8~9 月。**分布:** 产中国河北、山西、陕西、宁夏、甘肃、安徽、浙江、江西、福建、河南、湖北、四川、贵州、云南、西藏。**生境:** 生于山坡灌丛、路边林下、草地，海拔 800~3700m。**用途:** 观赏。

特征要点 叶长卵形至披针形，全缘或有 1~6 对齿牙。花 2 朵生于侧枝顶部叶腋；萼齿 4 枚，卵状披针形；花冠白色，4 裂。瘦果矩圆形，冠以 4 枚宿存而略增大的萼裂片。

锦带花 **Weigela florida** (Bunge) A. DC. 忍冬科 Caprifoliaceae 锦带花属

生活型: 落叶灌木。**高度**: 1~3m。**株形**: 宽卵形。**茎皮**: 灰色。**枝条**: 小枝稍四方形。**叶**: 叶对生，狭长，矩圆形至倒卵状椭圆形，边缘具锯齿，背面密生短柔毛，侧脉弧形上升。**花**: 花单生或成聚伞花序生于侧生短枝的叶腋或枝顶；萼筒长圆柱形，萼齿5，披针形，裂达萼檐中部；花冠筒状，紫红色或玫瑰红色，内面浅红色；花丝短于花冠，花药黄色；花柱细长，柱头2裂。**果实及种子**: 蒴果圆柱形，顶有短柄状喙，疏生柔毛；种子无翅。**花果期**: 花期4~6月，果期9~10月。**分布**: 产中国黑龙江、吉林、辽宁、内蒙古、山西、陕西、河南、山东、江苏。俄罗斯、日本、朝鲜也有分布。**生境**: 生于杂木林下、山顶灌木丛中，海拔100~1450m。**用途**: 观赏。

特征要点 叶对生，狭长，矩圆形，边缘具锯齿。花单生或成聚伞花序；花萼裂至一半，萼齿5，披针形；花冠筒状，紫红色或玫瑰红色。蒴果圆柱形，熟时开裂；种子无翅。

海仙花 **Weigela coraeensis** Thunb. 忍冬科 Caprifoliaceae 锦带花属

生活型: 落叶灌木。**高度**: 2~4m。**株形**: 宽卵形。**茎皮**: 暗灰色，纵裂。**枝条**: 小枝稍四方形。**叶**: 叶对生，宽大，宽矩圆形至卵形，先端尾尖显著，边缘具锯齿，背面密生短柔毛，侧脉弧形上升。**花**: 花单生或成聚伞花序生于侧生短枝的叶腋或枝顶；萼筒长圆柱形，萼齿5，条形，裂达萼檐基部；花冠筒状，紫红色或玫瑰红色，内面浅红色；花丝短于花冠，花药黄色；花柱细长，柱头2裂。**果实及种子**: 蒴果圆柱形，顶有短柄状喙，疏生柔毛；种子多少有翅。**花果期**: 花期5~7月，果期9~10月。**产地**: 原产朝鲜和日本。中国华北和华东地区引种栽培。**生境**: 生于山坡草地湿润处和水边，海拔2500~3100m。**用途**: 观赏。

特征要点 叶对生，宽大，宽矩圆形至卵形。花单生或成聚伞花序；花萼裂至底部，萼齿5，条形；花冠筒状，紫红色或玫瑰红色。蒴果圆柱形，熟时开裂；种子多少有翅。

双盾木 **Dipelta floribunda** Maxim. 忍冬科 Caprifoliaceae 双盾木属

生活型: 落叶灌木或小乔木。**高度**: 达6m。**株形**: 宽卵形。**树皮**: 暗灰色，剥落。**枝条**: 小枝纤细。**叶**: 叶对生，卵状披针形或卵形，顶端尖，基部楔形或钝圆，全缘，背面灰白色，侧脉3~4对。**花**: 聚伞花序簇生叶腋; 小苞片2对，大小不等，紧贴萼筒的一对盾状，圆形至矩圆形，宿存增大，干膜质，另一对小; 萼筒疏被硬毛，萼齿5，条形，坚硬而宿存; 花冠筒状钟形，粉红色，长3~4cm; 雄蕊4枚，二强，内藏; 子房4室，花柱丝状。**花果期**: 花期4~7月，果期8~9月。**分布**: 产中国陕西、甘肃、湖北、湖南、广西、四川。**生境**: 生于杂木林下、灌丛中，海拔650~2200m。**用途**: 观赏。

特征要点 小枝纤细。叶对生，卵形，全缘。聚伞花序簇生叶腋; 小苞片2对，紧贴萼筒的一对盾状，圆形至矩圆形，宿存而增大，干膜质; 花冠筒状钟形，粉红色。核果肉质。

猬实（蝟实） **Kolkwitzia amabilis** Graebn. 忍冬科 Caprifoliaceae 猬实属

生活型: 落叶灌木。**高度**: 达3m。**株形**: 卵形。**茎皮**: 灰白色，大块剥落。**枝条**: 小枝纤细，被柔毛。**叶**: 叶对生，椭圆形，顶端渐尖，近全缘，正面疏生短柔毛，背面脉上有柔毛。**花**: 伞房状圆锥聚伞花序，每一聚伞花序具2花，2花的萼筒下部合生; 萼筒被耸起长柔毛，上部缢缩似颈，裂片5，钻状披针形; 花冠钟状，粉红色至紫色，裂片5; 雄蕊2长2短，内藏; 子房3室，仅1室发育。**果实及种子**: 两枚瘦果状核果合生，外被刺刚毛，冠以宿存萼裂片。**花果期**: 花期5~6月，果期9~10月。**分布**: 产中国山西、陕西、甘肃、河南、甘肃、湖北、安徽。**生境**: 生于山坡、路边、灌丛中，海拔350~1340m。**用途**: 观赏。

特征要点 树皮大块剥落。叶对生，椭圆形，被柔毛。伞房状圆锥聚伞花序; 花冠钟状，粉红色至紫色。两枚瘦果状核果合生，外被刺刚毛，冠以宿存萼裂片。

金银忍冬（金银木） **Lonicera maackii** (Rupr.) Maxim.
忍冬科 Caprifoliaceae 忍冬属

生活型: 落叶灌木。**高度**: 达 5m。**株形**: 卵形。**茎皮**: 灰白色, 条状纵裂。**枝条**: 小枝具微毛, 中空。**叶**: 叶对生, 卵状椭圆形至卵状披针形, 全缘, 顶端渐尖, 脉上有毛。**花**: 双花总花梗短于叶柄, 具腺毛; 双花萼筒分离, 萼檐裂达中部; 花冠先白后黄色, 长达 2cm, 芳香, 唇形, 花冠筒 2~3 倍短于唇瓣; 雄蕊 5。**果实及种子**: 浆果近球形, 红色, 直径 5~6mm。**花果期**: 花期 5~6 月, 果期 9~11 月。**分布**: 产中国东北、华北、西北、华东、华中和西南地区。朝鲜、日本、远东地区也有分布。**生境**: 生于林中、林缘溪流附近的灌木丛中, 海拔 1800~3000m。**用途**: 观赏。

特征要点 小枝中空。叶对生, 全缘。双花总花梗短于叶柄, 具腺毛; 双花萼筒分离; 花冠先白后黄色, 唇形, 花冠筒 2~3 倍短于唇瓣。浆果近球形, 红色。

金花忍冬 **Lonicera chrysantha** Turcz. ex Ledeb. 忍冬科 Caprifoliaceae 忍冬属

生活型: 落叶灌木。**高度**: 达 2m。**株形**: 卵形。**茎皮**: 暗灰色。**枝条**: 小枝纤细, 被长毛。**冬芽**: 狭卵形。**叶**: 叶对生, 菱状卵形至菱形状披针形, 全缘, 顶端渐尖, 两面被长柔毛。**花**: 双花总花梗腋生, 直立, 长 1.2~3cm; 双花萼筒分离, 有腺毛, 檐有明显的圆齿; 花冠先白色后黄色, 唇形, 花冠筒 3 倍短于唇瓣; 雄蕊 5, 与花柱均稍短于花冠。**果实及种子**: 浆果近球形, 红色, 直径 5~6mm。**花果期**: 花期 5~6 月, 果期 8~9 月。**分布**: 产中国黑龙江、吉林、辽宁、内蒙古、河北、山西、陕西、宁夏、甘肃、青海、山东、江西、河南、湖北、四川等地。朝鲜、西伯利亚也有分布。**生境**: 生于沟谷、林下、林缘灌丛中, 海拔 250~2000m。**用途**: 观赏。

特征要点 叶对生, 全缘。双花总花梗腋生, 直立, 长 1.2~3cm; 双花萼筒分离, 有腺毛; 花冠先白色后黄色, 唇形, 花冠筒 3 倍短于唇瓣。浆果近球形, 红色。

忍冬 **Lonicera japonica** Thunb. 忍冬科 Caprifoliaceae 忍冬属

生活型: 半常绿攀缘灌木。**高度**: 2~4m。**株形**: 蔓生形。
茎皮: 灰白色，纵裂。**枝条**: 小枝密生柔毛和腺毛。**叶**: 叶对生，宽披针形至卵状椭圆形，全缘，顶端短渐尖至钝，基部圆形至近心形，幼时两面有毛。**花**: 双花总花梗单生上部叶腋；苞片大，叶状；萼筒无毛；花冠长 3~4cm，先白色略带紫色后转黄色，芳香，外面有柔毛和腺毛，唇形，上唇具 4 裂片而直立，下唇反转，约等长于花冠筒；雄蕊 5，和花柱均稍超过花冠。**果实及种子**: 浆果球形，黑色。**花果期**: 花期 5~7 月，果期 7~10 月。**分布**: 产中国东北至南方各地区。朝鲜、日本也有分布。**生境**: 生于山坡灌丛、疏林中，海拔 50~1500m。**用途**: 花药用，观赏。

特征要点 叶对生，全缘。双花单生叶腋；苞片大，叶状；花冠长 3~4cm，先白色后转黄色，芳香，唇形，下唇反转，约等长于花冠筒。浆果球形，黑色。

蚂蚱腿子 **Myripnois dioica** Bunge 菊科 Asteraceae/Compositae 蚂蚱腿子属

生活型: 落叶小灌木。**高度**: 0.6~0.8m。**株形**: 卵形。**茎皮**: 灰白色。**枝条**: 小枝细密，具纵纹。**叶**: 叶互生，纸质，椭圆形至卵状披针形，全缘，幼时被长柔毛，具基出 3 脉，网脉密而显著，叶柄极短。**花**: 头状花序近无梗，单生侧枝顶；总苞钟形或近圆筒形；总苞片 5 枚；花雌性和两性异株，先叶开放；雌花花冠紫红色，舌状，两性花花冠白色，管状二唇形。**果实及种子**: 瘦果纺锤形，密被毛，雌花冠毛多层，浅白色，两性花冠毛少数，2~4 条，雪白色。**花果期**: 花期 4~5 月，果期 6~7 月。**分布**: 产中国东北、华北、陕西、湖北。**生境**: 生于山坡、林缘路旁，海拔 400~400m。**用途**: 观赏。

特征要点 小枝细密。叶互生，椭圆形至卵状披针形，全缘，具基出 3 脉。头状花序单生侧枝顶；总苞钟形或近圆筒形；花紫红色或白色。瘦果纺锤形，冠毛白色。

棕榈 **Trachycarpus fortunei** (Hook.) H. Wendl. 棕榈科 Arecaceae/Palmae 棕榈属

生活型: 常绿乔木状。**高度**: 3~10m。**株形**: 棕榈形。**茎皮**: 灰褐色,叶痕环状。**叶**: 叶片大型,呈3/4圆形或者近圆形,深裂,裂片30~50,线状剑形,具皱褶,长达60~70cm,先端二裂;叶柄长75~80cm。**花**: 花序粗壮,腋生;雌雄异株;雄花序长约40cm,黄绿色,雄花花萼3,花瓣3,雄蕊6;雌花序长80~90cm,具佛焰苞,雌花淡绿色,无梗,球形,退化雄蕊6,心皮被银色毛。**果实及种子**: 硬浆果阔肾形,宽10~12mm,熟时淡蓝色,有白粉。**花果期**: 花期4月,果期12月。**分布**: 中国长江以南各地区常见栽培。日本也有分布。**生境**: 生于村边、山谷疏林中、阳坡或村边,海拔2000m以下。**用途**: 观赏。

特征要点 叶大型,呈3/4圆形或者近圆形,深裂,裂片线状剑形。花序粗壮,多次分枝,腋生;雌雄异株;花小,黄色。硬浆果阔肾形,熟时淡蓝色,有白粉。

毛竹 **Phyllostachys edulis** (Carrière) J. Houz. 禾本科 Poaceae/Gramineae 刚竹属

生活型: 竹类。**高度**: 11~15m。**株形**: 散生形。**竿皮**: 绿色。**枝条**: 秆粗8~10cm,秆环平,箨环突起,节间长30~40cm。**叶**: 箨鞘厚革质,背面密生棕紫色小刺毛和斑点;箨叶窄长形,基部向上凹入;每小枝具叶2~8片,叶片窄披针形,次脉3~5对,小横脉显著。**花**: 花枝单生,不具叶,小穗丛形如穗状花序,长5~10cm,外被有覆瓦状的佛焰苞;小穗含花2,一成熟一退化。**物候期**: 笋期3~5月。**分布**: 产中国秦岭、汉水流域至长江流域以南地区及台湾。**生境**: 生于村边、山谷、山谷林下、山坡、田边,海拔100~1000m。**用途**: 笋食用,竹材,观赏。

特征要点 散生竹。秆粗8~10cm,被白粉及柔毛。

桂竹 **Phyllostachys reticulata** (Rupr.) K. Koch 【Phyllostachys bambusoides Siebold & Zucc.】 禾本科 Poaceae/Gramineae 刚竹属

生活型: 竹类。**高度**: 达 20m。**株形**: 丛生形。**竿皮**: 粉绿色。**枝条**: 节间长达 40cm, 竿环稍高于箨环。**叶**: 箨鞘革质, 背面黄褐色; 箨耳镰状, 紫褐色; 箨舌拱形; 箨片带状, 外翻; 末级小枝具叶 2~4 片; 叶耳半圆形, 缝毛发达; 叶舌明显伸出; 叶片长 5.5~15cm。**花**: 花枝呈穗状, 长 5~8cm; 苞片鳞片状; 佛焰苞 6~8; 假小穗 1~3, 小穗披针形, 含 1~2 小花; 颖 1 或无; 外稃先端芒状; 鳞被菱状长椭圆形; 花药长 11~14mm; 花柱长, 柱头 3, 羽毛状。**物候期**: 笋期 5 月。**分布**: 产中国黄河流域及其以南各地。**生境**: 生于村边、山谷路边、山坡常绿阔叶林中、山坡灌丛、山坡路边、山坡竹林中。**用途**: 竹材, 观赏。

特征要点 丛生竹。竿粉绿色, 节间长达 40cm; 箨鞘背部疏生刺毛乃至几不可见; 箨片平直或偶可在顶部皱曲; 箨环无毛。

淡竹 **Phyllostachys glauca** McClure 禾本科 Poaceae/Gramineae 刚竹属

生活型: 竹类。**高度**: 达 11m。**株形**: 丛生形。**竿皮**: 绿色。**枝条**: 秆环与环均中度隆起。**叶**: 箨鞘先端截平, 全部绿色; 箨舌黑色顶端截平; 箨叶披针形至带状; 叶鞘无叶耳, 叶舌中度发达, 初期紫色; 叶片幼时背面沿其脉上微生小刺毛, 宽 2~3cm。**物候期**: 笋期 4~5 月, 花期 10 月至翌年 5 月。**分布**: 产中国黄河及长江流域各地。**生境**: 生于村边、河滩、平地、山坡。**用途**: 笋食用, 竹材, 观赏。

特征要点 丛生竹。秆绿色, 箨舌暗紫褐色, 箨鞘鲜时淡紫褐色, 幼竿被厚白粉。

紫竹 **Phyllostachys nigra** (Lodd. ex Lindl.) Munro 禾本科 Poaceae/Gramineae 刚竹属

生活型: 竹类。**高度**: 4~8m。**株形**: 散生形。**竿皮**: 紫黑色。**枝条**: 节间长 25~30cm，秆环与箨环均隆起。**叶**: 箨鞘背面红褐或绿色; 箨耳长圆形至镰形，紫黑色; 箨舌拱形，紫色; 箨片三角形，绿色，舟状; 末级小枝具叶 2 或 3; 叶耳不明显; 叶舌稍伸出; 叶片质薄，长 7~10cm。**花**: 花枝呈短穗状，长 3.5~5cm; 苞片 4~8，鳞片状; 佛焰苞 4~6; 假小穗 1~3，小穗披针形，具 2~3 小花; 颖 1~3; 外稃密生柔毛; 花药长约 8mm; 柱头 3，羽毛状。**物候期**: 笋期 4 月。**分布**: 原产中国南部(湖南、广西等地)，南北各地栽培。世界各地常有引种栽培。**生境**: 生于村边、沟边、林中、山谷、山坡林中、石地、松林中。**用途**: 观赏。

特征要点 散生竹。竿紫黑色。

早园竹 **Phyllostachys propinqua** McClure 禾本科 Poaceae/Gramineae 刚竹属

生活型: 竹类。**高度**: 达 6m。**株形**: 散生形。**竿皮**: 绿色或黄绿色。**枝条**: 节间长约 20cm，竿环微隆起与箨环同高。**叶**: 箨鞘背面淡红褐色或黄褐色; 无箨耳及鞘口繸毛; 箨舌淡褐色，拱形; 箨片披针形，绿色，平直，外翻; 末级小枝具叶 2 或 3; 常无叶耳及鞘口繸毛; 叶舌强烈隆起; 叶片披针形，长 7~16cm。**物候期**: 笋期 4~6 月。**分布**: 产中国河南、江苏、安徽、浙江、贵州、广西、湖北、福建、云南、四川。**生境**: 生于林中、山坡。**用途**: 笋食用，观赏。

特征要点 散生竹。竿绿色或黄绿色。竿环微隆起与箨环同高。箨鞘背面淡红褐色或黄褐色。

华西箭竹（箭竹、冷竹）**Fargesia nitida** (Mitford) Keng f. ex T. P. Yi
【Sinarundinaria nitida (Mitford ex Stapf) Nakai】禾本科 Poaceae/Gramineae 箭竹属

生活型: 竹类。**高度:** 2~4m。**株形:** 散生形。**竿皮:** 绿色, 光滑。**枝条:** 秆粗 1~2cm; 箨环隆起; 秆芽长卵形; 枝条在秆每节为 15~18, 上举, 直径 1.5~2mm。**叶:** 笋紫色; 箨鞘宿存, 革质; 箨舌圆拱形, 紫色; 箨片外翻, 易脱落; 小枝具叶 2~3; 叶鞘常紫色; 叶舌截形或圆拱形; 叶片线状披针形。**花:** 总状花序顶生, 具佛焰苞; 小穗含花 2~4, 呈小扇形, 紫色。**果实及种子:** 颖果椭圆形, 黄褐色, 无毛, 长 4~6mm, 具浅腹沟。**物候期:** 笋期 4~5 月, 花期 5~8 月, 果期 8~9月。**分布:** 产中国甘肃、四川。**生境:** 生于草甸、高山针叶林中、灌木林中、山坡林中, 海拔 2450~3200m。**用途:** 观赏。

特征要点 散生竹。秆绿色, 光滑, 粗 1~2cm。花枝长达 44cm; 花药黄色。颖果椭圆形。

箭竹（筱竹）**Fargesia spathacea** Franch.【Thamnocalamus spathaceus (Franch.) Soderstr.】禾本科 Poaceae/Gramineae 箭竹属 / 筱竹属

生活型: 竹类。**高度:** 1.5~4m。**株形:** 散生形。**竿皮:** 绿色, 光滑。**枝条:** 秆直立, 粗 0.5~2cm; 节间长 15~18cm, 圆筒形, 髓呈锯屑状; 箨环隆起; 竿环平坦或微隆起; 枝条每节 9~17, 几实心。**叶:** 箨鞘宿存或迟落, 革质, 背面被棕色刺毛; 箨舌截形; 箨片外翻; 小枝具叶 2~3; 叶耳微小, 紫色; 叶舌小; 叶柄具白粉; 叶片线状披针形。**花:** 花枝长 5~35cm; 圆锥花序较紧密, 顶生, 下方具佛焰苞; 小穗 8~14, 含花 2~3, 紫色。**果实及种子:** 颖果椭圆形, 浅褐色, 基部具腹沟。**物候期:** 笋期 5 月, 花期 4 月, 果期 5 月。**分布:** 产中国湖北、四川。**生境:** 生于山坡上, 海拔 1300~2400m。**用途:** 观赏。

特征要点 散生竹。竿绿色, 光滑, 高 1.5~4m, 粗 0.5~2cm。圆锥花序较紧密, 顶生; 小穗含花 2~3, 紫色; 花药黄色。颖果椭圆形。

苦竹 **Pleioblastus amarus** (Keng) Keng f. 【Arundinaria amara Keng】

禾本科 Poaceae/Gramineae 苦竹属

生活型: 竹类。**高度**: 达 4m。**株形**: 丛生形。**竿皮**: 绿色。**枝条**: 竿粗 15mm, 节间长 25~40cm, 箨环常具箨鞘基部残留物。**叶**: 箨鞘细长三角形, 厚纸革质; 箨耳微小深褐色; 箨舌截平头; 箨叶细长披针形; 主秆每节分枝 3~6, 叶枝具叶 2~4, 叶片宽 10~28cm。**花**: 总状花序较延长, 由 3~10 小穗组成, 着生在叶枝下部的各节上, 小穗含花 8~12, 长 4~6cm, 颖 3~5。**物候期**: 笋期 5~6月。**分布**: 产中国江苏、安徽、浙江、福建、江西、湖南、湖北、四川、贵州、云南。**生境**: 生于山谷、山谷阴地、山坡林中、阳坡, 海拔 300~1000m。**用途**: 竹材, 观赏。

特征要点 丛生竹。秆绿色, 粗 15mm, 节间长 25~40cm, 箨环常具箨鞘基部残留物。

阔叶箬竹 **Indocalamus latifolius** (Keng) McClure

禾本科 Poaceae/Gramineae 箬竹属

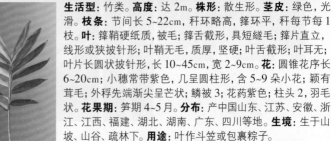

生活型: 竹类。**高度**: 达 2m。**株形**: 散生形。**茎皮**: 绿色, 光滑。**枝条**: 节间长 5~22cm, 秆环略高, 箨环平, 秆每节每 1 枝。**叶**: 箨鞘硬纸质, 被毛; 箨舌截形, 具短繸毛; 箨片直立, 线形或狭披针形; 叶鞘无毛, 质厚, 坚硬; 叶舌截形; 叶耳无; 叶片长圆状披针形, 长 10~45cm, 宽 2~9cm。**花**: 圆锥花序长 6~20cm; 小穗常带紫色, 几呈圆柱形, 含 5~9 朵小花; 颖有茸毛; 外稃先端渐尖呈芒状; 鳞被 3; 花药紫色; 柱头 2, 羽毛状。**花果期**: 笋期 4~5月。**分布**: 产中国山东、江苏、安徽、浙江、江西、福建、湖北、湖南、广东、四川等地。**生境**: 生于山坡、山谷、疏林下。**用途**: 叶作斗笠或包裹粽子。

特征要点 散生竹。秆纤细, 绿色。叶片长圆状披针形, 长 10~45cm, 宽 2~9cm。

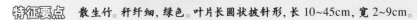

箬竹 **Indocalamus tessellatus** (Munro) Keng f. 禾本科 Poaceae/Gramineae 箬竹属

生活型: 竹类。**高度**: 高 0.75~2m。**株形**: 散生形。**竿皮**: 绿色,光滑。**枝条**: 秆粗 4~7.5mm; 节间长约 25cm,圆筒形; 节较平坦; 竿环较箨环略隆起。**叶**: 箨鞘长于节间,下部密被紫褐色伏贴疣基刺毛; 箨耳无; 箨舌厚膜质,截形; 箨片窄披针形,易落。小枝具叶 2~4; 叶片披针形,长 20~46cm,宽 4~10.8cm。**花**: 圆锥花序长 10~14cm,密被棕色短柔毛; 小穗绿色带紫; 颖 3 片,纸质。**物候期**: 笋期 4~5 月,花期 6~7 月。**分布**: 产中国福建、江西、湖南、浙江等地。**生境**: 生于山坡路旁,海拔 300~1400m。**用途**: 叶用以衬垫茶篓或包粽子。

特征要点 箨鞘近草质; 叶片在背面于中脉之一侧密生成一纵行的毛茸。

参考文献

艾伦·库姆斯. 树 [M]. 北京：中国友谊出版公司，2007.

傅立国. 中国植物红皮书 [M]. 北京：科学出版社，1992.

傅立国. 中国高等植物 [M]. 青岛：青岛出版社，2001.

马克平. 中国常见野外植物识别手册 [M]. 北京：商务印书馆，2018.

张志翔. 树木学（北方本）[M]. 2版. 北京：中国林业出版社，2008.

郑万钧. 中国树木志 [M]. 北京：中国林业出版社，1983-2004.

中国科学院植物研究所. 中国高等植物图鉴 [M]. 北京：科学出版社，1985-2015.

中国科学院植物研究所. 中国高等植物彩色图鉴 [M]. 北京：科学出版社，2016.

中国科学院中国植物志编辑委员会. 中国植物志 [M]. 北京：科学出版社，1959-2004.

Flora of China Editorial Committee. Flora of China [M]. Beijing: Science Press, 1988-2013.

中文名索引

学名索引